# BITCH

A Revolutionary Guide to Sex, Evolution and the Female Animal

# ビッチな動物たち

雌の恐るべき性戦略

ルーシー・クック
Lucy Cooke
小林玲子訳

柏書房

わたしが出会ったすべての雌《ビッチ》たちへ
愛と気づきをありがとう

# 目次

## 言葉の用法について

言葉は急速に進化するもので、現在では生物学的な性とジェンダーの用語が混在していることについて活発に議論が行なわれている。これらの用語を適切に使い、混同しないようにするのはきわめて重要だ。ほとんどの科学者は、ヒト以外の動物にはジェンダーがない点で一致している。本書では「雌」「雄」という言葉は動物の生物学的な性を指す。ある程度の擬人化を行なっている点はご承知おきいただきたい。歴史的にそのような言い回しが使われていたという事情からだ。たとえば動物の生殖器が「男性化」されている、脳が「女性化」されていると述べている個所は、もとの科学的記述がそのようになっていたためだ。そのようなジェンダー的な用語は、今日の学術界では動物の性的特徴および行動を記す際に使う必要はなく、使うべきでもないとされる。また「母親」「父親」というジェンダー的用語を動物に対して用いているが、これらの用語が関連して登場する科学者たちによって使われていたためで、読者のみなさまにはわたしが何に、また誰について語っているかおわかりいただけるだろう。たとえば「母親」は卵子を作り出す側の親、または個別の動物。そのほかにも「宿命の女《ファム・ファタル》」、「女王」、「レズビアン」、「姉妹」、「淑女」、「雌犬《ビッチ》」など擬人化された用語を使ったが、それはストーリーを語る際の都合で、読者のみなさまには学術的な資料を作る際これらのレッテルを使い回さないようお願いしたい。擬人化は無意識のうちにジェンダー的ニュアンスを与えることがある。本書は性が非常に幅広いもので、性の二項対立にもとづくジェンダー的発想はナンセンスだと示すものだ。その姿勢が明確に伝わっていることを心より祈りたい。

左から著者、メアリー・ジェーン・ウェスト＝エバーハード、サラ・ブラファー・ハーディ、ジーン・アルトマン

# 序文

動物学を専攻していると、自分が周囲からひどく浮いているような気にさせられた。クモが大好きで、道端で見つけた死骸をせっせと切り刻み、落とし主が何を食べたのか手がかりを得るために動物の糞をつつき回したからではない。まわりの研究仲間はみんな、似たようないっぷう変わった好奇心をもっていたから、その点を恥じることはなかった。そう、きまり悪さの原因はわたしの性別だ。女であることはたったひとつしか意味しなかった。わたしは負け犬だったのだ。

「雌性とは搾取される性であり、卵子のほうが精子より大きいという事実が、この搾取を生み出した基本的な進化的根拠である」[1]と、わたしの指導教官リチャード・ドーキンスはベストセラーとなった進化についての古典『利己的な遺伝子』(『利己的な遺伝子 40周年記念版』、二〇一八年、紀伊國屋書店、日高敏隆ほか訳)のなかで語った。

動物学のルールに従うなら、卵子を生み出すわたしたちはその配偶子(訳注:合体して新しい個体を作る生殖細胞)の大きさに裏切られている。遺伝的遺産を数百万個の機敏な精子ではなく、たった数個の卵細胞につぎ込んだことで、わたしたちの祖先は原始の生命における抽選で外れくじを引いたのだ。おかげで未来永劫、精子を発射する側のサポート役に回るよう運命づけられた。男たちの冒険譚における脚注としての女たちだ。

この性細胞における、たいしたこともないような不平等が、生物学における性的な不均衡の根本だとわたしは教えられた。「他のすべての性差は、このひとつの基本的差異から派生したと解釈できる」[2]と、ドーキンスは述べた。「雄による雌の搾取の出発点はここにある」

生物の雄はペニスを揺らしながら、肩で風を切って生きる。リーダーシップあるいは雌の所有権を懸けて互いに争う。種を遠く、広く撒くという生物的な衝動に駆られ、むやみやたらに射精してまわる。そして雄は社会的な立場が上だ。雄が先導し、雌はしおらしく従うのみ。雌の役割はもちろん献身的な母親だ。母親として求められる努力の内容は一律だ。わたしたちに競争力はない。セックスは衝動ではなく、義務だ。

そして進化という観点から見るかぎり、変化を後押ししてきたのも雄とされてきた。わたしたち雌はおとなしくいい子にしていると約束すれば、DNAを共有しているおかげで、なんとかおなじ乗り物に乗せてもらえるのだった。

卵子を生み出す側の学生として、わたしはこの五〇年代の昼メロ並みの性役割に、自分の姿を見つけることができなかった。わたしはある種の変種だったのだろうか。

幸いにも、その答えはノーだ。

生物学には性差別的な神話が織りこまれていて、そのせいで生きものの雌を見る視点にはゆがみが生じている。自然界では雌の形態と役割は幅広く、おかげで目を見張るほどさまざまな生態や行動が観察できる。たしかに献身的な母親も存在するが、卵を見捨てて雄たちに子育てを託すアフリカレンカクもいる。雌は貞節なこともあるが、一夫一婦なのは種の全体のわずか七パーセントほど、つまり多くの恋多き雌は複数のパートナーと関係をもっているのだ。動物の社会がすべて雄の支配のもとにあるというわけでもない。さまざまな生きものにおいて雌が主導権を握っており、その支配ぶりは穏やか（ボノボ）から苛烈（ハチ）まで千差万別だ。雌も雄とおなじくらい激しく争う。トピ（アンテロープの一種）の雌は最も優れた雄を手に入れようと巨大な枝角をぶつけあうし、母権制社会を営むミーアキャットは地球上で最も残忍な哺乳類で、ライバルの赤ちゃんを殺し、生殖行動を妨害する。「運命の女《ファム・ファタル》」もいる。肉食の雌のクモは恋の相手を交尾のあとの（場合によっては前の）おやつとして食べてしまうし、「レズビアンの」ヤモリは雄の必要性が完全になく、クローンのみで生殖する。

過去数十年のあいだに、雌であるということへの理解には革新的な進歩があった。本書はその革新についてのものだ。本書では奇想天外な雌たち、その研究にあたる学者たちを紹介したい。ともに種としての雌の定義を書き換えただけでなく、進化を後押しする力も変えたのだ。

自然界を見る目にゆがみが生じた過程を理解するには、ヴィクトリア朝の英国までさかのぼり、わたしの科学界の「推し」に出会ってもらわなくてはいけない。チャールズ・ダーウィンだ。ダーウィンの自然淘汰説による進化論は、豊かな多様性を誇る生命が共通の祖先から生まれたことを明らかにした。より環境に適応した個体が生き延び、その成功を支えた遺伝子を次世代につなぐのだ。この過程によって種は時間とともに変化し、進化した。「適者生存」という形で誤って引用されることが多いが――この用語は哲学者のハーバート・スペンサーが編み出し、『種の起源』第五版（一八六九年）に際してダーウィンの手で半ば無理やり押し込まれた言葉だ[3]――概念としては単純だが優れており、史上最も画期的な知的活動のひとつだと認められている。

すばらしいのは確かだが、自然淘汰は自然界のすべての現象にあてはまるわけではない。ダーウィンの進化論の大きな穴のひとつが、シカの枝角やクジャクの尾といった装飾だ。こうした派手派手しいものは生きていくうえで利点がなく、日常生活の邪魔とさえ考えられる。そんなわけで、自然淘汰という全知全能の力で生み出されたとはいい得ないのだ。ダーウィンも気づいていて、長いこと苦悩した。まったく異なる目的をもつ、もうひとつの進化のメカニズムが作動しているのだろうか。やがてダーウィンは、それが交尾の追求だと気づく。こうして「性淘汰」という名前が与えられた。

ダーウィンにとっては、この新しい進化の推進力が派手な装飾の説明になった——その唯一の目的は、異性の獲得あるいは惹きつけることなのだ。一義的ではないその性質に対して、ダーウィンは「第二次性徴」という名を授けた。「第一次性徴」、すなわち生殖器官や外性器といった不可欠なものから、生命の維持にとってあまり必要のないものを区別するためだ。

自然淘汰説を発表して十年ちょっとたったころ、ダーウィンは二冊目の偉大なる著書を刊行した。『人間の由来』（一八七一年）だ。前作に続くこの大著はダーウィンの性淘汰という新たな説を解説するもので、ふたつの性のあいだに見出される大きな差を説明していた。自然淘汰が生存をめぐる闘いなら、性淘汰はもっぱら交尾相手をめぐる闘いだ。ダーウィンの理解の範疇では、この闘いはおもに雄の領域で起きている。

「ほぼすべての生物の雄は、雌と比較して強い衝動をもっている。[4]そのため集団で闘い、雌の前で魅力をアピールするのは雄だ」と、ダーウィンは記した。「いっぽう雌は、ごくわずかな例外を除き、雄ほど熱心ではない……雌は一般的に『誘われる必要がある』。雌は内気なのだ」

こうしてダーウィンの目には、性的二形（性別による体の大きさなどの違い）はそれぞれの性の行動にも及んでいるということになった。性的な役割は体の特徴とおなじくらい予測可能だった。雄は雌を「所有」するために進化した「武器」や「チャームポイント」[5]を使って徹底的にやり合う。その競争によって雄の繁殖成功度には大きな差が生まれ、その性淘汰がより優れた能力の進化をうながすのだ。雌にはそうしたばらつきの必要が少ない。雌の役割は従うこと、これらの雄の特性を次世代に引き継ぐことだからだ。なぜそんな差が存在するのか、ダーウィンには確かなことがわからなかったが[6]、おそらく性細胞の作りと、雌が母親としての活動にエネルギーをとられるせいだろうと考えた。

雄どうしの争いに加えて、性淘汰のメカニズムには雌による交尾相手の選択という要素が必要だとダーウィンは気づいていた。この点はより説明が難しかった。雄というものが形成される過程で、雌のほうにより積極的な役割を担わせることになったからだ。ヴィクトリア朝の英国とは噛み合わせが悪く、第2章でも検証するとおり、最終的に性淘汰説は父権主義な科学界にはっきり嫌われるという結末を招いた[7]。そこでダーウィンは雌の権力を弱めることに大いに神経を遣い、雄たちが男の闘いを繰り広げるかたわらで「観客として見守り[9]」、「比較的受け身な方法で[8]」性淘汰は達成されるのだとした。

ふたつの性を能動的（雄）、受動的（雌）と色分けするダーウィンのやり方は、無尽蔵の予算をもつ巨大広告会社の仕事とおなじくらい影響力があった。わかりやすい二元論そのものだったのだ。善か悪か、黒か白か、敵か味方か。ヒトの脳はそれが本能的に正しいと思い、喜んで受け入れる。

ただしダーウィンは、このわかりやすい性的な分類の提唱者とはいえない。おそらく動物学の父、アリストテレスから拝借している。紀元前四世紀、古代ギリシャの哲学者アリストテレスは世界初の動物大全を記した。『動物発生論』は、生殖をめぐるマニフェストだ。ダーウィンは間違いなくこの研究書を読んでいたはずで、だからこそアリストテレスの性役割によく似たところがあるのだろう。

「動物にはふたつの性があり[10]……雄は働き者で活動的、雌は受け身だ」

雌の消極性と雄の積極性というステレオタイプは、動物学そのものとおなじくらい古い。それだけ時の流れに耐えてきたということは、何世代にもわたる科学者たちが「正しい」と信じてきたのだろうが、だからといって正しいわけでもない。科学のあらゆる分野が教えてくれるのは、人間の直感はしばしば道を誤るということだ。この美しい二項対立の主たる問題は、それが間違いだという点だった。

受け身でいる必要性を、支配的な雌のブチハイエナに説いてみてほしい。ひとしきり笑ったあと、頭をがぶりと咬みちぎりにくるだろう。雄に負けず劣らず性欲旺盛で、競争心が強く、攻撃的で、支配的で、ダイナミックだ。このように雌にも進化を先導する権利がある。ただ単にダーウィンと、彼の説を支持した動物学者の紳士たちが、そのような見方ができなかった（あるいは見ようとしなかった）だけだ。生物学の（あるいは科学全般の）大きな跳躍は十九世紀半ば、ヴィクトリア朝の男性たちによって達成されたが、ジェンダーと性の本質についてある種の偏見も紛れ込んだのだった。

もしダーウィンが英国で人気のクイズ番組『セレブリティ・マスターマインド』に登場したとしても、異性に関する問題では苦心したといっていいだろう。結婚に関するメリットとデメリットの一覧を作ったうえで、ようやくいとこのエマと結婚した男なのだ。友人への手紙の裏に綴られたこの驚くべき一覧は、気の毒なことに破棄されることなく、その内なる思考が世界中にさらされ、永遠に指弾される羽目になった。

表には簡潔な欄がふたつだけ――「結婚する」「結婚しない」。そこにダーウィンは結婚をめぐる葛藤を吐き出した。おもな悩みは「社交の場に集う賢明な男たちとの会話」に加われなくなるかもしれず「肥満と怠惰」に陥ること、それどころか「不精な愚か者のもとに追いやられ、朽ちていく」かもしれないことだった（エマは愛する婚約者にこんなふうに描写されて喜ばなかっただろう）。いっぽうメリットとして、「家を切り盛りする人間」が手に入るし、「ソファの上のふっくらした妻」は「ともかくもイヌよりいいだろう」[11]。こうしてダーウィンは勝負に出た。

結婚生活では十人の子どもをもうけたものの、肉欲ではなく理性に突き動かされていた節がある。女性の性についてけっして詳しくなかったし、関心さえもっていなかった。つまり彼が進化を雌の視点から問うた可能性は、当時の社会状況を考慮に入れなかったとしても薄かったはずだ。

最も独創的で緻密な科学者も、文化の影響に無縁ではいられず、ダーウィンの男性中心主義的な性の解釈も当時色濃かった男性優越主義によって形成されていたのは想像に難くない[12]。ヴィクトリア朝の上流社会の女性たちの、人生における役割は決まっていた。結婚して出産し、場合によっては夫の興味関心や仕事を支えることだ。こうした内助の功がよしとされたのは、女性が肉体的にも知的にも「弱い」性だとされていたためだ。女性たちはあらゆる面で、父や夫、男の兄弟、ことによっては成人した息子に従うことを求められた。

そうした社会的な偏見は近代的な科学の知見によって都合よく増幅されていた。ヴィクトリア朝を代表する研究者たちは、ふたつの性をまったく異なる生物としてとらえていた。いうなれば完全に対照的なものたちだ。雌は成長が遅延するものとされた。小さく、ひ弱で、色も地味で、その種の若いものに似ていたのだ。雄のエネルギーが成長に費やされるなら、雌のエネルギーは卵子に栄養を与え、赤ちゃんを育てるのに必要とされた。雄は一般的により体が大きいため、雌より複雑で変化に富み、精神面のキャパシティも上回るとされた。雌は平均的な知能とされたが、雄は大きく異なり、もうひとつの性には見られない天才的な域まで達しうるとみなされた。要するに雌に比べてより進化しているとみなされたのだ。[13]

こうした視点はダーウィンによって残らず『人間の由来』に反映された。原題の示すとおり、この本は人間の進化の由来として性淘汰と自然淘汰、ヴィクトリア朝社会で支持された性別による違いを用いていた。

「男性と女性のあいだの知的能力のおもな違いは、深い思考、理性、想像力を必要とするものであれ、単なる感覚と手の動きを必要とするものであれ、どんな仕事においても、男性のほうが優れた業績を上げることに現れている」と、ダーウィンは説いた。「こうして男性は、究極的に見ると、女性より優れた存在となった[14]」

ダーウィンの性淘汰説はミソジニー（女性嫌悪）の産物で、動物の雌に対する視線がゆがんでいたのも驚くには値しない。雌たちはヴィクトリア朝の主婦とおなじくらい、疎外され、誤解にさらされていた。おそらくより驚きに値し、かつ有害なのは、その性差別的な「染み」を科学から洗い落とすのがどれほど難しく、その染みがどれほど広範囲に及んでいたかということだろう。

ダーウィンの天才ぶりも仇になった。その神のごとき評判のおかげで、跡を継いだ科学者たちは慢性的な確証バイアスを抱くことになった。彼らは受け身の雌というステレオタイプを裏づける証拠を求め、見たいものだけを見た。たとえば発情期には一日に多数の雄と数十回も積極的に交尾する雌のライオンの性欲など、枠に収まらない例が現れると頑迷にそっぽを向いた。果ては第3章でご紹介するが、想定の範囲に収まらない実験結果は統計的なトリックを施され、「正しい」科学的モデルを支持するよう操作された。

　科学の根幹にあるのは「ケチの原理」、またの名を「オッカムの剃刀」で、科学者はエビデンスを信頼して最も簡潔な説明をするよう教えられる。それが最善の説明となるはずだからだ。ダーウィン式の厳格な性役割は、この科学の土台となるプロセスの放棄を強いた。科学者たちは標準的なステレオタイプを外れる雌の行動を説明するため、複雑怪奇な言い訳を生み出すことになったからだ。

　たとえばマツカケス（*Gymnorhinus cyanocephalus*）の例がある。カラス科に分類されるこのコバルトブルーの鳥は、五十〜五百羽のやかましい群れを作って北米の西部の州に生息する。知能が高く、積極的に社会的な生活を営むこうした生物は、にぎやかな社会に秩序を与えるなんらかの方法をもっていることが多い。力関係にもとづいたネットワークだ。それがなければカオスが生じるだろう。マツカケスを二十年以上研究し、九〇年代に権威ある本を刊行した鳥類学者のジョン・マーズラフとラッセル・バルダは、マツカケスのヒエラルキーの解析に関心をもっていた。そこでふたりはアルファ雄（訳注：群れの最上位の雄）を探しにいった[15]。

　捜索は一筋縄ではいかなかった。雄のマツカケスは徹底して平和主義で、ほとんど争いを起こさなかったのだ。そこで創造性豊かな鳥類学者たちは餌台を作り、油っぽいポップコーンやミールワームなどおいしそうな餌を置いて、ある種の縄張り争いを誘発しようとした。それでもマツカケスは喧嘩を始めようとしなかった。ふたりは「争い」を比較的わかりにくいサイン、すなわち横目を使うなどに縮小せざるを得なかった。もし支配的な雄が受け身な雄に意地の悪い視線を向けたら、格下の雄は餌台を去るのだ。『ゲーム・オブ・スローン』とはいいがたいが、科学者たちは忍耐強く、約二千五百回の「攻撃的な」やりとりを記録した。
統計をとる段階になると、さらなる混乱が生まれた。約二百羽の群れのうち支配的なネットワークとかかわりがあったのはわずか十四羽で、直線的なヒエラルキーは存在しなかったのだ。雄たちは支配的な立場を交換し、格下の者たちも格上を威嚇した。こうした不可思議な結果と全般的なマッチョな攻撃性の欠如にもかかわらず、科学者たちは自信をもってこう述べた。「成体の雄が攻撃的な支配権を有していることには疑いがない」[16]
奇妙な話なのは、これらの研究者たちはマツカケスがいら立たしげな視線を投げる以上に、敵意のある行動をとるのを目にしていた点なのだ。ふたりは鳥たちが派手な空中戦に身を投じ、敵味方が空中で組みあって「地面に落下しながら激しく羽をばたつかせ」、「猛然とくちばしで突く」場面を記録していた。そのやりとりは「一年のうちに目撃された最も攻撃的な振る舞い」だったが、かかわっていたのが雄ではなかったので、支配のネットワークからは排除された。すべて雌だったのだ。ふたりはこうした「刺々しい」雌の行動はホルモン由来だと結論づけた。春になると高まるホルモンが雌のマツカケスに「鳥類版のPMS（月経前症候群）[17]、すなわちPBS（出血前症候群）を引き起こした」。
鳥類のPBSなど存在しない。マーズラフとバルダが雌の鳥の攻撃的な行動を素直に受け止め、オッカムの剃刀を使って自分たちの仮説から余計な部分をそぎ落としていたら、マツカケスの複雑な社会システムをおおむね解明できていただろう。雌が実際のところ競争心に満ち、マツカケスのヒエラルキー形成において決定的な役割を果たすというデータは、緻密に採取された記録のなかにきちんと存在していたが、彼らの目に入らなかった。代わりに頑なに「次の王の戴冠[18]」を探し求めた。彼らの仮説に対する戴冠にもなったはずだが、もちろんそれは起きなかった。

ここにあるのは陰謀論などではなく、いびつな科学だけだ。[19] マーズラフとバルダは優れた科学者が悪しきバイアスにとらわれるという好例だ。鳥類学者のコンビは見たことのない不可解な行動を目のあたりにし、誤った枠組みのなかで解釈してしまった。この種の露骨なミスを犯したのは、もちろん彼らだけではない。あいにく科学は、無意識の性差別にまみれている。

アカデミズムの世界が今も昔も、動物界をごく自然に自分たちの視点から見ようとする男性に仕切られているのも厄介だ。研究を刺激するために投げかけられた問いは、男性の立場から生まれたものばかりだった。多くの人びとは、はなから雌に関心をもっていなかった。男性こそ主役で、参照すべき生命体なのだ——雄をもとに雌は生まれたのであり、雄がその種を判断する際の基準とされた。[20]「ごちゃごちゃしたホルモン」をもつ雌の動物は部外者で、あるべき物語の無意味な枝葉であり、おなじレベルの科学的観察の対象には値しなかった。雌の体と行動は置き去りにされた。その結果であるデータの空白は、自己実現的予言となった。雌は雄の活動における一定かつ意味のない脇役だったのだ——そうではないと論証するデータがないのだから。

性差別的バイアスが最も危険なのは、[21] そのブーメランとしての性質だ。排外主義にもとづくヴィクトリア朝文化として始まったものは、一世紀に及ぶ科学のうちに培養され、ダーウィンに太鼓判を押されて政治的武器として社会に吐き戻された。進化心理学という新たな科学を信奉する、おもに男性からなる一部の科学者たちは、イデオロギー的な権威を手にした。雄による一連のグロテスクな振る舞いは——レイプからひっきりなしのナンパから男性優位の主張まで——人間にとって「ごく自然」だというのだ。なにせダーウィンがそういったのだから。彼らは女性が「乱れた生命系」をもっていると説き、内なる野心を欠いているのだからガラスの天井はけっして破れないといい、育児に専念するべきだといった。[22]

この世紀の変わり目における心理学めいた言説は、新しく台頭した男性誌に大歓迎された。男性誌は性差別的な「科学」を本流に押し上げた。ベストセラー本や大手新聞の有名コラムにおいて、ロバート・ライトのようなジャーナリストたちは「科学的な真実を認めようとしないフェミニズムは終わった」と唱えた。イデオロギー的な高みから、ライトは「フェミニストよ、ダーウィン氏に会いなさい」といった高飛車な記事を書き、批判する相手には「進化生物学入門の成績はC」だといった。「著名なフェミニストの誰ひとりとして、きちんと評価できるほどダーウィニズムを勉強していない」というのが彼の主張だったのだ。[23]

フェミニストたちは勉強していた。フェミニズムの第二波によって、かつて閉ざされていた研究所の門戸は開き、女性たちは一流大学に足を踏み入れてみずからダーウィンについて学んでいた。彼女たちはフィールドに参入し、雄に対するのとおなじような好奇心をもって雌の動物を観察していた。こうして性欲が盛んな雌のサルが発見され、男性の先達のように目をそむけるかわりに、なぜそのような行動をとるのか追究された。女性たちは動物の行動を観察する標準的なテクニックを開発し、そのため両方の性に等しく関心をもつことが不可欠になった。新たなテクノロジーを駆使して雌の鳥をひそかに観察し、雄の性欲に支配されている犠牲者どころか、手綱を握っていると突き止めた。ダーウィンの性的なステレオタイプを裏づけた実験を再現し、結果の多くがゆがめられていることに気づいた。

ダーウィンに反論するには度胸がいる。彼は知の巨人というだけではなく、英国の宝なのだ。あるベテランの研究者にもいわれたのだが、ダーウィンと意見を異にするのはアカデミズムの異端となるに等しく、おかげで英国の進化をめぐる科学はすっかり保守的な様相を帯びた。おそらくこうした理由で、最初の反乱ののろしは大西洋の反対側から上がったのだろう。そしてアメリカ人の科学者たちが、進化、ジェンダー、セクシャリティについて別の物語を生み出そうとした。

これらの知の闘士たちについては、本書でご紹介しよう。わたしはこの人たちとカリフォルニア州のクルミ農場で顔を合わせ、お昼を食べながらダーウィン、オルガスム、ワシなどについて議論した。サラ・ブラファー・ハーディ、ジーン・アルトマン、メアリー・ジェーン・ウェスト＝エバーハード、パトリシア・ゴワティは、現代ダーウィニズムに反旗を翻す女族長たちで、科学的男性至上主義にデータとロジックで逆らってきた。彼女たちは「じゃじゃ馬」と自称し、過去三十年のあいだ毎年ハーディの家に集まって、進化という名の塊を解体してきた。わたしは毎年恒例の宴会のお招きにあずかることができた。今では定年生活に入りかけているものの、これら先陣を切った研究者たちは今でも集まって互いを支え、新しい説について意見を交わし、進化生物学が偏りのない発展を遂げているか目を配っている。彼女たちはもちろんフェミニストだが、それは両方の性を偏りなく追究することであり、片方が理不尽な注目を与えられるものではないと明言している。

彼女たちの研究のおかげで、新世代の生物学者たちは生物の雌をそれ自体興味深いものとして見られるようになった。雌の体の構造や行動を調べ、娘、姉妹、母親、競争者の観点から淘汰がどう行なわれているか問うのだ。これらの科学者たちは文化的な常識を超えてものごとを見つめ、性別による役割の流動性をめぐる新たな仮説を検討し、進化生物学のマチズモを（意図的か否かを問わず）排除しようとしている。多くは女性だが、本書を読んでいただければ科学的「解体」は女性専用車ではないとおわかりいただけるはずだ。どのような性もジェンダーもかかわりをもっている。本書では多くの男性の研究者にもお会いいただくことになる。ごく一例だがフランス・ドゥ・ヴァール、ウィリアム・エバーハード、デヴィッド・クルーズの先駆的な研究は、性的なアイデンティティが女性でなくてもフェミニストの科学者になれると証明してくれる。そしてLGBTQの科学コミュニティからの斬新な視点も、動物学の異性愛規範的近視眼、二元論的ドグマに異を唱えるうえで欠かせない。アン・ファウスト＝スターリングやジョーン・ローガーデンを始めとする生物学者たちは、動物界における性の形が驚くほど多様であることを示し、進化を推し進めるうえでの多様性の根本的な役割を教えてくれた。

その結果として生まれたのは、豊かで等身大な雌の生物としての姿に留まらず、進化の込み入ったメカニズムに対する多くの画期的な視点だ。進化生物学者たちは実りのときを迎えている。性淘汰は大きなパラダイムシフトのさなかにある。実験によって、これまで認められてきた事実がひっくり返され、概念レベルでの変化が長期間にわたる思い込みを窓の外にほうり出している。もちろん、ダーウィンが一から十まで間違っていたわけではなく、雄の競争と雌の選択はたしかに性淘汰の推進力だ。ただし進化という絵における一部にすぎないのだ。ダーウィンは自然界をヴィクトリア朝のピンホールカメラ越しに覗いていた。雌という性を理解することで地球上の生命をより広い視野で、フルカラーで見ることができ、そこにある物語はいっそう魅惑的だ。

本書では地球の旅に出て、古くさい男性視点の進化の物語を書き換え、雌という種の定義をあらためためようとしている動物と科学者たちに会いにいきたい。

マダガスカル島にいき、人類の最も遠い哺乳類の親戚であるキツネザルの雌がどのようにして物理的、政治的に雄を支配するに至ったか考えてみたい。カリフォルニア州の雪山では、キジオライチョウの雌を模したロボットが受け身な雌というダーウィンの神話を粉砕するところをご紹介しよう。ハワイでは伝統的な性役割に逆らい、同居して二羽で子育てしている雌のコアホウドリの熟年カップルに会ってきた。ワシントンの海岸沿いをクルージングしながら、母権制社会を営むシャチを観察してきた。それは狩りのコミュニティを率いる老いた賢明なリーダーだ。なおシャチは雌が閉経を迎える、人間を含むわずか五つの種のひとつだ。

雌という辺縁の存在から生まれつつある物語を探求することで、その新鮮かつ多面的なポートレイトを描き、これらの発見がわたしたち自身について何を（何がしかを）教えてくれるか考えてみたい。

イソップ童話の時代から、人間は動物を自分たちの行動の写し絵として見てきた。多くの人びとは自然界が人間社会に何が善であり正しいか教えてくれるものと、ある種の誤解をしている。自然主義的な誤謬だ。けれど生存競争は教訓とは無縁で、動物界には胸のすくような振る舞いをするものから気の毒なほど抑圧されたものまで、あらゆる雌の物語が存在する。雌の動物についての科学的発見には、フェミニズムをめぐる相反する立場の対立を深める可能性があり、動物をイデオロギー的な武器として使うのは危険なゲームだ。だが雌の動物であることが何を意味するのか理解できたら、雑な議論や手垢のついた男性中心主義的ステレオタイプに逆らうことができるだろう。何が自然でふつう、かつあり得るかという点の先入観を覆せるのだ。雌／女性という存在を窮屈で時代遅れなルールや前提を離れた、別のひとことで定義するなら、ダイナミックで多様性に富む性質ということになる。

本書に登場する「雌《ビッチ》」たちは、雌が生存のための闘士であって、ただの受け身な脇役ではないと示してくれる。ダーウィンの性淘汰説は、ふたつの性の違いに注目することで両者のあいだにくさびを打ちこんだ。だがこれらの違いは生物学ではなく、文化に由来する。動物の性質は、体の構造にしろ行動にしろ、多様で柔軟だ。そのときの成り行きによって形を変える程度に流動的かつ変幻自在なのだ。雌の性質を性という水晶玉を覗いて予測するだけでは、環境、時間、偶然がその形成に与えている影響に裏をかかれるだろう。第1章で紹介するように、雌と雄は実のところ差異よりも類似点のほうがはるかに多いのだ。あまりに似ているので、どこで線引きをしたらいいか迷うほど。

第 1 章

# 性の混沌

## ——雌という存在について

まずは地下にもぐって、高度に秘密主義な雌に会おう。庭師の天敵にしてミミズの貪欲な消費者。そう、ヨーロッパモグラ（*Talpa europaea*）だ。

ほとんどの人はモグラの仕事ぶりにはなじみがあるだろうが、生きもの自体はどうだろうか。掘り返されたばかりの土の円錐形の山は、丹念に手入れした芝生にとって慢性のにきびのような代物だ。耐えがたい存在。

一九七〇年代、わたしの父は大事な芝生を侵略するモグラ穴に怒り心頭だった。わたしにとっては残念なことに、父は野蛮そうな金属の罠を仕掛けて穴の作り主を捕らえてしまうのだった。モグラが引っかかると、死骸をちょうだい、ベルベットのような銀ねず色の毛皮をなでて、不思議な外見を観察したいのだから、とわたしは父にせがんだ。小さなぎょろりとした目（一般に流布している神話と違って、視力は弱いが完全に見えないというわけではない）、笑ってしまうほど大きなピンクの前足。埋葬するのはそれからだ。モグラの住みかである土のなかへ。

モグラの雌は、実のところ興味の尽きない生物だ。自身の罠の役割を果たす縦横に延びたトンネルを使ってミミズを捕らえながら、単独で生きている。地下道の天井を破ってミミズが現れると、長いピンクの鼻を使ってすかさず嗅ぎつける。鼻の性能は「ステレオ」、つまり左右の鼻孔が別々に働き、真っ暗闇のどこに餌がいるのか脳内で正確に探知できるのだ。いったん捕らえた餌は、すぐには殺さない。代わりに毒性の強い唾液で麻痺させる。そうすれば専用の食料置き場で生きたまま保存でき、腐敗させないですむからだ。ある狩りの運に恵まれたモグラの食料置き場では、四百七十四ものうにゃうにゃした生きものが見つかっている。一日に自分の体重の半分を超えるミミズを消費しなければいけないのだが、それだけ蓄えがあれば安心だ。[1]

地下の暮らしは厳しい。土を掘るのは体力仕事で、酸素も地上に比べて薄い。この過酷な環境で生き延びるため、進化の過程でモグラはいくつか特殊技能を手に入れた。モグラの血液に含まれるヘモグロビンはやや特殊で、[2]酸素との相性がよりよく、有害な排気ガスに耐えられるようになっている。そして足先には一本多い「親指」。[3]パンダとおなじように、手首の骨が進化の過程で独自に発達し、より効率的に土を操れる新たな道具となったのだ。だが最も驚異的なのは、雌の睾丸だろう。

雌のモグラの生殖腺は「卵精巣《らんせいそう》」と呼ばれている。これら体内にある生殖器には片側に卵巣組織、もう片側に精巣組織がある。卵巣組織の側では卵子が生み出され、短い発情期にはサイズが大きくなる。ひとたび生殖という役目を終えると縮小し、精巣組織が拡張して、卵巣より大きくなる。[4]

雌のモグラの精巣組織に精子はないが、テストステロンを作り出すライディッヒ細胞が充満している。この性ホルモンはおもに雄のものとされ、筋肉を増強し、攻撃性を高めるのだ。雌のモグラに対しても両方の作用があり、地下で生きていくのに有利な条件が生まれる。より強い掘る力と、赤ちゃんや虫の貯蔵庫を守ろうとする闘争心だ。

さらに雌の生殖器は雄のものと見分けがつかない。肥大したクリトリスは「陰茎」「ペニス風クリトリス」[5]などさまざまに呼ばれ、出産のときを除いて膣は閉じている。

雌のモグラはふたつの性の区別をめぐる昔からの想定の見直しを迫ってくる。一年の大半、生殖器、生殖腺、ホルモンのレベルにおいて雄と取り違えられてもしかたないのだ。では、どうやったら雌だといえるのか。

本書はヒト以外の生きものの話なので、性《セックス》とジェンダーをぜひとも区別しておかなくてはいけない。生物学者はおおむね、動物にはジェンダーがないという点で一致している。社会的、心理的、文化的なくびきであるジェンダーはヒトの領分とされる。[6] 生物学者が雌について語る場合、その性のみに言及しているわけだが、性とはいったいなんなのだろうか。

かつて生殖はシンプルだった。最初期の生命はただ分裂、融合、分離したり、自分のクローンを作って増殖したりするのみだった。そこに性が登場して、いささか話を複雑にしてしまった。今ではそれぞれの個体が、繁殖のために性細胞（配偶子）を混合しなければならなくなった。動物界のどこであっても配偶子のサイズは大か小のふたつのみだ。この基本的な配偶子の性的二形[7]によって、生物学的な性の定義が決まる。雌とは大きくて養分豊富な卵子を作り、雄とは小さくて機動性のある精子を作るものなのだ。

ここまでは白黒はっきりしている——のだろうか？

実はそうではない。性とは複雑な代物だ。本章でご紹介するように、性を決定づけて差異をもたらす遺伝子と性ホルモンの相互作用の古いネットワークは、さまざまな組み合わせの配偶子、生殖腺、生殖器、体、行動をもたらすことができ、それらは二項対立の枠組みを超えてくる。おかげで性をふたつのバケツに分別するという作業は、簡単とはほど遠いものになるのだ。

最も表面的なレベルから始めるなら、多くの人びとは生殖器さえ見れば性別がわかると思っているだろう。ところが雌のモグラの「陰茎」は、そんな考え方を木っ端みじんにしてしまう。けっして形態に異常があるというわけではない。洞窟に生息する極小のチャタテムシ[*]から巨大なアフリカゾウまで十種を超える雌の動物が、おおむね陰茎と解釈される曖昧な性的器官を備えているのだ。

アマゾンで初めて雌のクモザルを見たとき、わたしは股間にぶら下がっているモノのせいで雄だと思った。樹上を動き回るクモザルを追っていると、その大きさは正直なところ空恐ろしかった。同行していた霊長類学者たちが、丁重にわたしの誤解を正してくれた。雄のクモザルにはわかりやすいペニスがない。体の内側にしまいこんでいるからだ。いっぽう雌には露骨なクリトリスがあり、生物学の世界では「擬ペニス」などと呼ばれる。こうした男性中心主義的な用語には、いささか引っかかりを覚える。とりわけ雌の「擬」のものは雄の「本物」より長いのだから。

最も変わった例は、おそらくフォッサだろう。マダガスカル諸島最大の捕食者にしてマングース科最大の生きもので、頭部が小さいピューマといえなくもない。ラテン語の学名はクリプトプロクタ・フェロックス（*Talpa europaea*）といい、意味するところは「獰猛で隠された肛門」だ。分類学の専門家たちが不可思議なものとして肛門を強調しようとしたのはやや奇妙だ。謎めいているのは、それ以外の部分なのだから。

＊チャタテムシのふたつの特徴的な属、南アメリカに生息するトリカヘチャタテ属と南アフリカに生息するアフロトログラ属は雌が完全に勃起可能な「ペニス」を、雄が「膣」を備えている。洞窟ですごすこれらの昆虫においては雌のほうが乱倫で攻撃的だ。体の大きさはノミくらい、小さく棘のついたペニスを雄に挿入して交尾する。交尾にかかる時間は四十〜七十時間ほどで、そのあいだに精子を含むカプセルが雄から雌に受け渡される。ふたつの属の地理的な距離を考えると、雌の性的な行動はひとつの共通の祖先から受け継いだのではなく、別々の機会に進化した[8]といえそうだ。

この世に誕生するとき、雌のフォッサには型どおりの小さなクリトリスと陰唇がある。奇妙なことが始まるのは生後七か月ごろで、クリトリスが肥大し、内部に骨ができ、棘《とげ》が現れ、雄のペニスを彷彿とさせるようになる。おとなの雄のように、下側からは黄色い液体も分泌する。[9] 雌のフォッサには一〜二歳までこうしたペニス風のクリトリスが見られるが、生殖が可能になると魔法のように消えてしまう。フォッサの生殖器に関する論文では[10]若い雌が性的に強引な雄や、縄張り意識の激しい雌に狙われないようにするためではないかとされてきた。

雌のフォッサが一時的にペニスめいたものを身につけるのには、機能的な意味はないともいえる。体に備わった仕組みすべてが機能するわけではないのだ。ヒトにとって不要な盲腸とおなじように、擬ペニスはフォッサの進化の過程における置き土産で、淘汰されるほど邪魔なものではなかったというだけかもしれない。あるいは進化の過程で生き残った、別の機能にともなうものだったとも考えられる。新奇な特徴をめぐって進化のうえでの決定的な意味合いを絞りこもうとするのは、あてっこゲームの域を出ない。だがフォッサの近縁種をめぐる数十年の研究のおかげで、こうした「男性化した」生殖器に隠された機能の解明の有力な手がかりがあがってきている。これらの研究は雌の性的な発達が「受け身」だという科学的な先入観、またホルモンをめぐるジェンダー的ステレオタイプに反旗を翻すものだ。

ブチハイエナ（*Crocuta crocuta*）の生殖器は、アリストテレスの時代から論争の種だった。古代の博物学者たちは雌の外陰部を根拠に、この生きものは両性具有だと考えた。ブチハイエナの雌の外陰部は、既知の哺乳類のなかで最も性的に曖昧だ。約二十センチメートルのクリトリスがあり、形も位置も雄のペニスと寸分違わないばかりか、勃起もするのだ。雌と雄のどちらも「あいさつの儀式」の最中に性器を膨張させ、互いに確かめるところが観察されている。[11] これら雌の男性的な特徴の頂点にくるのが、目につくところにある産毛の生えた精巣だ。

実際は精巣ではない。融合した陰唇が脂肪組織で満たされたもので、雄の生殖腺に似ているように見えるだけだ。つまり雌のブチハイエナは、膣の開口部がまったくない唯一の哺乳類ということになる。おかげで雌は排尿、交尾、果ては出産まで、奇妙な多機能のクリトリスを使わなければいけない。大昔の両性具有説もこうして生まれた。近年では雄と雌があまりに似ているので、区別するには「陰嚢を触診」[12]するしかないとされている。骨を砕くほど顎の力が強い動物に対しては、極力用いたくない方法だろう。

雌のブチハイエナの性の越境は、生殖器に留まらない。同様に「男性化された」体と行動はこれまた科学者の興味の的だ。野生では雌の体重が雄より最大十パーセント多いことがある（飼育下では二十パーセント）。哺乳類においては雄がおおむね体格で上回るので、* これは珍しい。ただし哺乳類以外、つ

＊体の大きさという枠組みをねじ曲げる哺乳類の雌はほかにもいる。哺乳類において最も過激なのは南米に生息するケンショウヘラコウモリ（*Ametrida centurio*）で、雄があまりに小さいのでかつては別の種として分類されていた。大きさにおける性的二形の逆転は、空を飛ぶ生き方と関係があるのかもしれない。この点は鳥にもよく見られる。競争のもとにある雄は屈強さより敏捷性が求められるため、雌より体が小さくなったという話だ。正反対の例として、シロナガスクジラを含むヒゲクジラの多くの種は雌が雄より大きい。サウスジョージア島の沖合いで捕獲された一頭の雌は体長およそ三十メートル、体重百七十三トンだった。イギリスのダブルデッカー（二階建てバス）の全長の三倍、重さは十三倍以上だ。つまり史上最大の動物は雌だったということになる。

まり動物の大多数においては、体の性的二形はもっぱら逆だ。より脂肪質で太っているほうが卵を多く産めるので、だいたいの無脊椎動物および魚類、両生類、爬虫類では、体が大きいのは雌のほうだ。*
なおかつ雌のブチハイエナは、雄より攻撃的だ。知能が高く社会的な肉食動物であるブチハイエナは、最大八十頭ほどの母権制の群れで暮らし、アルファ雌が仕切っている。雄はどちらかというと血でつながる雌たちとは距離があり、そのせいでハイエナ社会の底辺に位置する。受動的なはぐれ者で、なんとか仲間に入れてもらい、食事と交尾の機会を恵んでもらうしかない。雌はほとんどの場面で支配的とされ[13]、荒っぽくじゃれあい、熱心にマーキングし、縄張りを守るときも先頭に立つ。一般的に反対の性のものとされる行動だ。

雌のブチハイエナのジェンダーを激しくねじ曲げるような生態は、初め血中のテストステロンが過剰なせいだと考えられていた。性ホルモンの一種であるアンドロゲンは（テストステロンはこのなかに含まれる）、雄のものだと断定されている。アンドロは「男」、ゲンは「生み出すまたは引き起こすもの」という意だ。つまり大型で活発なブチハイエナの雌は冒頭でご紹介したモグラ同様、当然のごとくその物質に浸っているに違いないと考えられていた。ところが驚いたことに、おとなの雌のブチハイエナの体内のテストステロンの量は、雄に匹敵しない。

では雌の雄顔負けの行動はどこからきているのだろう。雌の擬ペニスは、テストステロンが別の時期に作用していることを示している。すなわち胎児が発達するときだ。

性分化をめぐる標準的なパラダイムは一九四〇年代から五〇年代にかけて、フランス人の胎生学者アルフレッド・ヨーストによって確立された。そこに至るまでには母親の子宮内でさまざまな発育段階にあるウサギの胎児を使った、画期的な（または野蛮な）実験が行なわれている。

哺乳類の胚は雌雄を問わず、両性に共通するパーツの状態から発育を始める。その内訳は導管、チューブ、のちに子宮あるいは精巣に発達する性腺組織だ。そのため発達段階にある胚は、この原始的な性的寄せ集めが卵巣または精巣という道を歩み始めるまで、性的に「ニュートラル」だとされる。

発達段階にあるウサギを使ったヨーストの実験は、何が最初の段階で分化のきっかけを生むのか突き止めこそしなかったが（詳しくは後述）、テストステロンの主導的な働きによって胚の生殖線が精巣になり、やがて雄の生殖器を形成していくことは明らかにした。

ヨーストは雄の胚における性腺を発達の初期のうちに取り除いておくと、ペニスと陰嚢が形成されず、代わりに膣とクリトリスができることを発見した。いっぽう雌の胚で形成中の卵巣を取り除いても、性的な発達に明らかな影響はなかった。卵管、子宮、子宮頸部、膣は胚の卵巣やホルモンの導きなしに、いわば自動的に発達した。いっぽう雄の場合は、わずか「ひとつまみのアンドロゲンが精巣の欠如を補い」[17]、雄が性的な器官を備えるのを確実にするので、この性ホルモンは雄を雄たらしめる強力な秘薬とされた。

＊深海に生息するアンコウ目のビワアンコウ（*Ceratias holboelli*）はその極端な例だ。雄は体長が雌の六十分の一以下、体重が五十万分の一ほど。実質的にはほぼ泳ぐ精子だ。暗黒の深海で雌の分泌するフェロモンを嗅ぎつけると、自分の口を使って体にしがみつき、その後の生涯を物理的に雌と一体化したままますごす。進化における「おんぶにだっこ」だ。いつ射精するかも含めて、雌が雄という存在をすべてコントロールする。一九二五年にこの密接な関係を発見したデンマーク人の漁師はこう語った。「女房と旦那の一心同体ぶりといったら完璧で、隙がなかった。生殖腺の成熟も同時に起きているのではないかと思うくらいだ」。純愛という概念はまだ生きているのだ。

十数回に及ぶ実験結果からの消去法により、ヨ―ストは発達中の精巣細胞がもたらす高濃度のテストステロンが、雄としての性的な発達へと胚を積極的に誘導していると結論した。対照的に雌の形成は受動的なプロセスとされた。性腺のテストステロンの欠如による「不履行《デフォルト》」の結果というわけだ。

その研究結果はダーウィンによって巷《ちまた》に流布されていた、広く信じられている概念と相性がよかった。雌は消極的、雄は積極的というあれだ。ヨーストの仮説はほかの研究者たちの手で装飾され、「オーガニゼーショナル・コンセプト」と呼ばれるようになった。体のみならず行動も指す、性分化の普遍的なモデルだ。おかげで雄の性腺とアンドロゲンは主役の座を勝ち取った。性をめぐるパラダイムの全能の神にして、雄にまつわるすべての主要な設計者だ。

精巣とテストステロンを放出するその力は、胚の段階の性腺と生殖器のみならず、胎児の神経内分泌システムと脳の発達における境界線を定める原動力だった。そして引き続き、性ステロイドホルモンで活性化される体と行動の性的な差異をプログラミングした。[18] こうしてテストステロンは性的二形を司るとみなされた。シカの雄のこれみよがしの枝角からゾウの雄の激しい発情、セイウチの雄の巨体と気性の荒さまで特徴づけるものとされたのだ。

ヨーストの発見は、男性性と女性性のホルモン的な原点をめぐる内分泌学者たちの議論に革命を起こした。一九六九年の学会でヨーストはこう語っている。「雄になるというのは長期に及ぶ、困難かつリスクのある冒険だ。[19] 雌になるという内的な導きに逆らう苦闘ともいえる」

雄を目指す旅は、研究に値する英雄的な道のりとされた。いっぽうヨーストは、雌という性は「ニュートラルな」または「ホルモンとかかわりのない」タイプだと述べるのみだった。卵巣もエストロゲンも、この世界の物語には関係ない。無力かつ無価値なのだ。雌の性的な発達は非反応性で、科学的に些末だ。いわば雌とは胚の段階で雄になろうとする胆力が欠けていたせいで「ただそうなった」[20]だけの存在なのだ。

この偏見は驚くほど息が長く、ダメージも深かった。オーガニゼーショナル・コンセプトは雌の機能の研究をなおざりにし、なおかつ発達段階でのテストステロンの威力のため、性分化に対する二元論的な視点を固定するという負の遺産を残してしまった。ようやく後日、大きなペニス風クリトリスを備えた雌のブチハイエナの登場によって、パラダイムに問題があると示されるようになった。

テストステロンはたしかに強力なホルモンだ。適切なタイミングで投与すれば雌の魚、両生類、爬虫類の性腺を反対の性のものにする力がある。哺乳類の場合、完全な性的Uターンこそ強制できないが、胎児の雌をアンドロゲンに浸すと生殖器の形成に劇的な変化が起きる。一九八〇年代に行なわれた各種実験では、妊娠中の重要な段階でテストステロンに曝露することで、「雄のものと見分けがつかない[21]」ペニスと陰嚢を備えた雌のアカゲザルたちが誕生した。

すでにおわかりかもしれないが、雌のブチハイエナも実験の結果、妊娠期間中にテストステロンの数値が飛躍的に上がっていると判明した。だが精巣は備えていないのだから、「雄の」ホルモンの発信源はどこにあるのだろう。また発達段階にある雌の胚はどうやってその強烈な作用に耐えつつ、生殖系の機能を完成させているのだろうか。

答えはテストステロンが合成される方法にあった。すべての性ホルモン、すなわちエストロゲン、プロゲステロン、テストステロンはまずコレステロールとして出現する。やがてそれは酵素の働きによって、一般的に妊娠とかかわりがあるとされるプロゲステロンに変化する。プロゲステロンはアンドロゲンに、アンドロゲンはエストロゲンに先行するものだ。これら「雄」と「雌」の性ホルモンは順次姿を変えていくもので、両方の性に存在する。

「『雄』と『雌』のホルモンが存在するというのは、よくある誤解です。みんなおなじホルモンを備えているのですよ」と、クリスティン・ドリーはスカイプ中に教えてくれた。「雌雄の差は互いに比較したときの酵素の量で、それが性ホルモンをどちらかに変換し、ホルモン受容体の分布と感度を決定するのです」

ドリーはデューク大学教授で、雌の性分化においてホルモンが果たす役割に誰よりも詳しい。科学者としてのキャリアをブチハイエナやミーアキャット、ワオキツネザルなど、いわゆる「男性化された」雌の研究に捧げてきた人だ。

ドリーが所属する研究チームは、妊娠中のハイエナのテストステロンの出どころを突き止めている。出どころはあまり知られていないアンドロゲンのアンドロステンジオン（A4）で、作られている場所は実は妊娠中の雌の卵巣だ。これは胎盤内の酵素の作用によってテストステロンまたはエストロゲンに転換するので、ホルモン前駆体として知られる。

雌を産もうとしている哺乳類の多くにおいて、A4は優先的にエストロゲンに転換するが、ブチハイエナの場合はテストステロンになる。この「雄の」ホルモンは続いて雌の胎児の発達中の生殖器と脳に作用し、外陰部と誕生後の行動に影響を及ぼす。[22]

歴史的にA4という性ホルモンは、ほとんど関心を集めてこなかった。既知のアンドロゲンの受容体に結びつかないせいで「不活性」と一蹴されてきたのだ。けれど現在では受容体が発見されつつあり、たしかに直接的な作用があると示されている。なおかつ、その効果が胎児の性別によって異なるらしいこともわかってきている。

「ホルモンがさまざまな動物において性分化の作用をもつという文献も、このところ多数出てきています。すべては量と期間、タイミングなのです」と、ドリーは表現した。

ドリーの研究は雌の形成がけっして「消極的な」プロセスなどではないと明確に示しつつ、アンドロゲンが積極的に役割を果たすことを伝えている。「テストステロンは『雄の』ホルモンではありません。雌より雄に、よりわかりやすく発現するだけなのです」

ドリーにいわせれば雌のハイエナの性的な発達はまた、過剰なアンドロゲンの強力な作用に抵抗しつつ（いささかエキセントリックだとしても）正常な生殖系を生み出そうとするダイナミックな遺伝的制御のもとにあるはずなのだ。ただし、その方法についてはまだ謎に包まれている。雌の生殖器が実際できあがる際の遺伝段階は、雄に比べるとまだ解明が十分でない。

この理解の偏りは、ヨーストの広く知られていながら不完全な性分化説に責任がある。どうやって雄になるかという点のみ説明し、雌はどのようにできあがるのかという問いは皆無なのだ。どんな生きものであれ、発達のプロセスを「消極的」とする考え方は明らかに馬鹿げている。卵巣も精巣とおなじくらい、活発に組み立てられる必要があるのだから。だが半世紀にわたって「不履行の」雌の機能は研究されずにきてしまった。

「性分化は雌と雄の成り立ちの説明ではありません。あくまで雄の成り立ちの話なのです。何十年ものあいだ研究者たちは、雌がどのように形成されるか説明がなくても気にせず、『消極的だから』といってすませていました」と、ドリー。

二〇〇七年に公開された哺乳類の性的な発達についての論文では、卵巣の発達は「テラ・インコグニータ（未知の地）」とされていた。巷に普及した「不履行」という見方のせいで、「卵巣または雌の生殖器が選択、形成されるにあたって積極的な遺伝段階は必要ないと広く信じられていた」[23]のだ。著者たちは皮肉をこめて述べている。「雌の正常な発達および生殖についてこの器官が担う重要性を考えたら、なかなか驚くべきことだ」

ものごとは改善されつつある。卵巣の発達というテラ・インコグニータも部分的に開拓が進んできた。ただし遺伝子地図は、精巣に関する既存のものよりずっと空白が多い。オーガニゼーショナル・コンセプトという男性優位主義の残響により、性分化をめぐる遺伝子的探究の焦点は雄に固定されてしまった。その中心にあったのが、とらえどころのない精巣決定因子の追求だ。ニュートラルな胎児の生殖腺細胞をまどろみから目覚めさせ、精巣へ変身させる（そしてテストステロンを放出させる）遺伝子的なトリガーとはなんなのかという話だ。

ただし実際、性を決定する遺伝子的レシピはどこまでも複雑怪奇で、驚くほど両性具有的な原初の遺伝子たちが顔を連ねている。

動物の雌はどのように作られるのかという問いへの究極の答えはXX染色体だ、という声もあるだろう。なんといっても学校で、性染色体のペアが性別を決定する、雄はXY、雌はXXと習っているのだから。けれど性はけっしてそう単純ではない。

このXYによる性決定システムが非常によく知られているのは、それが哺乳類（およびその他脊椎動物の一部と昆虫）に起きるからだ。このシステムにおいて雌には同一の性染色体が二本（XX）、雄には異なる染色体が二本（XY）ある。最初の誤解は、XとYが染色体をかたどっているという点だ。染色体はすべてソーセージのような形で、ペアになったとき文字に似ているのはまったくの偶然にすぎない。

X染色体は一八九一年、若きドイツ人動物学者ヘルマン・ヘンキングによって初めて発見された。ホシカメムシの精巣を観察していたとき、不思議なものに気づいたのだ。染色体は対になって細胞内に存在するが、どの標本を観察しても相手がなさそうで、単体で存在する染色体がひとつあった。その謎めいた性質から、ヘンキングはそれをX（数学において未知の数に与える記号）と呼んだ。だがのちにDNA鎖の代表格を務めるようになる不可解なXと、性決定を関連づけようとはしなかった。惜しい話で、それをしていたらかなり有名になっていたかもしれない。代わりにヘンキングは一年後、細胞学の道を断念し[24]、漁業というキャリアを選んだ。経済的にはより安定しただろうが、科学的な名声を得る機会は格段に減った。

Y染色体は結局およそ十四年後、ミールワームの生殖器にひそんでいるところを発見された。一九〇五年、女性の遺伝子学者の第一世代であるアメリカ人のネッティ・スティーヴンスの手柄だった。スティーヴンスはそれが性決定において果たす重要な役割を認識していたが、やはり歴史的な発見によって得られた名声はあまりに少なかった。おなじ染色体はほぼ同時期に男性の科学者エドマンド・ウィルソンによって発見され、名声のほとんどは彼がもっていってしまった。のちにその染色体は、ヘンキングが始めたアルファベットのシステムにならってYと名づけられる。その奇妙に縮んだ姿形のため、より長さのあるXと組み合わさると文字にも似るのだった。

Xに比べるとYはいわば「おちび」の染色体だ。サイズ感に欠け、含まれる遺伝物質も格段に少ない。だが染色体に関していうならば問題はサイズではなく、どのようにコードするかという点だ。そしてYは実際にSRY（性決定因子）と呼ばれる、性決定にとって非常に重要な遺伝子のみなもとなのだ。

一九八〇年代、ロンドンに拠点を置くピーター・グッドフェローらがようやく、この目立たない遺伝子のコードこそヒトの精巣決定因子だと突き止めた。SRYのスイッチがオンになるのは非常に重要な遺伝段階の第一歩で、それによってニュートラルな胎児の生殖腺の性細胞が精巣へと発達し、テストステロンの放出が始まる。それが欠落している状態では、ユニセックスな始原のパーツはより時間をかけて胚の卵巣に育っていく。[25]

このときはずいぶんと盛り上がった。哺乳類の性決定の最重要スイッチがようやく判明し、「男性性のエッセンス」[26]が突き止められたのだ。SRYこそ精巣の発達をコードする一連の遺伝子の知られざるトリガーだった。雄の性決定の道のりが明らかになったのだ。

わたしは著名なオーストラリア人進化遺伝学教授、ジェニファー・マーシャル・グレイヴスに話を聞いてきた。重要な雄の性決定遺伝子を探しあてた、国際的な科学者たちのグループの一員だ。有袋類の染色体に関するグレイヴスの研究によって、科学者たちはYの新たな側面へと舵を切ることになり、やがてSRY遺伝子を発見した。だが性のパズルを解いたという高揚感は実のところ短命に終わっていて、グレイヴスはその理由を教えてくれた。

「これこそが『聖杯』だろうとみんな思ったのです」と、メルボルンの自宅からZoomの画面越しにグレイヴスは語った。「わたしの教え子がＳＲＹ遺伝子を発見したときは、すべてがごく単純に解明されると思いました。ある種のスイッチとして。けれど性決定は予想よりはるかに複雑だったのです」

　現状の性の教え方では、精巣を作る遺伝子がＹに、卵巣を作る遺伝子がＸに宿ると思ってもしかたがないだろう。そうであればわかりやすい。だが進化の神は、遺伝子学者の仕事をまったく楽にしていない。

　生殖器が決定される過程には約六十個の遺伝子が、オーケストラで演奏する楽団員のようにかかわっている。これらの性決定遺伝子は性染色体上に存在するとはかぎらず、ましてやＸまたはＹの上に規則正しく、どちらかの性にもとづいて待機しているわけでもない。実際はといえばゲノム全体に、不規則に散らばっているのだ。

　ＳＲＹは指揮者のようなものだ。この重要な精巣決定トリガーが存在する場合、性決定遺伝子には「Ｔ（訳注：英語の「精巣《テスティス》」の頭文字）」の音を鳴らすよう指示が出る。ＳＲＹが不在ならオーケストラは「Ｏ（訳注：英語の「卵巣《オヴァリー》」の頭文字）」の音を鳴らし始める。遺伝子学者たちは長いあいだ、これらはけっして交わることのない二本の直線道路で、一本は雄（ＳＲＹの存在がトリガー）、もう一本が雌（ＳＲＹの不在がトリガー）だと想定してきた。だが進化の神が性に関してそのようにきれいな二項対立的な解決策を生み出すというのは、あまりにもナイーブだろう。

　性が天晴れなほど複雑になるのはこの時点だ。ＳＲＹのほかに六十個の性決定遺伝子からなるこのオーケストラは、おおむね雄でも雌でも変わりない。これらの遺伝子には卵巣と精巣を作り出す能力がともにある。どちらの生殖腺を実際に作るかは、遺伝子間の駆け引きが築いた複雑なネットワークによって決まるのだ。

わたしはいくぶん混乱した。けれどグレイヴスは忍耐強く解説してくれた。「これらの遺伝子の多くは『精巣』遺伝子でも『卵巣』遺伝子でもありません。ある意味では『両方』で、どれくらい数があるか、どんなふうに生化学反応を司っているかが意味をもつのです。これらの遺伝子の一部には複数の段階においてひとつ以上の機能があると、次々わかってきている最中です」

さらにいうなら、精巣あるいは卵巣に至る二本のルートは直線でも交わらないわけでもない。互いにかかわりあっているのだ。たとえば雄のルートをいく遺伝子の一部は、精巣に至る生殖腺の発達をうながすため必要とされるが、別の遺伝子は卵巣に向かおうとする生殖腺を抑えなければいけない。

「精巣ができる道は一本しかないというのは単純にすぎます。同時に卵巣を作らないようにする道もあるからです。中間的な遺伝子が非常にたくさんあるので、全体的には矛盾だらけの反応に満ちています。片方の道を阻み、もう片方を強化するのですから。これらふたつの性の『道』は深くつながりあっているのです」

この複雑さを解きほぐすため、グレイヴスは動画を送ってくれた。映っているのは狂騒状態にあるマシンで、連結した十数個のラチェットやコグが猛烈に回転し、その合間を小さな青いボールがいくつも跳ね回り、ときどき潰されたり再生したりしていた。青いボールが迷宮を抜けていく道のりこそ、グレイヴスにいわせれば一見してわかりやすい、二項対立的な性決定の過程の真の姿なのだ。

両性具有的な遺伝子の相互につながりあったカオスは、性の柔軟さを示している。どこでもいいので連結した歯車をそっといじると、新しいバリエーションが生まれる。そのことによって進化がうながされ、動物は困難な新しい環境に適応し、わがものとできるようになっていく。

本章の冒頭で紹介した雌のモグラが、適当な例になってくれる。近年、国際的な科学者たちのグループがイベリアモグラ（*Talpa occidentalis*）のゲノムを完全に解析した。ほかの哺乳類とコードを比較すると、性決定にかかわる遺伝子のタンパク質に違いがないこともわかった。ただしそのいっぽうで、性決定遺伝子のうちふたつに発現を調節する変異が発見された。おかげで精巣の発達に欠かせない遺伝子が雌のなかで抑制されず、スイッチオンされたままの状態になるのだった。これにて雌のモグラの卵巣内で精巣組織が盛り上がっている理由がわかる。加えてアンドロゲンの分泌にかかわる酵素をコードする別の遺伝子にはふたつのコピーがあり、雌のモグラのテストステロンの量を増やし、雌雄両方の特質をもつメリットを活用できるようにしている。[27]

ほかにもバリエーションはある。六十個の性決定遺伝子のオーケストラを始動させるSRYも、動物界全般の普遍的な性のマスタースイッチではないし、それをいうならすべての哺乳類に存在しているわけでもないのだ。

たとえばカモノハシ。オーストラリアに生息するこの卵生の哺乳類は天邪鬼《あまのじゃく》そのもので、[28]性染色体もご多聞に漏れない。オーストラリア人進化遺伝学教授のグレイヴスは研究仲間とともに、カモノハシが性染色体を五対備えているのを突き止めた。[29]雌はXXXXXXXXXX、雄はXXXXXYYYYYだ。このようにY染色体がたくさんあるにもかかわらず、どれかをスイッチオンするためのSRYの姿はなかった。

「衝撃的でした」と、グレイヴスは語る。

カモノハシは古代から存在する哺乳類で、所属している単孔類と呼ばれるグループは約一億六千六百万年前に分化した。その奇妙な性染色体はグレイヴスに、性染色体の進化にまつわる貴重な洞察を与え、Y染色体の未来を危惧させた。

カモノハシの性決定遺伝子のオーケストラは、実のところほかの哺乳類と変わりなかった。グレイヴスの研究では、これら六十個あまりの遺伝子は実のところ脊椎動物すべてにおいて驚くほど共通している。鳥類、爬虫類、両生類、魚類は精巣または卵巣を作るために、哺乳類とほぼおなじ遺伝子のセットをもっている。ただし異なるのは、雄雌どちらの道を進むか決めるマスタースイッチだ。カモノハシの場合、それはオーケストラ内の遺伝子のひとつで、全責任を負って性決定の過程をトリガーしている。

「分岐を決めるひとつの手段にすぎません。これらの性決定遺伝子のほぼどれを使ってもできます」グレイヴスの説明を聞くと、また少し目からうろこが落ちた。「それが性というものの最も奇妙な点です。方法は山ほどあって、それぞれずいぶん違うように見えるのですが、実際はそうではありません。すべて六十個の遺伝子の相互関係とかかわっているのです。相互関係は似ている、トリガーはまったく異なるというわけです」

カモノハシの遺伝子は、グレイヴスに別のことも教えてくれた。Y染色体は遺伝物質を失いつつあるのだ。この「おちびさん」の染色体は、文字どおり縮んでいる。カモノハシとヒトのY染色体の違いを観察すると、ヒトが枝分かれしてからどの程度遺伝物質が失われてきたか推測できた。ヒトのY染色体が完全に消失するまで[30]どれくらいかかるかも見当がついた。

「ヒトのY染色体は百万年につき約十個の遺伝子を失っていて、今では四十五個しか残っていないことがわかりました。アインシュタインでなくても、このペースではY染色体がそっくり失われるまで四百五十万年だと計算できますね」

一部の著名な遺伝学者たちは（おもに男性だ）、「雄の」性染色体が絶滅への道を歩んでいるという結果をなかなか受け入れられなかった。

「わたしはおもしろいと思いましたよ。でもデヴィッド・ページ（著名なマサチューセッツ工科大学遺伝学者）にしてグレイヴスの予測の否定派）は笑えなかったようです。フェミニストに『男はサヨナラ』といわれたと思って、気分を害したのでしょう。今に至るまでこの仮説に対しては、その種のぎすぎすした敵意が向けられています。そしてページは必死にY染色体を守ろうとして、何がなんでも安泰だと示そうとしている。わたしにしてみたら『それが？』なのですが」

自身の不吉な予言は人類の終わりを告げるようなものではないと、グレイヴスは断言する。ヒトの雄は生殖腺を作るための新たな遺伝子的トリガーを進化させるだけだろう。ほかの哺乳類はすでにそれをやってのけている。哺乳類においては日本のアマミトゲネズミ（*Tokudaia osimensis*）とモグラネズミ（*Ellobius lutescens*）の二種が完全にY染色体を失ったとされているが、精巣は残っている。雄と雌はそれぞれ単独のX染色体をもっていて、性的な発達はまったく別の、そしてまだ特定されていない性決定遺伝子が引き金になっているのだ。[31]

これら目立たない小さな茶色いげっ歯類においては、染色体をめぐる新たな不思議現象がぞくぞくと発見されている。南米にはナンベイヤチマウス属の野ネズミが九種いて、雌の四分の一はXXではなくXYだ。Y染色体にはSRYが完備しているが、それでも卵巣を発達させ、有効な卵子を生み出している。これらの雌たちには小うるさいSRYを抑制する、まったく新しいマスター遺伝子[32]が備わっているのだろう。

奇怪な性染色体を備えた不可解なげっ歯類は、進化の失敗作にも見える。グレイヴスもおなじ意見だ。おおむね、そうなのだ。

「誰にせよ生きものをデザインするなら、こんな馬鹿馬鹿しいものを思いついたりしないでしょう。でも進化の神は思いついたのです。唯一可能な説明はそれが別のシステムから進化して、メリットがあったというものです。どんなメリットなのかはわかりませんが」

八十歳代になるグレイヴスは、キャリアをとおして驚くほど多彩な生きものたちの進化遺伝学を研究し、今でもそのテーマへの熱意に満ちている。現在では「進化のスケールを逆行し」、脊椎のない原始的な魚であるナメクジウオから線形動物に至るまで、古代の生きものを研究している。そして驚いたことに、トリガーは異なるもののおなじ古い遺伝子が、似たような性決定のルートにおいて繰り返し顔を出すという。「これらは古参の遺伝子です。性に関してなんらかの役割を背負っていて、いつもおなじように機能しているとはかぎらないけれど、必ずそこにいます。なんだか髪が逆立つような気がして」そんなふうにいうグレイヴスの目はいたずらっぽく輝いていた。

性は自分自身を改変する名手だ。それはそうだろう。なんといっても有性生殖を行なう種にとって、それが存続するための基本なのだから。共通遺伝子のアナーキーぶりも、性が存在するようになった何億年も前にはもっとロジカルで直線的なものだったのかもしれない。だが永遠ともいえる進化の時間のうちに、性を決定する果てしないカオスのなかで一見して不合理、ただし意外にも機能的な、不可解な一連のシステムができあがった。

「進化という観点から見ないかぎり、何ひとつ意味をなしません」グレイヴスは生態生理学の父テオドシウス・ドブザンスキーが創造論を批判する際に用いた、一部の人たちにとって腹立たしい台詞を巧みに引用してみせた。（訳注：ドブザンスキーは「進化という観点から見ないかぎり、生物学は何ひとつ意味をなさない」と述べた）。「『こうに決まっている』という発想は捨てなくてはいけません。決まっているものなどないのです。わたしたちは皆、つねに進化の力に振り回されているのですよ」

哺乳類の性染色体をめぐる混乱など、自然界に存在するあきれるほど多様なシステムの前では氷山の一角だ。まず最初に、性決定のすべてが遺伝子のXYシステムをなぞっているわけではない。鳥類、多くの爬虫類、チョウはおおむね似たような性決定遺伝子をもっているが、性染色体は異なる――大きな「Z」と縮こまった「W」だ。このシステム上では反対のパターンがふつう、すなわち雌がZW、雄がZZなのだ。このZWというシステムにおいては、マスター遺伝子は哺乳類の大半のSRY同様非常に一定しているとも、近縁種のあいだで異なるともいえる。

爬虫類、魚類、両生類においては、性決定のマスター遺伝子ではなく、外部の要因に刺激されて性分化が生じているとも考えられる。たとえばウミガメは苦労して陸に上がり、熱帯の砂浜に卵を埋める。摂氏三十一℃以上で孵化する卵では卵巣を作る遺伝子が活性化し、摂氏二十七・七℃以下では精巣ができる。そのあいだを上下する気温の場合、雄雌両方の赤ちゃんが生まれる。

気温は外的な性決定の要因として知られているもののひとつにすぎない。日光、寄生虫、pH値、塩分、水質、栄養状態、気圧、個体群密度、社会的状況[33]（隣近所にどれだけ異性がいるか）。すべて動物の性的な運命に結びついている。

一部の動物においては、性決定はこれらのどの影響を受けてもおかしくないし、複数の影響を受けることもある。つまり性はひどくあやふやな代物になるというわけだ。たとえばカエル。

ニコラス・ロドリゲスは世界で最も職業に恵まれているといえそうだ。春になるとスイスのアルプス山脈に向かい、高地の池のまわりを散策しているのだから。周囲は雪をいただいた山々や野の花が咲くみずみずしい草原で、ときにはヤギの群れが現れる。『アルプスの少女ハイジ』の世界そのものだ。進化生物学者ロドリゲスの仕事は、若いヨーロッパアカガエル（*Rana temporaria*）を捕まえること。変態を終えたばかりで、池という名前の保育園を卒業し、陸地でおとなの暮らしを始めようとしているところだ。ときには景観に慰められながら何日も待つことになるが、ふいに小さなカエルたちが大挙して現れると、ロドリゲスは忙しく網を振るい始める。

助手が必要なときは、わたしの出番だ。わたしは子ども時代の幸福な一時期を、自宅からほど近い池でカエルを捕まえながらすごした。ロドリゲス同様、池から飛び出してくる小さくてかわいい新生カエルたちに魅了されていた。約四億年前、水中から陸地へと偉大な跳躍を遂げた進化の草分けたちを代表しているように見えたのだ。まだ小さなカエルたちの体内では、組織と臓器の再構成が猛然と行なわれている。えらを使って水中の酸素をこしとる方法から、できかけの肺で空気を取り込み、酸素を得る方法に切り替えなくてはいけないのだ。多くはまだ吸収されきっていないオタマジャクシの尾の先端という、水中での幼年時代の置き土産を抱えて現れる。つまり池を去るときはまだ、大切な空気袋もやや未成熟といえそうだ。

結果的にこれらの若きカエルたちは、わたしの想像にも増して境界線上の生を生きていた。捕まえた個体の半分ほどは、もうひとつの大きな臓器的変化のただなかにいたはずだ。すなわち水生の雌のオタマジャクシは地上性の雄のカエルへと変身するかたわらで、卵巣が精巣に変化していたのだ。

ヨーロッパアカガエルの場合、性分化は必ずしも「水も漏らさぬ」プロセスではない。実際ロドリゲスによると「漏れる」どころではない。所属する研究チームでは、卵巣ではなく精巣を発達させるマスタースイッチがときに遺伝子、ときに環境、ときにその両方であることを突き止めている。すべてはカエルたちの生息地しだいだ。

ヨーロッパアカガエルはスペインからノルウェーまで、ヨーロッパ全域に広く生息している。よく目につく小さな茶色い両生類で、生息地を問わず種はおなじだが、ロドリゲスによると性決定のモードによって三つの異なる「性的な種」[34]に分かれる。

生息地が北のほうのヨーロッパアカガエルはおなじみのXY遺伝子による性決定を行ない、ほぼ予想どおりに成長する。XYをもつ個体は精巣、XXをもつ個体は卵巣を手に入れるのだ。

わたしが子どものころ捕まえたヨーロッパアカガエルは南のほうの出身で、性はもう少し流動的だ。オタマジャクシのころはすべてXXで、雌として成長する。ところが池から出る段階で遺伝子的には雌のこれらの個体のおよそ半分が、性的な発達を反転させる。卵巣が精巣へと形を変えて、XXの雄になるのだ。

性転換というとおおごとに思えるかもしれないが、カエルたちはまばたきひとつせずにやってのける（余談だがカエルのまぶたは片目につき三枚ある）。根本的なメカニズムはまだ解明されきっていないが、おそらく気温が関係あるのだろう。実験室では、カエルたちはエストロゲンを模した化学物質を与えられ、雄から雌への移行をうながされてきた。アメリカで芝を育てる際によく使われるアトラジンのような除草剤に含まれる物質[35]で、それが大量に使われることで、雄のカエルは否応なしに雌になっているのだ。

中間の地域に生息するカエルたちは、あらゆる意味で真んなかだ。一部の雄は気温に性を左右される性質があり、生まれたときは卵巣を備えている。別の雄は性決定遺伝子のトリガーのもとにある。その結果、一部は通常のXYの雄とXXの雌だが、ロドリゲスはXYの雌とXXの雄にも出会っているという。外見的には雄にも雌にも見えるが、生殖腺を見ると話が違ってくる。一部は卵巣と精巣の組織を併せもっていて、おかげで性をふたつのバケツのどちらかにきれいに収めるのはおよそ不可能になるのだ。「生殖腺と遺伝子のレベルでは雄と雌には連続性があるのです。ただしそのあたりの池にいって適当に捕まえたら、やはり雄か雌のどちらかに見えるでしょうが」と、ロドリゲス。

こうした性的などっちつかずは、不完全で進化の程度が低い性決定のシステムから生まれた失敗だと切り捨てたくもなるだろう。多くの科学者はそうしてきた。だがそれは古くさく哺乳類至上主義的な視点だ。今、この驚くべき流動性は爬虫類、魚類、両生類の多くに現存すると考えられている。多種多様な種において何百万年も維持されていて、つまり進化におけるなんらかの利点があるといえそうだ。

オーストラリアの砂漠に生息する、派手なえりまきをもったフトアゴヒゲトカゲ（*Pogona vitticeps*）

の近年の研究が、その利点について教えてくれそうだ。環境をトリガーにする性転換と遺伝子的な性決定が組み合わさると、ふたつの特徴的なタイプの雌を作る力が生まれるのだ。

フトアゴヒゲトカゲの大半は遺伝子によって性決定がされる。雌はZWの性染色体、雄はZZの性染色体から成長する。ところがこの遺伝子による性決定システムは、過度な暑さによって覆される場合がある。発達の過程においてZZの雄の卵がオーストラリアの強烈な太陽を浴びると、染色体による性が高温に負け、ZZの雄は雌になるのだ。

これら性転換したZZの雌には、雄雌の外見および行動面の特徴が備わっている。通常の二倍ほどの卵を産むいっぽう、行動はより雄に近いのだ。すなわちより大胆かつ活動的、体温は高い。こうした遺伝子または性が逆転した雌のトカゲは、より多様な環境圧に新たな方法で対応できる。それが進化のもたらすアドバンテージなのだ。

この研究に携わった科学者たちは、生殖腺は雌であっても行動と形態はより雄に近いため[36]、これら性が逆転した強力なトカゲは別個の第三の性とみなされるべきだろうと述べている[37]。種の生存において特別な身体的アドバンテージを有している性だ。入り組んだ性決定システムとその産物である性転換した雌たちは「逸脱」などではなく、進化的変化をもたらす原動力といえるかもしれない[38]。

これら性が逆転し、雌の生殖腺と雄の行動を兼ね備えたトカゲたちはオーガニゼーショナル・コンセプトにも一石を投じている。その「雄のような」脳はどうやら性決定に端を発するホルモンの変化の連鎖ではなく、もって生まれた遺伝子構造の影響のもとにあるようなのだ[39]。トカゲだけではない。過去数十年をかけて、そのほか性的に曖昧な生きものをめぐる研究が性分化という普遍的パラダイムに挑み、性の驚くべき複雑さ、そして性というものが動物界全般において生殖腺、体、脳にどう現れているかを明らかにしてきた。

二〇〇八年、定年を迎えた元高校教師ロバート・モッツは窓の向こうの裏庭を眺めていたとき、いささか奇妙な鳥を目にした。体の片側は鮮やかな緋色の羽で覆われ、頭には派手な赤い冠をかぶっていたものの、もう片側は冴えない茶色だったのだ。半身の鳥が二羽、中央で糊づけされているように見えたというが、ある意味でそれは正しかった。

その鳥は雌雄モザイクだった——中心線を境にきれいに分かれている、特異な「間性」だ。目立つ緋色の側は雄のショウジョウコウカンチョウで、体内に精巣がひとつだけあり、茶色の側には卵巣があった。こうした両側性は珍しいが、いっぽうで多くの鳥類、チョウ、昆虫、甲殻類、すなわちZWによる性決定システムをもつ生きものにおいて確認されている。性的二形のあるショウジョウコウカンチョウのような種においてはとりわけ印象的で、受精した二組の胚が発達のごく初期（2細胞期から64細胞期）において癒合し、片側はZW性染色体（雌）、もう片側はZZ（雄）というキメラを形成したときに生まれる。

これら「ハーフサイダー」は、生殖腺にかかわる性ホルモンが脳と行動の形成にどれくらい主導権を握っているのか観察する、またとない機会を提供してくれる。雌雄モザイクは双方の性からなっているが血流は一筋、すなわちホルモンという意味では単一の条件のもとにあるのだ。一個の精巣と「男らしい」アンドロゲンはオーガニゼーショナル・コンセプトが唱えるとおり、キメラの脳全体にかかわる性的な運命を掌握するのか、「消極的な」雌のほうが何かのはずみで台頭するのだろうか。

科学者の手にわたった最初の「ハーフサイダー」のひとつは、一九二〇年代にシェーフという名のカナダ人医師の自宅の庭で発見された。シェーフ医師は飼っていたニワトリの一羽が片側から見ると雌鶏、もう片側から見ると雄鶏であることに気づいていた。この複雑怪奇なニワトリは、行動面もおなじくらい混乱をきたしていた。雄として雌と交尾を試みつつ、卵も産んだのだ。

残念ながらこのニワトリの脳と行動がきちんと検証される前に、よき医師は貴重な変異種を殺し、夕食のため丸焼きにするというまさかの行動に出てしまった。ただし骨ととりだした生殖腺は解剖学者の友人に寄贈している。その解剖学者は骨格の半分がより大きく雄らしく、いっぽう正常な卵巣があること、ただしいくぶんの精巣組織を含んでいることを詳細に記録した。その混合状態はふたつの生殖器で作られた雄と雌のホルモンの拮抗によるものと考えたが、研究対象のほとんどがシェーフ医師に食べられてしまっていたため[40]、それ以上の追究はできなかった。

ほぼ一世紀ののちカリフォルニア大学ロサンゼルス校の研究教授アーサー・アーノルドが、キンカチョウの雌雄モザイクに出会った。アーノルドは食べるような真似はせず、鳥の脳を熱心に観察した。キンカチョウは鳴禽類だが歌うのは雄だけで、そのため神経系は雄のほうが発達している。このキンカチョウは歌っているところを目撃されていたので、アーノルドはそれが定型的な「雄の」脳をもっていると予想した。ところが解剖してみると、雌の側の脳は通常より少し雄化されている程度で、歌うための器官は雄の側だけ発達していた。

「腰を抜かしましたよ[41]」と、アーノルドは当時サイエンティフィク・アメリカン誌に語っている。雌雄モザイクの部分的に雌である脳は、鳥類における性的二形に生殖腺ステロイドが決定的な力をもつとする説に疑問を投げかけた。つまりこの両側性かつ間性の鳥はオーガニゼーショナル・コンセプトの急所への一撃だった。アンドロゲンは鳥類の体、脳、行動のセクシャリティを形成する唯一の力ではないという証拠が挙がったのだ。代わりに神経系細胞のなかから影響力を発揮する性染色体が、重要な役割を果たしている可能性が出てきた。[42]

雌雄モザイクは性モザイクとして成長することもある。すなわちZZとZWの細胞が左右にくっきり雌雄同体として分かれるのではなく、全身に遍在するのだ。のちにこの手の雌雄モザイクのニワトリ三羽が調べられた結果、全身の細胞は個々の遺伝的指令に従っており、必ずしも曝露した性ホルモンに支配されているわけではないのがわかった。つまり少なくとも鳥類については個別の細胞の遺伝的な性的アイデンティティ[43]が、体と脳の性的二形を後押しするうえで大きな役割を果たすのだ。

「性は一元的な現象ではありません」と、デヴィッド・クルーズは電話で説明してくれた。定年したばかりの元テキサス大学の動物学および心理学教授のいうことだから間違いないだろう。クルーズは四十年の歳月を、多種多様な野生の動物における性決定と分化のメカニズムの解明に費やしてきた。ウミガメの生殖腺の発達にかかわる遺伝子を正確に突き止め、トカゲの仲間の性転換に手を貸し、ヒョウモントカゲモドキが孵化する際の温度が性および外見にどう影響するか調べ上げている。

クルーズいわく、性には五つの型がある。染色体、生殖腺、ホルモン、形態、行動だ。すべて噛み合わせがいいとはかぎらないし、生涯固定的かどうかさえ決まっていない。これらは積み重なりつつ新たに現れてくる性質をもち、遺伝子またはホルモン、あるいは環境や個体の経験値の影響も受けるのだ。その流動性によって種の内外に、性とその発現における豊かな多様性が生まれる。

「バリエーションは進化の素地です。それがなければシステムの進化はありません。そこで性の特色についてもバリエーションがあることが重要なのです」

クルーズは自他ともに認める自由な発想の持ち主だ。斬新な視点は実験室で飼育されたマウス（性的な発達における標準的な動物モデル）ではなく、野生の爬虫類、鳥類、魚類を研究してきたことに由来する。クルーズいわく、こうした非定型的なモデルは「リアリスティック」ではなく「リアル」だ。その自然の本能は、何十年にも及ぶ飼育によって鈍らされていない。性的な発達は遺伝子、温度、環境といったさまざまな要素に引き金を引かれるようになっていて、標準的な研究用マウスというモデルを超えて進化の流れをさかのぼり、哺乳類の性的発達より前に存在し、なおかつその土台を築いていたシステムの研究を可能にしてくれる。

クルーズいわくオーガニゼーショナル・コンセプトには、性に対する硬直的で決定論的な見方を広めた責任がある。性のあいだの差異を強調し、二元論的な概念を強化し、自然界に見られる性的な特徴の豊かな多様性を無視するものだ。

「噴飯ものですよ」クルーズはオースティン近郊の自宅からよく電話をくれて、長時間かけて興味深い話をしてくれたが、あるときそう吐き捨てた。そんな標準的パラダイムの時代は終わったのだ。それは哺乳類至上主義で、単純にすぎて、性ホルモンを指揮し活性化させるうえでのエストロゲンの役割を過小評価している。「雌は雄に負けないくらい活動的です。何度もそう指摘しようとしてきたのですよ。

わたしの結論は昔から、雌こそ性の祖先だというものです。証拠もたくさんあります」

クルーズはキャリアを多様性のそのものの研究に費やし、それが実際は同一のメカニズムに操られていることを指摘した。でたらめなカオスにあまねくひそんでいるものの研究が、根底にある何かの発見の鍵を握るのだ。そのアプローチのおかげでクルーズは性分化について考察する際、既存のものとは異なる進化上の視点を得ることができた。そのうちひとつは性の原点に根差している。「最初期の生命がクローン生殖を行なっていたのはほぼ間違いありません」と、クルーズ。「生殖を行なう最も古い生命は卵を産める必要があり、それは雌だったのです」

クルーズの研究では六〜八億年前、唯一存在していたのはクローンによって卵を産む生きものだった。雄は配偶子の大きさが分かれる性の夜明けの訪れまで進化の舞台に登場しなかった。クルーズはそれが二億五千〜三億五千万年たってからだと考えている。その分岐とともに、サイズの異なる配偶子の合体を可能にする代替行動が必要になった。生きものは相手を探し、性的に惹かれ、生殖するようになったのだ。こうしてアンドロゲンの作用で性的二形も進化した。

「雄らしさは雌らしさに適応する形で進化しました」と、クルーズは語る。「雄が登場して行なったのは、雌の生殖を手助けすることでした。配偶子が放出される現象の土台にある神経内分泌的プロセスを刺激し、整えるのです。雄は行動を促進する係です」

雄が雌から分岐した二番目の性なら、卵子の作り手の進化の痕跡が残っていると考えるのが当然だろう。実際そうなのだ。クルーズは雄らしさの根源である精巣に、明らかな古代の雌の痕跡があることを発見した。

「われわれは精巣にエストロゲンの受容体が多数含まれていることを示す、初の顕微鏡写真を公開しました」根本的に「雌」の性ステロイドホルモンであるエストロゲンは、雄の精巣と精子が発達するうえでも根源的な役割を果たしていたのだ。

クルーズはシカゴ大学の遺伝学教授ジョー・ソーントンと協同し、分子レベルのタイムトラベルに出て、古代の軟体動物におけるエストロゲンの受容体を復元した。ソーントンはほかにもヤツメウナギのような原始的な生きものも研究しており、エストロゲンの受容体が脊椎動物における最古の転写因子[44](遺伝子のスイッチをオンオフする役目をもつたんぱく質)だと示している。それまで考えられていたよりはるかに古く、起源は六〜十二億年前だ。アンドロゲンの受容体をもたらす遺伝子はその後三億五千万年ほど進化しなかった。

「エストロゲンが原初のステロイドホルモンである理由は、古代の動物は卵子のみを作り出していて、卵子はエストロゲンを分泌するからです」と、クルーズは説明する。「エストロゲンの受容体はおよそ体内のすべての組織において重要です。それがない体内の組織は考えられません」

オーガニゼーショナル・コンセプトはテストステロンの全能性に着目したが、エストロゲンも同様に強力だと示されつつある。発達の初期においてテストステロンと変わらない効果をもつことさえ示されているのだ。たとえば先ほどから見てきたように、カエルの性転換をうながす能力。クルーズはエストロゲンのブロッカーを使い、発達段階の雌のトカゲの性も逆転させている[45]。この物質に雄雌両方の性的発達を導く主要な役割があるのは明らかだが、それ以降の生涯でも性的な行動を活性化させている。

「雌の」性ホルモンは精巣と精子を作るためだけに必要なほか、一部の種では雄の交尾行動を刺激することも知られている。

「『雌の』性ホルモンは雄においても決定的な役割を果たします。雄はかつて雌だったからです」と、クルーズは繰り返す。

つまりクルーズ版の福音書では、イヴがアダムの肋骨から作られたのではなく、その逆ということだ。初めに女性があり、女性が男性の登場をうながした。そうした立場から進化を眺めると「雌とは何か」という問いへの究極の答えは次のようになる。雌とは祖先の性なのだ。原初の卵の産み手のなごりは、わたしたち全員のなかに存在する。男性が女性らしさを発揮する、というような話にも新たな含みが生まれそうではないか。

第 2 章

# 配偶者選択とは何か

## ——謎解きはロボバードにお任せ

キジオライチョウ（*Centrocercus urophasianus*）の求愛ほど奇妙で、率直にいって馬鹿馬鹿しいものはない。北米に生息する大きめのニワトリくらいのこの鳥は、アメリカ西部の草原でセージを食べながらささやかな暮らしを営んでいる。春が訪れると独身の雄はスパイクのような扇形の尾を見せびらかしながらセージの草原の決まった一角に集結し、雌をめぐって競いあう。動物学の界隈では「レック」（集団求愛場）と呼ばれるその場所は、いわばキジオライチョウのディスコだ。交尾をめぐる争いはダンスという手段を通じて行なわれ、雄は胸を張って闊歩し、いわばビートボクサーと化してみずから伴奏をつける。

雄のキジオライチョウには大きく膨らんだ食道があり、口いっぱい空気を呑みこむことでさらにそれを拡張し、巨大な「たぷんたぷん」した白い羽毛つきの風船にすることができる。限界まで膨らむと一対の球根状をしたカーキ色の皮膚が、羽のあいまから乳首のないマネキンの乳房のように一瞬顔を出す。印象的な光景で、雄は強靭な胸まわりの筋肉を使って膨らみをコントロールしつつ、カーキ色の空気袋を打ち合わせてさらに印象的な音を立てる。「ピシャッ」という大きく鋭い音で、水面に輪ゴムを打ちつけたかのようだ。

全体的な印象は不条理そのもので、「進化の神は何を考えていたのか」と問わずにいられない。どんなふざけた力が、こういった荒唐無稽な事態を生み出したのだろうか。答えは「雌の選択」だ。

動物の雌はずいぶんと多くの答えを握っている。なぜ、雄のテングザルはあんなに長い振り子のような鼻をしているのか。どうやら異性の受けがいいからのようだ。シュモクバエの水平に思いきり伸びた目（長さは体長を上回る）も同様で、キジオライイチョウが空気袋を打ち合わせながら闊歩するのも当然そうだ。雌の選択は進化における最大の不確定要素で、おかげで自然界の最も特異な生きものがいくつか誕生している。いったい雌は何を、なぜ選んでいるのかというのは近年の進化生物学における最も熱い分野のひとつで、ときにキジオライイチョウ自身とおなじくらいシュールな手法を用いた、興味深い研究が行なわれている。

この分野を牽引するひとりがカリフォルニア大学デービス校で進化と生態学を教えている、輝く目が印象的な若き教授ゲイル・パトリセッリだ。およそ十年をキジオライイチョウの求愛の研究に費やしてきたという。わたしが研究室を訪れるのに先立って、パトリセッリはキジオライイチョウのショーの鑑賞という貴重な機会を作ってくれた。弟子の大学院生のひとりで、カリフォルニア州イースタン・シエラに生息する群れの長期的な研究の補佐役を務めているエリック・ティムストラに引き合わせてくれたのだ。ティムストラとはEメールで連絡をとり、近くのマンモス・ヨセミテ空港で落ち合う手はずを整えた。「お会いするときの目印はありますか」と、わたしは少し心配になって訊いた。その必要はなかった。「青っぽい服を着て、髪型はモヒカン」と簡潔な答えが返ってきた。

聞いていたとおり、ティムストラは研究対象とおなじくらい愉快な人だった。遠くから見ても目立ち、辛口のユーモアのセンスがあり、親しみやすい。平原へと向かう車の旅の途中では、これから先の選択肢を説明してくれた。午前一時に起きて、ティムストラがキジオライイチョウを捕獲して標識をつけるのに同行するか、「ゆっくり寝て」午前四時に起き、レックで踊るのをただ眺めるのだ。

「標識をつけるのはどんな作業になるのですか」と、わたしは訊いてみた。ティムストラいわく、まず鳥を見つけなくてはいけない。セージの茂みを懐中電灯で照らし、暗闇のなかで反射して光る一対の虹彩を探すという。キジオライチョウは「かなりとろい」ので、光を浴びると一時的に硬直し、人間が接近して網で捕らえる隙が生まれるらしい。「たいていの人たちは大きな音でホワイトノイズを流して、近づくときの足音をごまかそうとします。でも僕はAC／DC（ロックバンド名）を流すんですよ」そういわれてみすみす見逃したりできない。

こうして山ですごす初日の夜は氷点下の気温のなか、厚く積もった雪をかきわけて何キロメートルも歩くことになった。光るぎょろ目を探しながら茂みを照らし、よく鍛えているティムストラ本人と研究仲間に置いていかれまいとしながら。足手まといなわたしは、貸してもらった防寒具を何枚も着こんだ姿でのろのろ歩いた。まるで緩衝材にくるまれた人間貨物だ。およそ二千七百メートルの高地に体が慣れていなく、雪靴も足に合っていなかったので、何度もつまずいては腿まで積もった季節外れの雪に顔から突っ込む羽目になった。そんなふうに足を引っぱる人間がいたので、当然ながらその夜は一羽も捕まえられなかったが、心やさしいティムストラはわたしに負い目を感じさせなかった。

まだ周囲が真っ暗の午前五時ごろ、わたしたちは遅れを取り戻すべく、ふたり用の小さな観察小屋にもぐりこんで大量の機材の設置を始めた。レックの様子を観察し、記録するための双眼鏡、単眼鏡、何台ものカメラだ。「要するに僕たちは鳥類学者《オーニソロジスト》ではなくポーニソロジスト（ポルノ学者）なんですよ」と、ティムストラが冗談をいった。「鳥のポルノを撮影するのが仕事なので」

翼あるビートボクサーたちは夜明け前に準備運動を始め、漆黒の空が青に変わっていくなか不気味な「ピシャッ」という音で聴衆をじらした。日の出の太陽が周囲の冠雪した山々をピンクに染めるころには、遠くで黒い塊が動いているのが見えてきた。期待に違わないショーが楽しめそうだ。

観察小屋の前で繰り広げられた光景は、あらゆる点でわたしの予想どおり奇々怪々だった。およそ三十羽の雄のキジオライチョウが、バスケットボールのコート二枚分ほどの場所で空気袋を打ち合わせている。ピンクに染まった周囲の山々はそのパフォーマンスのための天然の野外劇場で、およそ三キロメートルにわたって音を反響させ、雄たちの存在を異性に知らせていた。最初レックに雌の姿はなかったが、雄はかまわず踊り続け、ソロパフォーマンスの世界に没入していた。まるっきり骨折り損に見えるいっぽう、明らかに雄たちは互いを意識していた。何かにつけて喧嘩が起きた。驚くほど激しく羽が打ち鳴らされ、いっぽうの雄が沈黙し、勝者が誇らしげに空気袋を打ち合わせながらその前をのし歩く。

鳥の奇妙な行動をおもしろがっていたのは、わたしだけではない。「キジオライチョウの研究で何が楽しいかというと、鳥たちが大まじめにやっていることです」と、ゲイル・パトリセッリは大学の実験室を訪れたとき教えてくれた。「やっていることは完全に馬鹿げていますし、不気味ですが、彼らにとっては真剣勝負なのです。そこに進化の核心があるのですよ。そのとき遺伝子が次世代に受け継がれるのです。せっかく生き延びても、天敵を逃れても、交尾できなければ進化という観点ではなんの意味もありません。だからこそ交尾が進化のグラウンド・ゼロなのです」

ようやく雌たちが登場するとドタバタ劇には拍車がかかった。体格で劣り、どう見ても地味な雌たちの出現が、雄たちの奇妙なパフォーマンスのギアを数段階押し上げたのだ。だが雌たちはこれ以上なく無関心だった。ゆるく集団を作り、つまらなそうにときおり地面をつつき、四方で繰り広げられている狂気じみたパフォーマンスに気づくそぶりもない。この幻覚のような場面に関してさらに哀しかったのは、雄たちがまるで見当違いだった点だ。何度も雌に背中を向け、退屈そうな雌たちとは反対の方向にセクシーなピシャッという音を放っていたのだ。

「キジオライチョウに関心をもったきっかけのひとつは、ヴィクトリア朝のステレオタイプの再現そのものに見えたことです」と、パトリセッリは語る。「派手で好戦的な雄たちは争いを繰り広げる。雄のショーが行なわれ、雌はおとなしく控えめに振る舞う」

キジオライチョウのレックに関しては、昔から男性の視点で語られてきた。鳥類学の世界への登場はドラマチックで、いっぱいに膨らんだ空気袋を誇示する一羽の雄の写真が、一九三二年にネイチャー誌の表紙を飾っている。論文の執筆者R・ブルース・ホースフォールは雄たちの「奇妙な振る舞い」[1]について嬉々として綴ったが、「ゴムのような器官」は雌ではなく同性に対して使われているとした。その解釈はおおむね二十世紀を通じて支持され、科学論文は雄たちの序列について長々と論じるいっぽう、雌たちの「目立たず消極的」[2]な行動にはろくに注目しなかった。

「大事なのはすべて雄だという視点の現れです」と、パトリセッリはいう。「コミュニケーションとは雄が仲間を威嚇することで、雌の選択は関係ないというわけです」

雌の選択は今や進化生物学において最も熱いテーマのひとつといえるが、昔からそうだったわけではない。ダーウィンは雌の好みが進化に対してもつ力をまず性淘汰説の一部として提示し、『人間の進化と性淘汰』のなかで詳しく説明した。性淘汰というダーウィンのふたつめの原理は、自然淘汰のいくつかの厄介な穴を埋めるものだった。すなわちある種の雄が見せる過剰な装飾と、性的な振る舞いだ。

今や有名な一八六〇年のエイサ・グレイ宛の手紙のなかで（『種の起源』刊行の翌年だ）、ダーウィンは吐露している。「あの『目』について考えたとき全身に寒気が走ったことを忘れられないのは奇妙なものだが、[3] もうそれについて愚痴をいう状況ではなく、今ではそのささいな模様にひどく居心地の悪さを感じている。クジャクの尾の羽、あれを見つめると必ず気分が悪くなるのだ！」

ダーウィンの覚えた不快さとは、クジャクの尾羽の勝手気ままな装飾性だった。サバイバル全般にメリットがないように見えるどころか、身を隠したり飛び去ったりして危険を回避するのを邪魔しかねず、負のインパクトさえあるようだった。どのようにして、なぜ、自然淘汰という究極の力はそうした過剰さをもたらしたのだろうか。

そのような「第二次性徴」はふたつの力で説明できると、ダーウィンは革命的な提言をした。ひとつは雌をめぐる雄どうしの争いで、それがカブトムシの大きすぎる角のような武器を生んだ。もうひとつは雌による交尾相手の選択で、それがクジャクの尾羽のような装飾を生んだ。

「さまざまな事実が示している……どちらかといえば消極的であるものの、雌は全体としてある種の選択を下し、[4] 雄のなかから好みの個体を受け入れている」。のちにダーウィンは、そのような雌の気まぐれの影響を綴っている。「より魅力的な雄を好む雌の性向は、[5] まず間違いなく雄の変容を招いたであろう。そうした変容は時の流れにつれて、およそいかなる程度にも拡張し得るもので、種のあり方にも作用を及ぼす」

ヴィクトリア朝の家父長制社会は雄が交尾の権利をめぐって決闘し、雌は潜在的に進化を左右する力をもつという説をとりいそぎ受け入れたものの、それは自然淘汰の下に位置づけられるとする人が大半だった。ダーウィンの主張が挑発的だったのは、雌を性的に自立した存在としただけでなく、雄の進化の方向性を決定づける立場としたことだ。その点は雌に強力な役割を与え、大半の（男性の）生物学者にひどく居ずまいの悪い思いをさせた。ヴィクトリア朝の英国では男性が女性を支配するもので、その反対はあり得なかった。

ダーウィンの新説はその驚くべき独創性ゆえに、文化や科学という面でも受け入れられるには至らなかった。自然淘汰による進化という説は十八〜十九世紀の思想家の多くが予測し、英国の博物学者アルフレッド・ラッセル・ウォレスも提唱していたものの、進化の原動力としての性淘汰という概念に科学的な前例はなかった。[6] なお厄介なことにダーウィンは、雌の交尾相手の選択について適応的な説明をしなかった。代わりに雌が惹かれる理由を「美しさへの嗜好」[7] に求めたのだ。どの動物がそのような判断を下すのに十分な知性を持ち合わせているかという点に紙面は割いたものの（昆虫にはあり、這《は》って歩く虫にはない）、ダーウィンは動物がヒトのような美に対する感覚[8]を備えていなければ性淘汰は機能しないという印象を与えてしまった。

その点がヴィクトリア朝の知識階級に、ダーウィンの新説を非難する口実を与えた。当時の考え方では美術や音楽を享受できるのは上流階級にかぎられたため、女性が、いわんや下賤な雌のクジャクが、美を解する能力を有しているとするなど愚の骨頂だったのだ。美は神の恩寵であり、すなわち雌の性的な好みが進化の原動力だという意見は異端に等しかった。

ダーウィンの大胆な新説は公然と嘲《あざけ》られ、切り捨てられた。最も舌鋒鋭かった論客はアルフレッド・ラッセル・ウォレスで、雄の求愛に際する装飾や振る舞いに珍妙な新しい進化論など必要ないとした。

それはあくまで雄の「いっそうの強さ、活力、繁殖力」[9]の結果なのだから。偉人ダーウィンが一八八一年に没したあと、明快な題を冠して出版した進化についての学術書『ダーウィニズム　自然淘汰説の解説とその適用例』（一八八九）のなかで、ウォレスはダーウィンの偉業を一部検閲するという大胆な手に打って出ている。「雌の好みを否定することで[10]……わたしは自然淘汰説のより効果的な面を強調したい。それこそ疑いようもなくダーウィンの学説で、わたしは本書を純然たるダーウィニズムの推進者という立ち位置にしたい」

ウォレスは自然淘汰による進化という説の提唱者の座こそ逃したかもしれないが、二十世紀のダーウィン的な思考[11]に先鞭をつけるという点では戦いに勝った。彼が雌の選択を切り捨てたせいで、性淘汰というダーウィンの二番目の偉大な学説は「ダーウィンの進化論における屋根裏の狂女[12]」とされ、二、三の例外を除いて百年近く陽の目を見なかった。二十世紀の主要な進化生物学者たちが雄の過剰な装飾について議論したとき、それらは天敵を退けるか、雌が交尾相手を探す際に種を間違わないようにするためとされた。

ものごとは変わった。一九七〇年代の性の革命および進化生物学に対するフェミニズムの影響によって、ダーウィンの大胆な仮説は一世紀に及ぶまどろみから覚めた。鳥類も魚類も、カエルもガも、雌は感覚的な評価を下すことができ、交尾相手を選んでいるという説が科学的に証明され、受け入れられた。数えきれないほどの研究によって、多様な種の雌がより明るい色、大きな呼び声、強い匂いとスピーディな踊りを好むことが証明された。過去三十年のうちに雌の選択は進化をめぐる研究の「最も勢いある分野[13]」となり、キジオライイチョウのようにレックを行なう種は、競争心のある雄と好みのうるさい雌の典型的な例とされている。

レックはこれ以上なく極端な求愛の市場だ。勝者がすべてを手にする環境で、ひと握りの幸運な独身の雄が交尾という舞台を支配する。昆虫から哺乳類まで、レックにおける交尾の七十～八十パーセントは雄のわずか十～二十パーセントが占めている。[14]

「交尾のピークにおいて、キジオライチョウのレックは阿鼻叫喚です」と、ゲイル・パトリセッリは実験室を訪れたわたしに語った。交尾の大半はわずか三日のうちに終了し、そのあいだ雌たちは寄り集まって大きな塊になりつつ、最上位の雄のそばにいこうと競いあう。パトリセッリは「ディック」の伝説について教えてくれた。ディックはワイオミング州に生息していた序列の高い雄のキジオライチョウで、二〇一四年の発情期には百三十七回の交わりをもった。そのうち二十三回は、二十三分間で行なわれた。[*]

レックが性淘汰を研究する科学者にとって大きな意味をもつのは、やがて雌が単独で子育てを始めるからだ。つまり雌は交尾相手を、縄張りの資源の豊かさや潜在的な子育てのスキルにもとづいて選んでいるわけではない。あくまで遺伝子がほしいのだ。勝者となる雄が雌の子どもたちの大半に、自身の振る舞いが刻みこまれた遺伝子を引きわたせることを考えると、雄の派手な装飾と求愛行動を形づくる雌の交尾相手の選択という力は絶大だ。

「あの年の発情期において、受け渡された遺伝子はほぼすべてディックのものでした。だから彼のようになるという選択が強力だったわけです」と、パトリセッリは説明してくれた。「レックを行なう動物は性淘汰が極端なため、自然界でも指折りのクレイジーな行動をとります。だからこそゴクラクチョウやクジャク、キジオライチョウはああやって闊歩するのです」

だが非常に大きな問いとして、なぜディックはそう魅力的だったのだろう。「ディックは実際のところ、かなり異例でした」と、パトリセッリ。「彼はめいっぱい自分を誇示しながら延々と歩き続けていました。まるで無尽蔵のエネルギーがあったかのように」

キジオライチョウが空気袋を打ち合わせながら闊歩するのは、奇天烈であると同時に負担が大きい。実際どの程度のエネルギーを要するのかは正確にはいえないが、これまたレックを行ない、羽を鳴らして雌を誘うヨーロッパジシギの最近の研究では、一日の求愛を行なうと体重のほぼ七パーセントを失うとされている。[15]つまり雄のキジオライチョウも並々ならぬエネルギーを計上している可能性があるのだ。なおかつ主食のセージはひどく栄養分に乏しい。かてて加えてエリック・ティムストラいわく、セージの葉は毒性が強いので、雄たちは強烈な二日酔いに耐えながら全力で舞っているようなものだ。

ゲイルの話では、雄にそのような苛烈な舞いを舞わせることで、雌はA級の遺伝子をもった血統のいい雄を確保している。「誰かを世界レベルの運動選手に育てるシステムは、必ずそうではない誰かを生み出すのです。飛行の能力、代謝の効率性、免疫、採餌の能力、どれくらい巧みに餌を消化してエネルギーに変えるか、といったことが問われます。キジオライチョウの雄があんな無理難題に全力で取り組むのは、コンディション良好だと示すためなのです」

＊ ゲイルたちは鳥の名前を尾羽の白い先端のパターンにそってつけた。指紋と同じくらいの手がかりになるのだ。ディックの尾羽はペニスに似ていたので、そう名前をつけた（訳注：ディックには俗語で男性器の意がある）。このリーダー格の雄がそこまで名前ぴったりになるとは誰も思わなかった。

ここで話に決着がついたと思っても無理はない。いちばん派手でスタミナのある雄が、雌を獲得するのだ。多くの科学者がそれで納得している。だがパトリセッリは、一見して控えめな雌の性質に興味を惹かれていた。雌たちは本当に、見たとおり受け身なのだろうか。

答えを求めたパトリセッリは、コーネル大学の鳥類学研究室に所属するマーク・ダンツカーとジャック・ブラッドベリーの研究に目を向けた。ふたりは驚くべき発見をしていた。雄のビートボクシングを音響面から解析すると、奇妙な四つの突起をもつ音響放射のパターンがあり、どうやら雄の呼びかけは実のところ正対する鳥の前では最も聞こえづらく[16]、横と後方に最も大きく響いている。つまり闊歩している雄は雌に背中を向けているようでいて、実はゴムマリを直接雌に向けて鳴らしていることになる。こうしてパトリセッリは考えた。仮に雄の行動が見た目どおりではないとしたら、雌も見た目ほどおもしろみがないわけではないのかもしれない。

雄の注目を集めやすい行動から目を離し、地味な雌に視線を向けたことで、パトリセッリはいっそう画期的な発見をした。ディックのような頂点に立つ雄はレックで最も騒がしいだけでなく、雌のひそやかな合図にも応えているのだ。つまり踊りと同時に聴く力もなくてはならない。

「わたしは時間をかけて、雄と雌のあいだのコミュニケーションの相互作用を観察しています。雌たちは見かけよりはるかに積極的な役割を演じています。見たいと思う雄の行動を引き出すか、雄を操るかという形で。雄も単に派手というだけでは足りず、魅力を認めてもらうためには雌に応えなくてはいけないのです。そしてここでロボットが登場します」

雌の頭脳に深く分け入り、どんな選択をしているのか解明するため、パトリセッリはビートボクシングをする鳥たちをシュールさで上回るおそらく唯一の鳥を作った。雌のキジオライチョウのロボットだ。愛称は「フェムボット」（訳注：女性を指す「フェム」と「ロボット」の合成語）、はく製にした雌がもとになっていて、遠隔操作のできる機器とオンラインで購入した部品をとりつけ、スパンクス（訳注：補正下着）で固定している。パトリセッリの工作のスキルのおかげで、完成したお手製のロボバードは車輪を除けば信じられないほどリアルだ。* 車輪についても、選り好みしない雄たちは気にならないようだった。雌が近くにいないとき、パトリセッリは雄が乾燥したウシの糞と交尾しようとしているのを見たことがあるという。求めている基準はどうやら非常に低いようだ。それでも初めてレックに送り込むときは、フェムボットが受け入れられないのではないかと不安だったという。「初めてのデートのような、妙な気分でした」

わたしは実験室のなかでフェムボットを触らせてもらった。コマンドに合わせて雄を誘惑することも、内気に振る舞うこともできる。接近したり、顔をそむけたり、視線を合わせたり、頭を下げて餌を探したり、本物の雌のようだ。ただし研究室の平らで整理整頓された床の上でフェムボットを操るのは、でこぼこして混雑しているレックでそれをするのとは比べものにならない。レックではふたりの人間が必

＊ゲイルいわく、ロボバードを作るきっかけになったのは一年半を「コロラド州でスキー三昧」ですごしたことだった。生計を立てるために副業として学会の企画に携わり、神経模倣工学の学会（ほぼAIとロボット工学の話）がお気に入りだったという。おかげでロボバードを思いついたとき、学会仲間に相談することができ、そのうちひとりはたまたまNASAの制御システムを設計していた。仕事のかたわらロボバードの制作を快く手伝ってくれたという。「最初の段階ですでに洗練されていました」それでもスパンクスで留められていたというが。「そんなわけで学生たちにはいつも、大学院に上がる前にひと息つくようにいうのです。何を見て学ぶことになるかわかりませんからね」

要だ。パトリセッリが観察小屋のなかでコントローラを操り、博士課程の弟子のひとりが双眼鏡とラジオを携帯して丘の上に陣取り、レックの様子を把握する。「ゲームの『フロッガー』並みにストレスが溜まります。リアルな鳥たちは縦横無尽に動き回りますから、そのなかでロボットを倒されないように、どの鳥にもぶつからないようにしながら移動しなければいけないのです」

なおかつフェムボットは徹底して気をもたせなくてはいけない。雄の関心を惹きつつ、ホットでヘビーな状況になる前に退散するのだ。「雄たちがロボットと交尾しようとしたこともあって、そうなると少々困るのです」だが、気をつけていても事故は起きる。あるとき雄を誘っている最中にフェムボットの頭部がぽろりと落ち、いわくいいがたい状況になったのだが、幸い間抜けな雄は怒り出さなかったという。「雄は相手の正体を認識していなかったので、これといった反応もできず、わたしは黙って頭のないフェムボットを後退させました」

こうして求愛をめぐる複雑なやりとりを雌の側からコントロールすることで、雌の態度の変化がどのように雄に影響するか観察できた。「雄は雌との間合いに応じて身のこなしを調節しているのがわかります。実のところ、ここいちばんという場面で反応し、エネルギーを使っているのです。うまくいかない雄たちは四六時中大きな音を立てるので、肝心なところでアピールする力を欠いてしまいます。おそらく社会的スキルと、基本的な体力が合わさった結果でしょう」

パトリセッリが最初に「社会的スキル」の重要性を発見したのは、レックを行なう生きもののなかでも最も洗練された種をとおしてだった。博士課程で研究していたオーストラリア東部に生息するニワシドリ科のアオアズマヤドリ（*Ptilonorhynchus violaceus*）だ。ニワシドリ科の雄は動物界きってのサルヴァドール・ダリで、小枝を使って奇抜でシュールな巣を作り、しかるのち雌の目を喜ばせる派手な色合いの素材でせっせと飾りたてる。装飾のスタイルや色は種によって異なり、より手の込んだ作業をする種もある。

たとえばオオニワシドリの巣は錯覚の館さながらで、遠近感を惑わすためにさまざまなものがサイズ順に並べられ、巣が実際より小さく、雄が実際より大きく見えるようになっている*。

雌のアオアズマヤドリは雄の体格にそこまでこだわりがなく、青い素材を集める能力をより重視している。雄はそこらじゅうを探し、青いものをかき集めて巣の床にばらまく。花、羽根、ペットボトルの蓋、洗濯ばさみ。これだけでも十分シュールだが、雄はくちばしでベリー類を噛み砕き、樹皮のきれはしを染めて、巣の壁に色を塗ることでも知られている。ダリもさぞ喜ぶだろう。

いったん青い素材で雌の関心を惹くと、雄はつややかな青い羽を膨らませ、複雑なダンスを踊って身体能力をひけらかす。雄どうしが争って互いを威嚇するときの行動と似ていなくもないので、雌たちも最初のうちはかなり警戒していることが多い。パトリセッリの観察によると、比較的落ち着いている雌たちはしゃがむような姿勢をとる。雄がそれに気づいて反応しているのだろうか。そこで彼女はしゃがんだ姿勢のとれるアオアズマヤドリのロボットを作り、うまく交尾に至る雄たちは非常に戦略的で思慮深いと悟った。雌がしゃがみこんで用意ができていると示したときだけ、ダンスの強度を上げたのだ。

* オオニワシドリは一流のイリュージョニストだが、オウム、ツグミ、ハト、果てはニワトリまでさまざまなイリュージョンに鋭敏だと実証されている。多くの種の雄は特定の角度と距離で雌の前に立とうとする。イリュージョンの活用は鳥類に広く見られるのかもしれない。

昔の科学者たちも、求愛の段階で雄が雌のシグナルに注意を払っていることには気づいていた。けれどよく聴き、合図に応じることが雄の交尾成功度と関係していると示したのはパトリセッリが初だ。さらに彼女は少なくともアオアズマヤドリの場合、こうした社会的スキルが交尾に至るための振る舞いとおなじくらい重要だとも指摘している。

雌のキジオライチョウは、互いを意識している可能性もある。たとえば若いグッピーの雌は、年配の（そしてたぶんにより賢い）雌の交尾相手の選択を模倣していることが知られている。[17] パトリセッリの説ではそうした「真似っこ」も、ディックのような支配的なキジオライチョウの雄が並はずれたモテ度を発揮するのに貢献しているのだ。「八十羽の雌が一羽の雄を取り巻いているような場合、それぞれが個別の判断に従っているとは思えません」二〇一四年、パトリセッリはフェムボットが格下の雄に興味を示している状況を作り、本物の雌がついてくるかどうか実験した。けれど支配的な雄のずば抜けたカリスマ性にしてやられたという。「結局、ディックの磁力には勝てませんでした」

パトリセッリはまだ諦めていない。雄のキジオライチョウのロボットを作るのは自分の力量を超えているとしつつも、フェムボットを増産し、レックにおける雄と雌のダイナミックな戦略を紐解きたいと考えている。これまで求愛行動はブラックボックスとされ、雄と雌がそれぞれの資質および好みによって着地点を見出すのだから、その過程は不明または調べてもしかたのないものとされてきた。パトリセッリにいわせればレックはむしろ巨大なバザールで、大勢の売り手と買い手が絶えず買い物と交渉を行なっている。ダーウィンが自然淘汰説を組み立てるにあたって経済学者トマス・マルサスの影響を受けたように、* パトリセッリも交渉の経済モデルに着目し、概念的な枠組みを与えようとしている。すなわち求愛行動とは雄と雌が交渉してディールの成立を目指す過程で、そこには市場のほかのプレイヤーの値付けが影響している。

「性淘汰は派手な装飾という形の進化をうながしますが、この種の社会的知性、すなわち交尾をめぐる競争に欠かせない求愛戦略ももたらします。つまり性淘汰はもともと考えられていたよりもっと強力かもしれないのです」

これら戦略的な交渉には認識力が求められる。アオアズマヤドリの雄は比較的脳が大きく、寿命が長く、七年にわたって雌を模倣しながら不思議な青春時代をすごす。若い雄には雌とおなじ緑の羽冠があるのだが、パトリセッリは複雑な求愛のスキルを身につける必要性が、異性に扮してすごす長い成長期の理由かもしれないと考えている。巣作りの練習をするのはもちろん、積極的におとなの雄の求愛を受けるのだ。「若い雄は雌という立場から求愛の方法を学び、よく例のしゃがむ姿を見せます。『交わり』こそしませんが、いわば雌の視点から求愛の過程を体験していて、雄が交尾を求めてくるようなら目の前から飛び去るのです」

二〇〇九年には雄のアオアズマヤドリの問題解決能力を測る実験が行なわれている。これは認知能力

＊トマス・マルサスはイギリス人の社会経済学者で、人口増加に関する論文で最もよく知られる。人口抑制が行なわれないかぎり人類は常に食糧の供給を脅かすとするものだ。その論は何が進化を後押しし得るのか考えていたダーウィンに大きな影響を与えた。マルサスを読む前は、生きものは個体数を安定させるだけ繁殖すると考えていた。だが読後にはヒトの社会同様、個体数は天井知らずに増殖し、そのなかで生き残ったものや力の弱いものは生存に苦心すると考えるようになった。その生き残るための競争が、自然淘汰による進化という説の原点になったのだ。

が交尾成功度と関連し、雌はおそらく最も頭の切れる雄を好んでいると示す初めてのものだった。[18]セキセイインコの雄についても、問題解決能力を見せつける個体がより雌を惹きつけることがわかっている。つまり雌の選択は雄の外見と行動のみならず、脳も形づくっている可能性があるのだ。

これは新しい考え方ではない。ダーウィン自身も、性淘汰こそヒトの認知能力が飛躍的に進化した理由かもしれないとしていた。とりわけ芸術、道徳、言語、創造性といった、ヒトの「自己表現」にかかわる側面はそうだ。雌の選択がヒトの脳を磨きあげたかもしれないという考えは、ヴィクトリア朝の家父長制にまみれた科学界にとってはとどめの一撃だっただろう。眉間に一発食らったようなものだ。

雌の選択はなんとも強力な進化の原動力だが、いっぽうで法則性がないようにも見える。なぜ雌のアオアズマヤドリはこぞってマティス風の青色を好み、ターナー風の黄色には関心をもたないのだろうか。ダーウィンが雌の選択の「予測不能でありながら一定の何か」という性質を説明できなかったことは、対立する陣営にさらなる攻撃の糸口を与えてしまった。アルフレッド・ラッセル・ウォレスのような批判的な向きは「およそ信じがたい……雌たちの大多数が[19]……ある特定のパターンに惹かれるというのは」と述べた。

現在では多くの科学者が、そうした気まぐれな好みへの答えは雌の感覚の構造にあると考えている。雄が選ばれるためには群れのなかで目立ち、注意を惹かなければいけない。そのための確実な手段は、要するに雌の大好物に扮することなのだ。[20]

トリニダード・トバゴに生息する淡水魚グッピー（*Poecilia reticulata*）の雌は、おおむねオレンジ色の模様がより大きくはっきりした雄と交尾したがる。その嗜好の原点はオレンジ色に対する感覚バイアスで、スロアネア属の樹木の鮮やかなオレンジ色の実に対する欲求だとされている。熟した実は淡水に落ち、それを魚たちはむさぼる。およそ資源に乏しい環境における、貴重な糖分とタンパク質のもとだ。つまり雌のグッピーは良質な食料源としてオレンジ色を好む傾向[21]があり、雄たちはそれを利用して性的な関心を惹こうとしている。

どうやら雄のアオアズマヤドリもおなじような感覚バイアスを利用して、雌に気づいてもらおうとしているようだ。ある実験の結果、果実をエサにする雌たちは常にほかの色の果物ではなく青いブドウを好み、その色に反応するよう感覚がチューニングされているとわかった。[22]永遠に近い時間の流れのなかで、こうした嗜好は思いがけない方向に発展することがある。何千という世代の雌たちが青色を選ぶうちに、奇妙な変化が生じるのだ。こうして雌の青い果実への愛着が、雄のアオアズマヤドリの青い素材の窃盗症および巣にいっぱいの青い戦利品という結果になる。雄のキジオライイチョウのオリーブ色の胸部も、おいしいセージの実の色を表しているのかもしれず、空気袋を打ち合わせる音は既存の感覚バイアスをいっそう刺激する小道具にすぎないという可能性もあるのだ。いわば大好物にありつけることを知らせるディナーベルだ。

結局のところ、雌のキジオライイチョウが幸運な伴侶をダンスのエネルギー（すなわち健康状態）にもとづいて選んでいるのか、あるいは遺伝子の質や社会的スキルの度合いがものをいっているのか、単純に胸部の色が餌を連想させると同時に「美しいものへの（または馬鹿げたものへの）好み」を刺激しているのか、断定するのは難しい。こうした選択肢は必ずしも両立しないわけではなく、それらが一定の種において発現する程度については、進化生物学者たちが何日、ひょっとしたら何年も議論できるような話だ。雌がこうした選択によって実際に利益を得ているのか、「快楽主義」の追求[23]から生まれた単なる美的な気まぐれかについても意見の分かれるところで、百五十年以上前のウォレスとダーウィンの論争の延長線上にある。

雌のキジオライイチョウがいかにして交尾相手を選んでいるのかという点も、わたしが述べてきた以上に絞りこむのはおそらく難しい。二十年近い熱心な研究の果てにこの分野の専門家たちが唯一同意するのは、雌の選択が「本質的に謎めいている」[24]ということだけだ。

ただし現在わかっていることとして、配偶者選択は固定化された現象ではない。雌のトゥンガラガエルは日が暮れると、雄たちが興奮して騒々しい物音を立てるなか、交尾場所の池で相手を選び始めるが、最初と最後では判断基準が相当異なっているとされる。パナマの研究者たちによると、雌のトゥンガラガエルは好みが激しく、夜が若く空気が甘かったときはポータブルスピーカーで流した雄たちの呼び声に反応しなかった。だが夜が明けるころ、雌たちは格段に基準を下げていた。偽の呼び声を流すプラスチックのスピーカーに嬉々として飛び乗り、池のパーティがお開きになる前に卵子を受精させようと[25]、少々気の毒なほど必死になるのだった。

雌の選り好みの度合いは年齢、生殖能力、環境、経験、機会の大小によって変化するのかもしれない。ときにはその選択が、複数の雄と交尾するという形をとることもある。雌のキジオライイチョウは恥じらっているようで、実は驚くほど奔放だ[26]。次の章では動物界全体で枚挙にいとまがない、複数のパートナーと積極的に交わるという雌の選択についてご紹介しよう。

第 **3** 章

# 単婚神話
## ——奔放な雌、キイロショウジョウバエ騒動

ホガムス、ヒガマス
男は乱婚《ポリガマス》
ヒガムス、ホガマス
女は単婚《モノガマス》
ウィリアム・ジェームズ（一八四二～一九一〇）

昔、わたしは雄叫びを上げてライオンのガールフレンドを奪った。ただし実際はわたしが叫んだのではなく、雄ライオンの咆哮の録音をスピーカーで流したのだが。場所はケニアのマサイ・マラ国立保護区、ライオンの専門家ルートヴィヒ・ザイフェルト博士に、ライオンのコミュニケーションを解読するための音源の使い方を教わっていた。そんなわけでふたりそろって深夜、ジープの天井から顔を出し、序列の高い雄の咆哮を別のライオンの縄張りに流していたのだった。科学的疑問はこんな大胆な方法でも追究できる。いささか風紀の悪いパブの閉店時間に、店の外で「かかってこい」と怒鳴っているようなものだ。

最初のうちは、ささやかな咆哮を闇に向けて流すなど馬鹿みたいだという気がしないでもなかった。MP4とポータブルスピーカーでは、ネコ科で最大の百十四デシベルのうなり声を上げるライオンの足もとにも及ばない。咆哮そのものも全体的にメトロ・ゴールドウィン・メイヤー・スタジオの映画の冒頭で流れるライオンの声より威厳に欠けていたが（低いうなり声の連続といったほうが正しい）、少なくとも低音なら八キロほど先まで届くはずだった。それでもゆがんだ音声ではたいして注意を惹かないと思っていた。ところが数分の静寂ののちに、遠くから声が返ってきた。続く三十分ほど、縄張りが近いライオンと録音で応答を繰り返すうちに、相手の咆哮はじわじわと大きくなっていった。心臓をぐいとつかまれたように感じ、皮膚が粟立ち、手のひらは汗で濡れた。

闇の奥から現れたのは一頭ではなく、三頭のライオンだった。雄が二頭、雌が一頭いる。〇・五トンほどのいきり立つ筋肉、牙、爪を前に、サファリ用の乗り物が突然ひどく頼りなく思えた。ライオンたちは車の周囲を歩きまわり、雄のライオンの姿や臭いらしきものを探し求めた。何もないのがわかると二頭の雄は立ち去ったが、雌は車の前に伏せて、わたしたちを一時間以上その場に足留めした。

ザイフェルトは三頭に見覚えがあった。雄二頭は兄弟で、雌はおそらく発情期、どちらかの雄の連れあいだという。雌が相方を捨てて音声のもとに留まる選択をしたのは、たぶん声の主とのゆきずりのセックスを期待していたからだそうだ。ライオンのガールフレンドを寝取るのは、さほど難しくないのかもしれない。雌のライオンが昼寝中の連れあいのもとをそっと離れ[1]、ほかの雄と火遊びを楽しむのを目撃されるのも珍しくない。そんな奔放な振る舞いはどうやら雌のライオンにとって当たり前のことで、ネコ科の動物の研究者のあいだで性欲の強さは有名だ。発情期のライオンの雌は、複数の雄と一日百回ほど関係をもつことが知られている[2]。

雌のライオンの奔放な性質を目撃できたのは驚きで、こっそり胸が高鳴っていた。哲学者ウィリアム・ジェームズの悪名高い詩が示しているように、奔放なセックスライフを楽しむのは雄であって雌ではないと誰もが思っている。動物学を学んでいたころ、わたしもそれが雄の生物的な衝動で、配偶子に刷り込まれているのだと教わった。生物学には根本的に大きさが異なる配偶子どうしが結びつくことを指す「異形配偶子接合《アニソガミー》」という用語があり、ギリシャ語が由来で「不均衡」と「婚姻」を意味している。アニソガミーはそれぞれの性のみならず、行動も規定するとされている。精子は小さく潤沢、卵子は大きく数がかぎられている。つまり奔放なのは雄で、雌は相手を選び、貞淑なのだ。「過剰な交尾は……雌にとってもたいした代価にならないだろう[3]。しかしそれは、雌にとってなんら積極的な利益につながらない。いっぽう、雄には、もうこれ以上多くの雌と交尾を重ねなくてもよいなどという限界はない。雄にとって過剰という言葉は意味をもたないのだ」わが師リチャード・ドーキンスは『利己的な遺伝子』にそう記した。

その生物的法則に、わたしは頭痛（と心痛）を覚えた。なぜ片方の性が奔放で、もう片方が貞淑なのか。雌が全員そんなに控えめなら、雄はいったい誰と交尾しているというのだろう。筋がとおっているとは思えない。仮に雌の性的な行動が配偶子によってあらかじめ決められているのなら、ライオンの雌の自由な振る舞いをどう説明するのか。実のところ、ライオンの雌が動物界で唯一の奔放な種などというわけではない。異形配偶子接合にもとづく手垢のついた性的役割は、とっくに根底から見直されているべきだろう。ヒトにそれを受け入れる準備ができていないのなら別だが。

## ヴィクトリア朝の産物、女性の貞淑さ

雌という種も、科学的な視点からするといつも病的に貞淑というわけではなかった。動物学が誕生したそのとき、アリストテレスは飼育されているニワトリの雌が一羽の選ばれた雄ではなく、複数と定期

的に交わっていることに気づいた[4]。二千年後、『人間の由来』で性にまつわる話をご破算に願い、雌にサイズの合わない貞操ベルトをつけたのはダーウィンだった。

「哺乳類、鳥類、爬虫類、魚類、昆虫類、甲殻類など、動物界のそれぞれの綱では[5]、両性のあいだの違いは、まったくといってよいほどおなじ規則に従っている。ほとんどのすべての例において、雄が求愛を行」なうのだ。

『人間の由来』に記されたダーウィンの性淘汰説は、ロマンス小説のなかに息づいている。雄の動物が「求愛において活発」で、「雌の前で魅力をアピールするため[6]」雄どうしで戦うのだ。いっぽう雌は「ごくわずかな例外を除いて、雄ほどの熱意をもたない。雌は一般的に『求愛される必要がある』。雌はじらすのだ」。雌の役割は勝者の雄の魅力に惹かれるか、「求婚者」のなかから誰かを選び、不承不承にしても相手の性的な求めに応じることだ。ダーウィンは雌の受け身の性質について「雄から逃れようと長い時間を費やす[7]」とした。

実はダーウィンも、一部の種においては役割が逆転していることに気づいていた。雌が競争に参加し、雄が控えめに振る舞うのだ。だが彼はそれを注目に値しない例外だと考えていた。性役割の一定性をめぐるダーウィンの説明によると、すべては精子と卵子の基本的な差異にいきつく。いわく、精子は動的で卵子は静的。その差異をもとに「活動的な」雄らしさと「受け身な」雌らしさの土台[8]が築かれるのだった。

恥じらう雌というステレオタイプな描写は、時代の潮流とうまく一致した。こういった大衆に人気のあるイデオロギーは使い甲斐がある。いわゆるヴィクトリア朝の「真の女性らしさ」は科学に立脚し、かつそれを反映しているとされていた。「真の女性」は貞節で受け身、家庭だけに関心があるとされた。女性たちは情熱を欠き、結婚したあとでさえセックスに関心をもたないとされた。出産は聖なる誓いの一部、結婚生活の義務として遂行されるもので、欲望も熱意もないものとされた。

ダーウィンの性淘汰説は、こうした価値観と噛み合わせがよかった。しかしそれでも自然淘汰説よりはるかに物議を醸した。第2章で紹介したとおり、この仮説のアキレス腱は雌による選択だった。進化におけるそのような能動的な役割を雌に与えるのは、ヴィクトリア朝の家父長制社会では受け入れがたく、ダーウィンの第二の説を明らかに好ましくないものとした。性淘汰という概念は、ひとりの英国人植物学者がいなければひっそり消滅していたかもしれない。約七十年後の一九四八年、その学者はダーウィンのジェンダーステレオタイプを支え、普遍的な法則に転換する実験データを提供した。

ダーウィンにお墨つきを与えたのはアンガス・ジョン・ベイトマンという、若手ながら実績のある植物遺伝子学者で、ロンドンのジョン・イネス園芸研究所に勤めていた。そして積極的な雄と控えめな雌というダーウィンの「普遍的な法則」[9]を実証しようと、野心的な計画を温めていた。ダーウィンはこれらの性役割を観察のみで組み立て、実験にもとづいた証拠を欠いており、かの偉人は「性別による差異の説明」が「うまくできず困惑していた」[10]というわけだ。ベイトマンが自身に課した挑戦はダーウィンの着想に、実験による生命線を与えることだった。

そのために、まず注目の対象を植物からごく小さなハエに替えた。どこからともなく出現して、腐りかけの果物のまわりを飛び回るキイロショウジョウバエだ。学名*Drosophila melanogaster*、このささやかな生きものは大半の果物好きには蛇蝎《だかつ》のごとく嫌われているだろうが、遺伝子学者にとっては無二の友だ。わずか数日で性的に成熟して何百個もの卵を産むだけでなく、明らかな突然変異を観察するため実験室で繁殖させられるからだ。実験者の手で培養されたハエたちの左右で違う目の色、目そのものの欠損、奇形の縮んだ翅などはいわば名札で、系統をさかのぼることを可能にしてくれる。

ベイトマンはガラスの容器に三〜五匹の成体の雄のハエと、同数の雌を入れた。それぞれなんらかの変異がある個体だった。そして自然の経過に任せた。突然変異のハエたちによる一種の「ラブ・アイランド」（訳注・英国の恋愛リアリティショー）で、それぞれ「毛深い翅《ヘアリー・ウィング》」、「剛毛《ブリッスル》」、「異常に小さい頭と未発達の脳《マイクロセファルス》」（または目なしの小頭）といった、なんともいえない名前がついていた。

数日後、ベイトマンは第二世代を観察し、誰が誰と交尾したのか推測した。親の世代の変異はすべてヘテロ接合型で、それぞれの個体が顕性の変異遺伝子と潜性の通常の遺伝子をもっていた。初歩的なメンデルの法則の知識があれば、たとえば「剛毛」と「目なし」が交わった場合、四匹のうち一匹は父親の剛毛を受け継ぎ、一匹は母親のように盲目、一匹は剛毛かつ盲目、残る幸運な一匹がまったく変異なしという結果になることは見当がつくだろう。その基本的な原理を用いて、ベイトマンはそれぞれのつがいから何匹生まれたか計算した。

なんとも奇怪なショウジョウバエの婚活パーティだが、これは親子鑑定やゲノム解読が確立する前の時代ならではの、エレガントかついささか悪魔じみた遺伝の研究方法だった。おかげでベイトマンは誰が誰を孕《はら》ませたのか、ハエたちの交尾を観察することなく解明できた。ただしきわめて複雑な作業で、結局少なくとも六十四回、実験を行なっている。わたしも自分自身の経験から、ショウジョウバエを使う実験は非常に根気がいり、おまけに手がべたついて臭うことを知っている。体長およそ三ミリメートルしかないので、何千匹もの若いハエの体毛や翅の毛を観察するのは、人一倍熱意にあふれた学究の徒であっても容易ではなかっただろう。

ベイトマンは六十四回に及ぶ実験の結果をまとめて、二点の簡潔なグラフにした。交尾の回数に対する繁殖力（すなわち子どもの数）を表したものだ。二点目のグラフは今や伝説で、世界中の動物学の教科書に何百万回も収録されている。描かれているのは二本の線だけだ。片方は雄で、天に届けとばかりに上昇し、交尾の回数が多いほど子どもの数が多いことを表している。もう片方の雌はゆるやかに上昇したのち横ばいになっていて、一〜二匹と交尾したらあとは回数を重ねてもメリットが得られないことを示している。

このことは「ベイトマンの原理」として広く知られ、雄たちはこのように競争し、ハエに非モテとモテが存在すると証明した。いっぽう雌は、生殖生産量にほとんど差が見られなかった。ベイトマンの実験結果により、最大の勝ち組の雄のキイロショウジョウバエは最大の勝ち組の雌の三倍近くも子どもを作ったことが明らかになった。雄の全体の五分の一が子どもをまったく残せなかったいっぽう、雌は四パーセントに留まった。

この繁殖成功度の変動性は、雌という種にうっすらとした影を投げかけた。性淘汰が雄のほうにより強く作用し、雌は能力にもとづいて産むことがほぼ実証されたのだ。つまり雌は控えめというだけでなく進化と無関係で、行動も科学的検証には値しないのだった。

ベイトマンはダーウィンの仮説をキイロショウジョウバエで実験するに留まったが、自身の導き出した答えがヒトのようなはるかに複雑な生命体にも適応されると信じて疑わなかった。そして性役割における性的二形、すなわち雄の「相手を選ばない熱意」[11]と雌の「相手を選ぶ消極性」は動物界の普遍的な法則だとした。「たとえ一夫一婦の種においても（ヒトなど）[12]、この性差は原理として維持されていると予想できる」

彼いわく、こうした固定化された性役割は異形配偶子接合によってあらかじめ定められていた。雌の繁殖成功度は大きくてエネルギー消費が激しく、かつ個数に限りのある卵子によって上限を決められていて、いっぽう雄には手軽な精子が無制限に供給されているため、生殖生産量は求愛が実って交尾に至る雌の数によってどこまでも上昇するのだった。

そんな結果を得たにもかかわらず、ダーウィンの型にはまったジェンダーに対するベイトマンの実験的な裏づけは、性淘汰とおなじく当初これまた学問の世界から無視されるという憂き目に遭った。若き植物学者はふたたび植物に関心をもつようになり、おそらく果物のボウルから追っ払うときを除いて二度とキイロショウジョウバエに目をやらなかった。

だが、すべてが無駄になったわけではなかった。二十四年後、ロバート・トリヴァースという名のハーバード大学の動物学者が、のちに一万一千回以上引用される史上屈指の影響力を誇る生物学の論文において、ベイトマンの実験を理論の根幹としたのだった。トリヴァースの一九七二年の古典的な論文「親の投資と性選択」は、ダーウィンの性淘汰をベイトマンの裏づけとともに掘り起こし、双方を持ち上げつつ洗練させ、恥じらう雌と奔放な雄を進化生物学の指針となる原則のひとつにするものだった。

トリヴァースの説においては雌雄のどちらにせよ最も子どもに投資しない性が、最も投資する性との交尾を賭けて争うことになる。その不均衡の根底にあるのがまたしても異形配偶子接合であり、雄が節操なく精子をまき散らすいっぽう雌がすでに大きな元手のかかっている卵子を守る必要性があるという認識だった。

トリヴァースの論文は社会生物学の創成期に登場し（現在では行動経済学という名でも知られ、進化生物学の新たな分野として動物の行動を追っている）、その基盤の一部となった。「不承不承な雌と熱心な雄」[13]といった章を含む教科書は生物学のすべての学生のバイブルとなり、それらの書籍のなかではベイトマン理論にもページが割かれていた。非常に引力のある生物学的法則だったため、科学の世界を抜け出してポップカルチャーに参入し、思いがけない場所で称賛されることになった。

「動くものならなんでも押し倒そうとする男、しない女。驚きの新たな科学、社会生物学がその理由を明かす」と、一九七九年のプレイボーイ誌は毒々しい笑いに満ちた特集記事でのたもうた。「ダーウィンとダブルスタンダード」と題された個所はフェミニストを生物としてのあり方に逆らっていると非難し、こう続ける。「近年の科学的な説によると、男と女は生まれながらに違っていて、鳥は鳥、魚は魚なのだ」。派手な特集記事はやりたい放題してもかまわないと、科学という名の太鼓判を押す形で結ばれている。「遊び回っているところを見つかっても[14]、魔が差したといわなくていい。魔はキミのDNAのなかにいるのだ」

プレイボーイ誌に絶賛された理論は、ヒトの行動を進化という観点から説明しようとする進化心理学に今でも影を落としている。アルフレッド・キンゼイからデヴィッド・M・バス（『女と男のだましあい　ヒトの性行動の進化』の著者）まで、科学者たちは男の放埒ぶりを、異形配偶子接合により規定された動物界の交尾戦略の相似形という理解のもとで取り扱ってきた。レイプ、不貞行為、家庭内でのなんらかの虐待などヒトの雄として最低の行動を、男は生まれながらに放埒で女は性に消極的、そのために進化した適応形質なのだと正当化する向きまである。[15]

この普遍的な法則の問題は、それが普遍的な真実ではないという点だ。ライオンの雌に訊くだけでいいだろう。ベイトマンの主張にはトリヴァースがその論文を蘇生させる前からひびが入っていたが、どうやら誰もそれを認めたがらなかったようだ。ダーウィンの知の巨人としてのネームバリュー、ベイトマンの援護射撃、トリヴァースの名声の高まりによって、ほとんどの動物学者は放埒な雌に出会うと目をそらすようになった。誤りを正すには鳥の群れ、人間、犯罪捜査に使う道具が必要だった。

## 浮気鳥、万歳

ハゴロモガラス（*Agelaius phoeniceus*）は、北アメリカの農家の宿敵だ。毎年春、おしゃれな深紅と金の肩章をつけたこの黒光りする鳴禽類はアメリカの小麦地帯に大挙して舞い降り、大切な穀物をついばんでいく。一九六〇年代、農家の対策はシンプルだった。可能なかぎり多く撃ち殺すのだ。ただ手当たり次第撃って対処するという手法は、州政府の野生動物保護の方針とはあまり嚙み合わせがよくなかった。そこで一九七〇年代初頭、アメリカ合衆国魚類野生生物局で保護活動に携わる科学者たちは、ハゴロモガラスのセックスライフという動物学的な知識をもとにした狡猾な代替案に踏みきった。

雄のハゴロモガラスは一夫多妻だ。それぞれ多くて八羽の雌のハーレムを維持できるくらいの縄張りを守っている。そこで生物局の科学者たちは毎年春の虐殺に代わる人道的な（けれどいささか風変わりな）方法として、雄のパイプカットを提案した。これで無駄弾しか撃てなくなり、さらなる害鳥が生まれないというわけだ。精巣が機能しなくなるのを除けば、ハゴロモガラスのお父ちゃんとハーレムはさらなる惨劇を逃れつつ、幸せな去勢ライフを送れるだろう。

どうしたわけかこの案は上層部で承認され、一九七一年春にコロラド州で実験が行なわれることになった。三人の男性の科学者が、ジェファーソン郡レイクウッド近郊の湿地帯で八羽の雄のハゴロモガラスを捕まえ、精管を縛った。テニスボール程度しか体重のない鳥にそうした処置をするのは簡単ではなかっただろう。鳥たちは麻酔の影響がなくなると縄張りに返され、その後は「みるみる回復し、明らかな副作用も見せなかった[16]」。

その間に雌たちはもう卵を産み始めていた。続く九日間、それらの卵は残らず巣から取り除かれた。この実験の検証に使う卵が、たしかにパイプカットされたばかりの雄たちと交わった結果であるようにするためだ。

だが科学者たちが驚き、困惑したことに、以降パイプカットされた雄たちの縄張りから回収された卵の六十九パーセントは有精卵だった。この怪現象には三つの解釈の可能性があった。最も有力だったのは、難度の高いパイプカットが実は失敗していたというものだ。そこで八羽すべてが生贄となり、生殖腺は顕微鏡で綿密に調べられた。幸か不幸か、パイプカットを施されていない雄と比べて全員の睾丸がすっかり縮小していて、膨張した輸精管のなかの「チーズ状の物質」も減少していた。手術は功を奏していたのだろう。

困惑が続くなか、科学者たちは雌のハゴロモガラスがパイプカット前の雄から受け取った精子を蓄えていて、後日それを使って卵子を受精させたのではないかと考えた。ところが巣にいる雌三十羽の体内を調べたところ、卵子を受精させるほど長いこと精子が生き延びていたはずがないという結論になった。

残る解釈はひとつだけだった。雌たちは近所の縄張りの、パイプカットされていない雄たちと交尾していたのだ。これは想定外のシナリオだった。一九七〇年代、ヒトは性の解放を謳歌していたかもしれないが、雌のハゴロモガラスには関係ないはずだった。「スズメ目の亜科（鳴禽類）のゆうに十分の九（九十三パーセント）は一夫一婦だ」と、鳥類学者デヴィッド・ラックは一九六八年に堂々と記している。『一妻多夫』は知られていない」[17]

困り果てた科学者たちは、雄のパイプカットはハゴロモガラスの個体数を抑制する手段には不向きだという論文を出さざるを得ず、「雌の放埒さ」が原因かもしれないと述べるに留まった。[18]その逃げ腰な姿勢は害鳥対策が失敗する理由を物語っていたが、雌の交尾行動の理解に革命が起きるという予言でもあった。

ハゴロモガラスのような少数の例外を除き、鳴禽類は一夫一婦のモデルそのものだと長いこと考えられていた。その理由は想像に難くない。アマチュアの観察者でも、鳥たちがつがいで繁殖し、両方の性がせっせと働いて巣を作り、雛《ひな》に餌を与えて大きく育てる場面に出会うのは難しくないからだ。それらがヒトの活動範囲で行なわれることが多いため、巣作りの観察はたやすく、ロマンティックに見られることさえあった。

「汝、ヨーロッパカヤクグリのようであれ。雄と雌は完全に貞淑である」と、一八五三年にフレデリック・モリス牧師は語った。モリスは熱心な鳥類学者で、ヴィクトリア朝に人気を博した鳥の本の著者でもあり、「謙虚にして質素」なヨーロッパカヤクグリ（*Prunella modularis*）[19]の控えめな生き方を手本にするよう読者に説いた。善良な牧師はそれが実のところ女性たちに愛人を作り、子どもをもうけるため夫と愛人の双方と二百五十回超の交わりをもつことの許可になっているとは気づかなかった。雌のヨーロッパカヤクグリの奔放なセックスライフを初めて観察したケンブリッジ大の動物学者ニック・デイヴィースが少々いじわるくいったように、それでは「教区にカオス」が起きていただろう[20]。

やがて明らかになるように、社会的な一夫一婦と性的な一夫一婦のあいだには大きな隔たりがあるのだ。鳥たちはたしかに社会的な一夫一婦を忠実に行ない、生涯添い遂げる種もある。けれど性にまつわる話は別だ。

シェフィールド大学で行動経済学の教授を務める鳥類生物学者ティム・バークヘッドによると、その発見は鳥類学の世界を揺るがした。「鳥類生物学において、ここ五十年で最大の発見でした」。ヨークシャー州の英国王立鳥類保護協会が保護区として管理するベンプトン・クリフにいき、悪天候のなかバードウォッチングをしたとき、バークヘッドはそう教えてくれた。繁殖期の真っただなかで、白亜の崖には何千羽ものミツユビカモメ、カツオドリ、ウミバトがひしめいていた。どこを向いても海鳥だらけで、それぞれ忙しく求愛のダンスを披露し、巣を作り、雛に餌を与え、互いの目を盗んで交尾にいそしんでいた。

「ダーウィンが雌は貞節だといったせいで、みんな百年にわたってそれを信じることになったのです」と、バークヘッド。「どう見ても一夫一婦ではないケースがあっても、何かの間違いである、雌がホルモンのバランスを欠いていたという言い訳がされました。闇に葬られてしまったのです」

今となっては雌の鳥の九十パーセントが定期的に複数の雄と交尾し、その結果として一度に生まれる卵に多数の父親がいる場合[21]があるのも知られている。実のところ雄の見かけが派手であるほど、雌が不実である可能性は高いのだ。バークヘッドの最近の発見では、性的二形が極端な種ほど浮気の度合いが激しく、現在知られている最もはなはだしい例はオーストラリア産のルリオーストラリアムシクイだ。名前からわかるように、雄は季節によって美しい瑠璃色《るりいろ》の羽飾りを身にまとい、小柄で茶色の雌に黄色い花を摘んで差し出すような真似もする。手の込んだ求愛に対する雌の返礼は浮気だ。一夜ののち、雌はそっと連れのそばを離れてご近所の雄と交尾する。結果として社会的パートナーがせっせと世話をする巣の雛の四分の三以上に[22]、実のところ別の父親たちがいたという場合もある。

雌の鳥は浮気を巧みにごまかしてみせる。不貞行為が発覚するのは、動物学者がＤＮＡ鑑定を行なって卵の父親を突き止めたときくらいだ。

雌の鳴禽類の貞節さを調べる際にＤＮＡ鑑定という新技術を最初に用いたのは、現在七十歳代の科学の達人にしてカリフォルニア大学ロサンゼルス校の著名な元進化生物学教授パトリシア・ゴワティだ。フェミニズムの火つけ役でもある。ＤＮＡ鑑定という創造性豊かな探偵仕事は、動物の行動における性差の「基本的モデル」を遠慮なく批判することに捧げた彼女のキャリアにおいて、最初のころのブレイクスルーだった。男性中心の科学界でつまはじきに遭うという初めての体験でもあった。[23]

「この研究ではずいぶん叩かれたのよ」と、ゴワティはつい肩の力が抜けるような南部訛りで電話越しにいった。「ひどいものでした。たしかに何かを発見したという感触はあったけれど、あんなに大勢が腹を立てるなんて信じられなかった」

ゴワティの研究対象はルリツグミ（*Sialia sialis*）だった。コバルト色の鳴禽類で、幸運のシンボルとされ、ディズニー映画の挿入歌「ジッパ・ディー・ドゥー・ダー」にも登場している。愛される大空のスーパースターで、アップルパイとおなじくらい健全でアメリカ的、そんな鳥をゴワティはいわば悪女と呼んだのだ。素直に受け入れられるはずもなかったが、研究者仲間の偏見の根深さはショックだったという。

「雌はとにかく無垢な存在だという以外の想像ができなかったのです。夫以外の相手を求めるはずがない。なぜならそれは罪だから。実際口にしたわけではありませんが、頭のなかではそう考えていたのです」

あるアメリカ鳥類学会の会合の席で、著名な男性の動物行動学教授が、ゴワティの説に対する疑念を述べた。あなたが研究したルリツグミは「レイプされていた」に違いない、というのだ。ゴワティにしてみたら、それは物理的に不可能だった。雄の鳴禽類にはペニスがないのだ。どちらの性にもあるのは総排泄腔と呼ばれる多機能な穴で、配偶子を運んだり老廃物を排出したりするのに使う。生殖のためには雄雌の双方が総排泄腔の真んなかの部分を裏返しにし、生物学者のいうところの「総排泄腔のキス」を行なう。その間、雄は雌の背中の上で注意深くバランスをとっていなければいけない。雌にしたら飛び立つだけで、不本意な性行為を中止できる。

「鳴禽類に#ＭｅＴｏｏ運動は必要ありません。雌の同意がなければ、物理的に交尾は無理なのです」

続く十年のうちに鳥の繁殖に関する研究が矢継ぎ早に行なわれ、もはや無視できない量のエビデンスが集まった。だがそれでも雌の鳥たちは、男性中心の鳥類学会では断固としておしとやかな存在として扱われた。なんといってもダーウィン・ベイトマン・トリヴァースの法則では、複数回の交尾は雌にとってなんの利益にもならないのだ。仮に社会的パートナーに見つかったら、不届きな雌は捨てられるか、最悪の場合殺されるリスクがあると考えられていた。そんなわけでレイプが不可能であるという事実にもかかわらず、雌の鳥は精子を節操なくばら撒くという雄の生物的特権の哀れな犠牲者に違いないという見方が大半を占めていた。*ティム・バークヘッドのような鳥類学者でさえ、雌の鳥はパートナー以外との交尾を強いられて「苦しみ」[24]、そのため雄が一夫一婦であるよう仕向けると論じた。

「不可思議なピューリタン的発想で、検証を重ねるほど奇妙に見えてくる」[25]と、マサチューセッツ州のマウント・ホリヨーク大学で生物科学を教えるスーザン・スミスは記した。スミスの長年にわたるアメリカコガラの研究が、潮目を変えるうえで大きな役割を果たした。十四回に及ぶ繁殖期において、雌の火遊びの七十パーセントは社会的パートナーより地位の高い雄の縄張りで夜明けの直後に行なわれていた。どうやら「ミスター平均」と同居している雌の鳥は、こっそり近所の「ミスター格上」のもとに向かい、より優れた遺伝子を手に入れているようだ。

スミスの重要な研究に裏づけを与えたのは、トロントのヨーク大学で生態学教授を務めるカナダ人鳥類学者ブリジット・スタッチベリーの研究だった。スタッチベリーがスカイプで語ってくれたところによると、最初はやはり定説となっていた「雌は犠牲者」という物語を受け入れていたという。だがそれ

＊ カモのような少数の鳥たちはペニスを維持していて、強制交尾は彼らの交尾のシステムの一面だ。この点は第5章で触れる。

も一九九〇年代初頭、クロズキンアメリカムシクイの背中に無線送信機を搭載するまでだった。

　こうして雌が犠牲者などではなく、むしろ発情していることを特別な鳴き声で積極的に告げているのがわかった。その鳴き声によって隣近所の雄たちは、雌がパートナー以外との交尾を求めているのを知るのだった。スタッチベリーは雄の動きを追跡することで、近隣の縄張りを訪れるのが雌の発情期および独特の「いらっしゃい」という呼びかけと合致しているのを突き止めた。

「雌は発情すると忙しく声を上げます。つまり彼女たちは何もわかっていないか、積極的に行動しているかだろうと考えたのです」

　さらに雌のクロズキンアメリカムシクイは縄張りを離れ、近所の逸材を探すという行動にも出たが、それは発情期にかぎられていた。これは雄の鳴き声を手がかりにしていたのだ。あまり歌わない内気な雄を社会的パートナーにする雌が最も多く縄張りの外に出て、より外向きな未婚の雄との交尾を求めていた。のちのDNA鑑定により、こうした大胆な雄がたしかに最も多くの子を産ませていたことがわかった。

　それは雌の鳥が自身の性的な運命を支配し、卵子の父性を決めているという十分なエビデンスだった。ところがスタッチベリーらは、画期的な論文を世に出すのに苦心した。「査読者が次から次へと、勘違いもはなはだしいといってきたのです」

　学術論文の査読は匿名で行なわれるが、当時その分野の少なくとも八割を男性が占めていたことを考えると、コメントしてきた人間たちの性別をあてるのは難しくない。なおかつ却下に際してついてきた「マンスプレイニング」（訳注・男性が女性は無知であると決めつけて高飛車な態度で説明しようとすること）

の度合いを考えたとしたら。

「ひとりの査読者など、わたしたちは『ある種の馬鹿』だといってきたのです。雌たちがああした鳴き声を上げたのは、単にこちら（研究者たち）が縄張りにいて観察を試みていたからだと。雌の鳥たちは、実はわたしたちに呼びかけていたというのです」

スタッチベリーの論文は紆余曲折ののち一九九七年に公表された。[26] 同時期にはやはり一夫一婦とされてきたアオガラとミドリツバメの雌が、誠実で雛に餌を与えてくれる社会的パートナーのほかにもっとセクシーな雄と積極的に関係をもっていると指摘した研究もあった。こうして夜明けが訪れた。「鳥の大半の種において、交尾の成否あるいはまた精子の到達をコントロールしているのは雌と考えられる[27]」。ニューカッスル大学の行動生態学教授マリオン・ペトリーは、一九九八年の鳥の父性についての論文にいささか誇らしげともとれるコメントをつけている。シンプルな文章だが、わずか十年前ならけっして活字になっていなかったはずだ。

これら性に奔放な雌の鳴禽類は、行動生態学界を揺るがす「一妻多夫革命[28]」を引き起こした。動物界全体で雌たちが、性的な運命と卵子の父性の選択を、雄の範疇とされてきたところから自分たちのもとに引き戻し始めた。DNA鑑定の技術はトカゲからヘビからロブスターまで、数多くの雌が貞節神話に異を唱えるという結果を生んだ。脊椎動物のすべてのグループで一妻多夫という傾向が観察され、無脊椎動物でも一妻多夫は例外ではなくふつうだとされた。いっぽう真正な「死がふたりを分かつまで」式の一夫一婦は非常に稀で、既知の種の七パーセント以下にすぎない。[29]

「生殖生物学者[30]は長年にわたって、雌は一個体の雄としか交尾をしないに違いないと仮定してきた。しかし、今やそれは明らかに間違いであることがわかっている」と、ティム・バークヘッドも二〇〇〇年に刊行した著書『乱交の生物学　精子競争と性的葛藤の進化史』（新思索社、二〇〇三年、山田亮、松本晶子訳）のなかで述べた。

学術界もようやく、雌が複数の雄との交尾を進んで求めると認めたのだ。しかしそうする理由についてはまだ論争が続いている[31]。ベイトマン－トリヴァースの枠組みでは、雌が「過剰な」交尾から得るものは一切ないとされるので、雌の性に対する積極性はこの「普遍的な法則」の信奉者にとっては筋がとおらない。

「いまだ残る謎は、雌がこのことから何を得ているかです」ベンプトン・クリフにバードウォッチングにいったとき、バークヘッドはいった。

## 乱倫なラングール

いっぽう雌の性欲がそこまで曖昧模糊としたものではないと考える人もいる。わたしはカリフォルニア州の片田舎に、学問上の憧れの存在のひとりを訪ねていった。カリフォルニア大学デービス校の名誉教授にして著名なアメリカ人人類学者、サラ・ブラファー・ハーディだ。身長一八〇センチメートル強のテキサス州民、七十歳代ながらまだ華があり、両腕を広げてわたしを歓迎してくれた。この日のために焼いたというパイと、おなじ研究者の夫ダンと経営するクルミ農園のツアーもついていた。ハーディは誇りをこめて、この緑の楽園をどうやって一から作り上げたか聞かせてくれた。テキサス州原産の樹木や低木を植えて手入れし、土地をより自然に近い状態に戻したのだ。学問の分野でもおなじようなことをしてきたといえる。ハーディは四十年以上を性差別的な定説の根絶に費やし、雌の本当の性質がきちんと語られるよう、新たな学説の種を蒔《ま》いた。「恥じらう雌神話[32]」に初めて異を唱えた人間で、多くの人びとに元祖フェミニスト・ダーウィニストとして知られている。

「わたしは『女ダーウィニスト』と呼ばれるほうが好き」と、ハーディはいう。「フェミニスト・ダーウィニストという人たちとは、言葉の定義が一致していないような気がするのです。わたしにとってフェミニストは、機会の均等をどちらの性に対しても求める人のことを指します。けれど進化論においては、選択圧が雄と同様に雌にもかかると考える人間のことなのです」

一九七〇年代初頭のハーバード大学卒業生として、ハーディは新しい科学だった社会生物学の中心に身を置くことになり、学会の寵児トリヴァースをめぐる動きにも巻きこまれた[33]。

その学年にハーディ以外の女性の卒業生はいなく、学会の注目の的は一貫して雄の動物だった。周囲はテストステロンに満ちていた。「当時のハーバードの科学には性差別が根づいていました」と、ハーディはいう。そのころの教科書は雌の霊長類をひたすら母親として扱い、子どもを養い育てる生来の能力があるいっぽう競争力はゼロだとしていた。雌の霊長類は「例外なくすべての成体の雄に従うもの[34]」で、性的な行動も「成体の雌の生涯の一部分を占めるだけ[35]」と理解されていた。結果として雌たちは「おおむね似通って[36]」いて、科学的には退屈な存在だとされた。まずはそうした偏見という名の「雑草」を片っぱしから抜かなくてはいけなかった。

ハーディはプロジェクトを立ち上げ、雄のハヌマンラングール（*Presbytis entellus*）の子殺しという不可解な現象の調査を始めた。ハヌマンラングールは優美な旧世界ザルで、長い灰色の四肢と消炭色の顔をもち、インド亜大陸に生息している。ハーディの関心は最初から雌にあった。最初に雌を目撃したのはインドのラージャスタン州の大インド砂漠近くで、家族の集団から離れて未婚の雄の一群に向かってしゃなりしゃなりと歩いていき、交尾に誘おうとしていたという。

「当時ハーバードで学問的訓練を受けたわたしのなかに、ただ奇妙で不可解なその行動を解釈できる文脈はありませんでした。時間がたってようやく、そのような奔放で一見『乱倫』[37]な行動は、ラングールの日常で繰り返し起きていることだと気づいたのです」

ハーディは図書館にいって資料を漁り、ラングールだけが「乱倫な」雌の霊長類ではないと知った。多くの社会的な種はニンフォマニア（訳注：女性の異常に強い性欲）すれすれの攻撃的な性欲を発揮するもので、とりわけ排卵期は著しい。野生のチンパンジーの雌は一生に子どもを五匹ほどしか産まないが、そのいっぽうで十数匹の雄と六千回を超える交尾にふける。排卵期には群れの雄すべてに誘いをかけて、一日三十〜五十回の交尾をするくらいだ。バーバリーマカクの雌もおなじくらい積極的で、ある雌は群れのなかの性的に成熟した雄すべて（十一匹いた）と、少なくとも十七分に一度交尾していたという記録がある。キイロヒヒも交尾を求めて雄を追いかけるところが観察されていて、排卵期はあまりにそれが頻繁なので、雄に拒否されることさえあったという。[38]

「英語の排卵期《エストラス》の語源となったギリシャ語は、その時期の雌の求交尾性をうまく表していると思います」と、ハーディはいった。「語源は『ウマアブによって錯乱した雌』なのです」

十数種の雌の霊長類において、そのような「ウマアブによる錯乱状態」は激しい性的行動の引き金になり、卵子を受精に至らせるのに必要な行動をはるかに超える。なかには受精のための卵子がないときに交尾している個体さえいた。ハーディは妊娠中のラングールが、群れの外からきた見知らぬ雄を誘惑するところも目撃している。いっぽうオランウータンやマーモセットは一貫して受容的で、ヒトとおなじように発情の周期をとおして性的に活発だった。

そういった過剰な行動にリスクがないわけではない。独占欲の強い雄による報復、性病、群れを離れたところで敵に遭遇する危険。そしてもちろん「過剰な」性的行動を起こすには多大なエネルギーが必要で、雌の奔放な振る舞いには代償がついて回る。つまり一夫一婦を守らず放埒に振る舞う陰には、大きな選択圧が働いているようなのだ。

「今から思えば、雌の積極性が上っ面以上の学問的な関心を集めるのになぜ一九八〇年ごろまでかかったのか、本当に不思議でなりません」[39]と、ハーディ。

さらにいうなら、多くの雌はその行動をそれなりに楽しんでいるようだ。意外に思うかもしれないが、雌の哺乳類には必ずクリトリスがある。たとえば家畜のヒツジの雌の場合はあまり目立たないが、第1章で紹介したブチハイエナなどはご立派にも約二十センチメートルあり、ペニスのように膨張する。大きいものから小さいものまで、形態も多様だ。だが目に入るのは氷山の一角だ。ヒトの場合、感覚神経が張りめぐらされたこの器官は体内に約十センチメートル延びていて、一対の「脚」が膣を左右から支え、雌のオルガスムの中核を担っている。ヒト以外の雌の哺乳類がクリトリスから快楽を得られるかどうかは議論の的だが、男性の科学者の一団は「ノー」、女性の科学者の多くは大声で「イエス」といっている。

英国で大衆に人気のあった人類学者デズモンド・モリスも、そのような意見をもつ男性のひとりだった。彼はヒトの女性のオルガスムを「霊長類のなかでも特殊[40]」なものとみなした。その目的は一夫一婦の関係を維持することだ。だが雌の霊長類の多くが遠慮なく快楽を追求していることは、別の可能性を示唆する。

手始めに、雌の霊長類の大半が自慰行為にふけるところを目撃されている。動物園と野生のどちらでもだ。英国の霊長類学者キャロライン・トゥーティンは、グレムリンという愛称の野生の雌のチンパンジーが「自分の生殖器に夢中になり[41]」、その結果「石や葉といったものをこすりつける」のを観察している。ある程度の快楽を覚えていると示すできごとだ。ジェーン・グドールも雌のチンパンジーたちが陰部をもてあそび、「そっと笑い声を立てる[42]」のを目撃した（「小さな死」ならぬ「小さな笑い声」）。雌のオランウータンは器用に足の裏を使って自慰行為にふけるし、小型のサルであるタマリンも尾や「物体の柔らかい表面」を使って「ある種のトランス状態」に[43]なるという報告がある。

直接訊くことはできないので、ボノボが小枝で作ったお手製のマッサージ器でどの程度の快楽を得ているのか確かめるのはもちろん難しいが、これまで何人かの大胆な科学者たちが、雌の霊長類が実際オルガスムに達しているのか見きわめようとしてきた。スザンヌ・シュヴァリエ＝スコルニコフは野生のベニガオザルの性的な行動を詳しく観察して、雌は事実絶頂に達していると結論し[44]、そのときの顔の絵まで残してくれた。

もうひとつ、一九七〇年代だったからこそ可能な実験も行なわれている。（それでも事後に多少の物議を醸しただろうが）。カナダの人類学者フランセス・バートンが議論に決着をつけようと行なったのは、実験室で三匹の雌のアカゲザルを、人工のサルのペニスで刺激してオルガスムに導くというものだった。雌はそれぞれ犬用のハーネスをつけられ、心電図モニターに接続されていて、バートンは五分間という制限のなかで異なる刺激を与えた。

これ以上色気のない人工的な状況があったらお目にかかりたいが、サルたちは明らかにマスターズとジョンソンがオルガスムを定義するのに使った四つの交尾の段階のうち三つを示してみせた。*三匹のうち二匹は、人間の女性のオルガスムを特徴づける「強烈な膣の痙攣」を見せさえした。アカゲザルの雌にはたしかに絶頂に達する能力がある、[45]とバートンは暫定的ながら結論づけた。だがいっぽうで、自然な状況では交尾がずっと早く終わることも記した。わずか数秒でおしまいなのだ。サルがオルガスムに達するのに必要な量の刺激は、野生においては何度か交尾を重ねて蓄積しないと得られない。たとえば複数の雄と連続して交わることで。

ドナルド・シモンズのような進化心理学者にとって、このようなサルたちの反応は「機能不全[46]」にほかならなかった。クリトリスがせいぜいペニスの無意味な相同器官で、適応機能をもたないことからくるのだ。シモンズによると、雌たちは実のところ独自のオルガスムを得られるようには進化しなかった。雌が得ている性的な快楽はただの幸運な生物的アクシデントで、発達の土台としてペニスを共有してい

* ウィリアム・H・マスターズとヴァージニア・E・ジョンソンはアメリカ人のセックスセラピストで、一九五七年から九〇年にかけて、ヒトのセックスへの反応と機能不全の治療の研究を行なった。一九六六年には実験参加者の生理的な状態の変化を一万件ほど記録したものをもとに、ヒトの性的な反応の四段階の「直線」モデルを提唱した。①興奮、②安定、③絶頂、④脱力だ。

るから生じるのだ。

「では、この器官（訳注：クリトリス）は無意味なものだと、あるいはせいぜい痕跡的なものであり、外陰部に見られる虫垂のようなものだと考えるべきであろうか」（『女性は進化しなかったか』思索社、一九八二年、加藤泰建・松本亮三訳[47]）と、ハーディは自著『女性は進化しなかったか』に記している。彼女の目には、クリトリスの多彩な形態は適応を意味するものにほかならない。「なぜあのような古い誤謬が生き延びているのか理解できない」

個々の形態を比較し解剖する研究はまだ十分ではないが、性欲が強く複数の雄と交わって子どもを産む場合（たとえばヒヒやチンパンジー）、クリトリスはとりわけよく発達していて、二・五センチメートルかそれ以上になる。またクリトリスは膣の底部に位置していて、雄と交わりながらじかに刺激を受けられる。つまりこれらの雌たちは、複数のパートナーとの交尾から大きな快楽という見返りを得ているのだ。それは何を意味するのだろうか。


ハーディの大胆な説は、受精に至らないこうした交尾の機能は雄を操ることにあるというものだ。インドでラングールを観察する過程で、ハーディは外からやってきた雄が群れを乗っ取る手段の一部として、乳離れしていない赤ちゃんを定期的に殺すのを目にした。この子殺しという行動は、性淘汰および雄どうしの配偶者をめぐる競争の有害な副作用なのだ。雌がほかの雄との子どもを乳離れさせ、また交尾できるようになるのを二、三年待つ代わりに、新しい支配者は子どもを殺すことで気の毒な母親を強引に排卵させ[48]、繁殖の準備を整えさせる。子殺しの防衛手段として雌は侵略者である雄と交尾をする、とハーディは考えた。それによって父親か誰なのか曖昧になり、赤ちゃんの命が守られるという効果が生まれる。この仮説によって、なぜ先ほどの雌のラングールは群れを離れてよその雄の一団を誘惑しようとしていたのか、なぜそれ以外の雌も妊娠中によその雄たちと交尾をしていたのか、説明がつくだろう。ハーディにいわせれば「乱倫」どころか、雌たちの過剰な性的な行動は「熱心な母親ぶり」であり、子どもたちの生存の確率を高める進化上の狡猾な手法なのだった。

おそらく想像に難くないだろうが、子殺しを目論む雄が母性に裏打ちされた性的快楽主義にしてやられているという説は、初め一種の異端として扱われた。ハーディの着想はベイトマンやローマ教皇庁に目を曇らされた進化心理学者たちの攻撃に遭った。一度などローマ教皇庁は、性交の意義についてハーディが発表を行なった際に「敵対勢力」を送り込んできた。ほかの科学者たちは、彼女の研究をただ取るに足らないものとして扱った。ある男性の研究仲間が仮説を耳にしたときの反応は「悲惨」だったという。「つまりサラ、別の言い方をするなら[49]——きみはムラムラきちゃっているんだな」

そののち多くの裏づけが登場し、父親を曖昧にするというハーディの説は今や学問的な主流として認められている[50]。人間の倫理と噛み合わせがいいものではないが、雄による子殺しは霊長類に幅広く見られる行動とされ、およそ五十一種でその疑いが濃厚あるいは実際に目撃されている。ほぼすべてのケースにおいて、雄たちは外部から繁殖の舞台に割り込む場合のみ攻撃を行ない、乳離れしていない赤ちゃんを狙い撃ちする。おなじパターンが雄のライオンにも見られ、群れを乗っ取る際に子ライオンを殺す。つまり本章の冒頭でわたしがうっかり誘惑した雌のライオンは、単にこちらのささやかな咆哮に惹かれたのではなく、生物的な本能によってわたしと交尾しようとしていたのだ。そうしたら赤ちゃんが殺されず[51]にすむからだ。

イルカからラットまで、ほかにも動物界には子殺しを行なう雄が幅広く存在する。彼らが雌の乱交という気質の原因かもしれないが、ハーディは漠然と一般化するのには反対だ。「雌たちは柔軟かつ臨機応変な個体であり[52]、多くの選択肢が入れ替わる世界で、繁殖をめぐる種々のジレンマやトレードオフと向き合っているとみなされるべきでしょう」と、彼女は強調する。普遍的なパラダイムには落とし穴もあるのだ。

雌が複数の雄と交わることには、ほかにも数多くのメリットが考えられそうだ。たとえばより優れた遺伝子の獲得、子どもの生存の確率を高める遺伝または免疫系統を手に入れる可能性。いわば雌の乱交はより健康な子どもの誕生につながるのだ。母親は貴重な卵をひとつのバスケットに詰めこまなくていいのだから。

「その前提に立てば、性淘汰はおそらく雄による子殺しの多くの事例における説明になるでしょう。さらに父性に関する情報を操作するのは、雌に許された数少ない現実的な選択肢のひとつです。かなりの種において、この解決法は相当苦しい選択だったと思いますよ」と、ハーディは語る。

父親を曖昧にするのは子殺しに対する保険というだけではない。雄が子どもの世話を焼き、守るよう仕向けられるのだ。雌たちが父親についての情報を操作することで得ているメリットを示す最良の証拠のひとつが、本章の前半で紹介した好色な鳥だ。ご存じのようにヨーロッパカヤクグリの雌はおおむね複婚で、支配的な雄と格下の雄という二羽を恋の相手にする。そうすると両方の雄が、雛に餌を与えるという雌の作業に手を貸してくれるのだ。研究によると雄たちは実のところ、雌の発情期にどれくらいの頻度で交尾できたかによって、巣に餌を運ぶ回数を調整している。DNA鑑定によってヨーロッパカヤクグリの雄は、常にとはかぎらないがおおむね「誰の子か」という判定を正確に行なっていることも知られている。[53]

ハーディは霊長類の世界全般において、雄はわが子だと確信できない子どもの世話をするよう操られていると知らしめた。その厳然たる事実は、雄がわが子と認めた子どもだけ世話をするから一夫一婦が雌の最善の戦略だ、とする通説に冷や水をぶっかける。都会の仕事場で大衆向けのベストセラーを執筆している男性の進化心理学者には受けがいい通説かもしれないが、実際フィールドに出て雌の霊長類の野生における行動を観察している人類学者にはまったく響かないだろう。ハーディにいわせればバーバリーマカクとサバンナヒヒの研究はどれも、性欲の強い雌が交尾を武器に多くの雄を父親候補の網のなかに引きずり込み、結果として彼らがまめに赤ちゃんに付き添い、移動させ、ほかの雄の子どもを守ったりしているのを証明している。ヒトの祖先もおなじことをしていたかもしれない。

「受精に至らない交尾行動は繁殖の可能性こそ増やさないものの、赤ちゃんが生き延びる確率を高めます。そういったことが繁殖をめぐる雌の究極の戦略なのです」[54]と、ハーディは語る。複数と関係をもつという母親の戦略は、ヒト科の祖先にとっても、成長に時間のかかる赤ちゃんを育てるうえで有効だったはずだ[55]とハーディは確信している。自立するまで何年も世話が求められるのだから。

その間四百万〜五百万年において雌の性的な行動がどう変化したかについては、推測するしかない。今日のヒトは社会的に一夫一婦の種だが、それをいうならルリオーストラリアムシクイもそうだ。デヴィッド・M・バスのような進化生物学者は、すべての女性は子どもに最善の環境を与えるため究極的に一夫一婦を求めていると考えたがるかもしれないが、もし女性がそれほど自然に貞節へと傾いていくのであれば、なぜ女性たちの性的な振る舞いは文化的な制約を受けているのか、とハーディは問う。制約の手段は侮辱の言葉、離婚、場合によっては性器切除ということもあり、そこには女性を野放しにしたら放埒な性行為にふけるのではないかという、およそ普遍的な疑念がある。ハーディは別の視点として、そもそも雌という性がそのような可能性を含むので、父権制の社会システムがそれを修正し、抑えつける形で発展したのだと考える。[56] つまり女性の貞節さの度合いは、非常にあやふやなものということだ。一般に支持されている枠組みとは裏腹に、それは配偶子によって宿命づけられるものではなく、女性が置かれた状況と無数の選択肢によって変化するのだ。

## 精巣は嘘をつかない

雌という種がどれほど性欲に満ちているか知りたければ、安定した測定基準を提供することが知られているふたつの手がかりがそそり立っている。雄の生殖腺の重量には（個体の体重に対して）おおむね「親指の法則」、または「精巣の法則」といわれるものがあり、雌の性的な慣習を明らかにしてくれるのだ。

たとえば英国ではありふれた二種のチョウ。モンシロチョウは在来種のアブラナを貪欲に食べるが、その食欲の大きさに比例する巨大な精巣がある。いっぽうジャノメチョウ科のマキバジャノメの精巣は、比較すると小さい（科の学名 Satyridae が好色なギリシャ神話の森の神サテュロスにちなんでいるのは少々皮肉だ)。この身体的な差異は、雌の交尾における戦略の違いを反映している。[57] モンシロチョウは一妻多夫で、マキバジャノメはそうではないのだ。

この現象は最初にオーストラリアの動物学者ロジャー・ショートによって、霊長類において報告された。ショートは類人猿の精巣の大きさに驚くほどばらつきがあり、不思議なことに体重とは比例していないことに気づいた。大型のゴリラは類人猿における恐怖のヘビー級ボクサーかもしれず、雄のチンパンジーの三倍もガタイがいいが、大事な部分は四分の一にもならない。チンパンジーのモノが大きな洋ナシなら、ゴリラは愛らしいイチゴ二個だ。[58]

これはすべて精子競争に由来する。巨大な精巣はより早く精子を作り出し、雌の生殖管を満たしてほかの精子が入りこめないようにするか、先回りしていた雄の精子を洗い流してしまうことができる。ゴリラは巨体のおかげで、自分に貞節な雌たちのハーレムへのほかの雄の接近をコントロールできる。いっぽう雌のチンパンジーは、複数の雄と五百〜千回交わって[59]妊娠する。そんな放埓な振る舞いの物理的な結果として、チンパンジーの精巣は体重に比してゴリラのそれの十倍も大きくなり、競争に勝ち抜くことができるようになったのだ。ご興味があるかと思うが、ヒトの精巣の大きさはこの二種類の動物の中間くらいだ。[60]

チョウからコウモリまで、動物界を通じて精巣の大きさは雌の貞節さを如実に表しているのだった。タマが大きいほど、雌は身軽で奔放だ。キツネザルなど多くの種において大きな生殖腺は季節的なもので、雌の排卵期と一致するようになっている。繁殖の必要がなくなると、ゆっくり空気が抜けていくパーティ用の風船のようにしぼみ、ときにはピーク時の大きさの何分の一かになってしまう。もし精子が無限にあるのなら、なぜ季節的な調整が必要になるのだろう。ダーウィンが語っているではないか。「雄にとって過剰という言葉は意味をもたないのだ」

「歴史はこの宣言にやさしくなかった」[61]と、ミズーリ大学生物学名誉教授ズレイマ・タン＝マルティネスは多少の毒をこめて記している。

ベイトマンの原理、すなわち雄はある種異様なほど「手当たりしだい雌を求め」[62]、その「生殖能力はおよそ精子の量に制限されない」の裏面も、今や手厳しく批判されている。一匹の精子のコストが卵子のコストに比べたら取るに足らないと指摘する科学者はあとを絶たないが、今のところ科学界は一度に一匹だけ「泳ぐ奇跡」を放出する雄を見つけられずにいる。射精にはその都度、何百万という精子および貴重な生理活性物質が含まれていて、当然ついてくるコストは生物的請求書の合計の額を非常に大きなものにする。たとえば哺乳類では、一度の射精の総エネルギー[63]が実は卵子より大きいことがすでに判明している。*

そのようなわけで精子の生産にもやはり限度があり、「精子の枯渇」は無視できない問題だ。ほとんどの雄は盛大に放出したあと再度蓄えるのに時間を必要とする。たとえばヒトの場合、完全なリカバリーには長くて百五十六日かかる。[65]

イセエビ科の仲間やタイワンブダイなどは枯渇という問題に、吝嗇《りんしょく》で知られる『クリスマス・キャロル』の主人公スクルージ式の対策をとっている。雌の繁殖価（訳注：これから先の生涯に期待できる産卵数）によって、射精の量を加減しているのだ。雌の年齢、健康状態、社会的順位、それまでの交尾の状況が、どの程度注入するかを左右する。[66]単純に雌の誘いを蹴る生きものもいる。オーストラリアに生息するナナフシの仲間は、ほぼ一日中葉っぱをもぐもぐやって枝に擬態しているだけだが、週に一回新しい雌を与えられても三回に一回[67]ほどしか腰を上げようとしなかった。そのほかホシムクドリからモルモンクリケットまで、多くの生きものが定期的に交尾の誘いを拒否するところを目撃されている。雄のヨーロッパジシギなどは、誘いをかけてきた雌を追っ払ってしまう。[68]

## ベイトマンふたたび

つまるところ雄は雌に追い求められる存在ということだ。実際、奔放な生きざまというイメージの元祖広告塔だったキイロショウジョウバエの雄にしても、奔放な雌の前で恥じらうようなそぶりをするのを観察されている。ベイトマンの原理を根本から揺るがす事態だ。実験はパトリシア・ゴワティの手によるもので、卵子に対する精子の大きさがそれぞれ違うショウジョウバエ科の三種を使い、異形配偶子説を巧みに検証してみせた。三種のなかには雄の精子が異様に大きく、なんと雌の卵子を上回るという種がいた。その巨大な配偶子は一般的な小さい精子をもつ雄と比較したとき、性的な行動を抑制してい

＊これらの精子に含まれるたんぱく質は雌にとって直接利益のあるもので、多くの雌と交わる強い動機になるだろう。キリギリスはたんぱく質豊富な「婚礼の贈りもの」を精子に含ませ、事後のおやつとして雌にわたして卵の成長を助ける。精子のたんぱく質は、ものによっては卵の排出をうながし、寿命さえ延ばす効果があるとされる。テキサス州に生息するコオロギは精子にプロスタグランジンが含まれる多くの種のひとつで、それによって雌は免疫が強化される。プロスタグランジンは昆虫から哺乳類まで幅広い動物の精子に発見される物質で、多くの雌が複数の雄と活発に交尾するのは事実いいことだと示している。乱交する種の雌が比較的長く繁殖力を保つ[64]理由もそのあたりにありそうだ。

るといえるのだろうか。

ベイトマンと違い、ゴワティはただ生まれた幼虫から交尾をめぐる行動を洗い出そうとはしなかった。それでは全体のストーリーが明らかにならず、「勝ち組」のことしかわからないからだ。代わりにゴワティは忍耐強く、体長三ミリメートルのハエが交尾に臨む様子を二十四時間観察し、よりニュアンスに富んだ鑑定評価を求めた。

それぞれの種につき、ゴワティは雌の一部が雄に引けを取らないほど（または雄以上に）積極的にアプローチし、雄の一部は雌に引けを取らないほど（または雌以上に）好みがうるさいことを知った。異形配偶という条件があるというのに。とどのつまり配偶子の大きさは性的戦略となんの関係もないのだった。「『好みがうるさく、消極的な雌』と『多情で誰彼かまわずの雄』というレッテルは、交尾に至るまでの種の内部および種どうしの差異をとらえていませんでした」[69]

ゴワティだけがベイトマンの実験を批判しているわけではない。ティム・バークヘッドはベイトマンが使った雌のキイロショウジョウバエ（*Drosophila melanogaster*）が、精子を三〜四日貯蔵できたと指摘している。すると実験が行なわれた四日間というかぎられた時間内にふたたび交尾する必要性は減るだろう。精子を貯められない種を使っていたら、結果はまるで違っていたかもしれない、とバークヘッドはいう。[70] 加えてキイロショウジョウバエの精子には性欲を鈍らせる物質が混じっていて、雌の行動に影響を及ぼし、次の交尾までより時間を空けるよう仕向けるのだった。[71] 一種の恥じらいを誘発する化学的貞操帯で、ベイトマンの実験結果をゆがめた可能性もある。

科学の実験の究極的な検証手段は、当然ながら再現することだ。実験の再現可能性は科学の根幹とされている。ベイトマンの影響力絶大な論文の「礎としての性質」[72]を念頭に、ゴワティは「そのデータが盤石で、分析は正しく、結論は妥当であることをぜひとも確かめなければ」と考えた。

こうしてゴワティは自身の手で、おなじ手順と突然変異のハエを使ってベイトマンの複雑な研究を再現することにした。一筋縄ではいかない作業だった。まずゴワティらは完全におなじ奇形を生じたショウジョウバエ属を探さなければならず、続いてさらに厄介な局面が訪れた。ベイトマンの手順を解明することだ。

「わたしは地球上で誰よりもベイトマンの研究を知っていると思います」と、ゴワティは電話越しに少々くたびれた口調でいった。ひと昔前のその論文は「とても理解が困難でした――いろいろなもののごちゃ混ぜで」。ゴワティと相棒のティエリ・ホケットは埃をかぶった古い資料の山からベイトマンの当時の実験ノートをなんとか見つけ出し、元のデータの再分析に臨んだ。ゴワティの剃刀のように鋭い科学的頭脳はいくつかの重大な問題と、深刻な確証バイアスの存在[73]を見出した。ベイトマンの手順には「欠陥、分散、偽反復、データのつまみ食いがありました」。ゴワティは次のように結論づける。「ベイトマンの実験結果は信頼できず[74]、結論には疑義あり、彼の記録した差異は任意交配の場合に予想されるものと類似していました」

ひとことでいうなら「ベイトマンの論文は茶番にすぎません」。

まずベイトマンは雄と比べて雌を親として少なく数えたのだが、それはもちろん生物的にあり得ないことだった。赤ちゃんを作るにはどちらも必要だからだ。なおかつ両親からひとつずつ変異を受け継ぐこと（たとえば委縮した翅に加えて眼球のない小さな頭）が、一種の致命傷であるのに気づかなかった。

ゴワティが実験を再現[75]すると当然のように、二重の奇形を負った幼虫は「バタバタと死んでいった」。つまりこうした形で終わる交尾はベイトマンの目に入らなかったはずで、一度も交尾をしなかった個体を過剰に、複数回交尾した個体を過少に計上するという結果になったのだ。

　乱交がメリットになるのは雄の繁殖成功度のみだというベイトマンの有名な発見は、実のところ最後の二回の実験だけにしかあてはまらず、そこには致死的な二重の変異を背負った個体も含まれていた。これらの（今や疑問の多い）実験結果は科学の論理とかけ離れたところでグラフにされ、かの有名なベイトマンの原理として世界中の何百万冊という教科書に掲載されることになったのだ。最初の四回の実験は実のところ、程度は低いにしても雌たちも火遊びからメリットを得ていると示していた。ゴワティの意見では、仮にベイトマンがすべての実験結果をひとつのグラフにまとめ、それをもとにデータを分析していたら、雌の乱交のメリットをめぐる世界初のエビデンスの提唱者として名乗りを上げられていたかもしれない。だがベイトマンとその後継者たちは、ダーウィンの提唱した「乱交する雄と選ぶ雌」という説に見合う結果にのみ注意を払った。

「ベイトマンは自身の予想と一致する結果を生み出しました。亡くなっている人を批判するのは意地が悪いようにも見えますが、彼はやろうとしたことに対して誠実ではなかったのです」

　誤りも種類によっては奥深く埋もれ、表に出るのに再現実験を必要としたが、結果がバイアスにもとづいて集約されていたのは「火を見るより明らか」で、ゴワティにはベイトマンを引用した何百人もの科学者がなぜその点に気づかなかったのか理解できないという。「ロバート・トリヴァースが見落としたというのは、にわかに考えられないあやまちです」

トリヴァースはベイトマンの論文の知名度を高めたが、このハーバード大学の俊英がどこまで詳しく論文を読んでいたのかは定かではない。「大半の雌は一、二回を上回る交尾に関心がなかった」[76]と突然変異のハエについて記しているが、それはベイトマンですら雌のキイロショウジョウバエと超自然的なつながりがなければわからなかったはずだ。実際のところ、雌の行動を観察していなかったのだから。単に結果として生まれた幼虫の数から交尾の回数を推測しただけで、つまりこの実験が明らかにしたのは何匹の雄がうまく雌を孕ませたかという点だけであり、雌が実際のところ何匹の雄と交わったかではない。そんな単純な話が延々と繰り返されている。なお困ったことにティム・バークヘッドが二〇〇一年、なぜ雌の繁殖成功度が多数回の交尾の恩恵を受けているという一点目のグラフを無視し、そうではないと示す二点目だけに焦点をあてたのかとトリヴァースに問うたところ、「それが純粋なバイアスだったと彼は堂々と述べた」[77]。

## 貞節な雌の緩慢な死

理論的な枠組みは威力をもつもので、見えづらい文化的バイアスと融合したときはとりわけそうなる。その圧倒的な影響力は誠実そのものの科学者たちさえ惑わすことがあり、人間が世界を見るときの視点を狭め、型にはまらない斬新な視点を曇らせてしまう。ベイトマンの世界観によってあまりにも長いこと、雌は複数のパートナーとの交尾を求めており、その飽くなき性欲が雌自身と子どもたちにメリットをもたらすという考え方が見えにくくなってしまった。求愛のダンスにおいても、雌はいつも雄に先導されるだけで、研究の価値がないとされてしまった。だがいっぽうの性が何をしているのか理解するにはもういっぽうについても考える必要がある。雌の繁殖成功度には変動がないとされたことで、科学者たちは雌の戦略はおろか、雄についても誤解してしまった。

ズレイマ・タン＝マルティネスいわく、多くの科学者はベイトマンと結果が一致しないという理由で、いまだに自分の発見に疑問を抱いたり気づきに目をつぶったりしている。「学術誌の査読者や編集者が、雌の繁殖成功度の上昇が交尾の回数にあるという論文を却下するようなこともあるのです。『ベイトマンが一九四八年に、そのような結果は不可能であるとしたから』といって」

ゴワティと共同研究者のマリン・アー＝キング[78]は、実のところ雌は相手を選ばない、または雄が相手を選んでいると証明する十数点の実験を探し出した。ところが執筆者たちは結果を読み解けていなかった。「なんとも不思議です」と、ゴワティ。「みんな怖がっているのでしょう」

その支配的な性質のせいで、パラダイムシフトを起こすのは難しくなっている。砂上の楼閣ですら倒壊には時間がかかる。ベイトマンのパラダイムがベイトマンのデータによって裏づけられていないという事実は、実証的な意味では致命傷の類にあたるはずだ。ベイトマンの理論は「ヒト」がどうかという予測に失敗しただけでなく、ライオン、ラングール、それればかりか（ゴワティの精緻な分析によると）ベイトマン自身が根拠としたキイロショウジョウバエについても失敗している。たしかにベイトマンの理論どおり行動する種もあるが、現在では十を超える実験的な研究があり、プレーリードッグからクサリヘビまで幅広い生きものにおいて、雌が乱交に及ぶことで生殖の確率が高まっている[79]と証明されているのだ。

ゴワティらにとってそれは、ベイトマンの理論は事実ではなく仮説として扱われ、そのように教えられるべきだ[80]という意味になる。だがほかの研究者たちはベイトマンの予測に従うわずかな種に固執し、「性役割の進化は結局のところ異形配偶子接合による」[81]としているのだ。

「まるで神さまから与えられたみたいに、異形配偶子接合説を信じるのですよ」と、ゴワティはうんざりした顔でいった。「実際何がどうなっているのかろくに考えもしないで、歩きやすい道に寄っていってしまうのです。偉い人たちにはきっと何か、雄と雌の根本的な違いにすがりつきたくなる理由があるのでしょう。異形配偶子接合説には、世界中に浸透したミソジニーを強化している面があると思います」

ベイトマンの研究をめぐる議論は、明らかに政治的な色彩を帯びている。そのパラダイムの土台はヴィクトリア朝の男性中心主義の時代に築かれ、フェミニストの科学者たちによって切り崩された。だが「フェミニスト」という言葉には分断を招く面があり、そのはなはだしさには確固たる科学さえ屈するほどだ。ゴワティも自身の政治性を明らかにしているせいで、論文が広く読まれていないと感じている。とりわけ読むべき人びとに届いていない。トリヴァースは数年前、科学界に広く性差別が浸透していることを暴く『科学の女性差別とたたかう 脳科学から人類の進化史まで』の著者アンジェラ・サイニーのインタビューを受けたとき、ゴワティの「たわけた論文[82]」など読んでいないといってのけた。オックスフォード大学では今でもベイトマンのパラダイムが教えられるいっぽう、ゴワティの重要な研究は「非常に政治的な視点をもつ[83]」とされて参考資料の一覧にも載っていない。

「実験重視の生物学者たちは『フェ』で始まる忌まわしい言葉を耳にすると、『イデオロギー』に汚染されている』と決めつけます」とサラ・ブラファー・ハーディはいう。「そこで見逃されているのはもちろん、彼ら自身の決めつけの多くがいかにマッチョで、そのダーウィン主義的な世界観の理論的土台がいかに男性中心主義かということです」

ベイトマンは一から十まで間違っていたのだろうか。そうではないだろう。異形配偶子はたしかに一部の種において進化の舞台をある方向に傾かせた。しかしそれが性役割のすべてを説明するわけではない。配偶子の大きさの差は、さまざまな戦略のコストとベネフィットに影響を与えている要素のひとつにすぎないだろう。ベイトマンは性役割を固定的なものとみなした。相手を選ぶ消極的な雌と、見境がなく競争心の激しい雄。だが現在では、性役割はより変化に富み、なおかつ今まで考えられてきたより柔軟で流動的だという視点が浮上してきている。社会的、生態的、環境的な要因そしてランダムなできごとも、雄雌の性質を形づくる力をもつ。[84]たとえばコオロギの多くの種では、餌の有無によって生涯のうちに性役割が逆転する場合があり、[85]餌が不足していると控えめな雌が競争心に満ちた雌に、貪欲な雄が抑制的になったりするのだ。

動物界全般で雌たちはプレイボーイ誌から飛び出し、自分と家族の利益のために、誰はばかることなく性的な自由を謳歌している。ダーウィンの性的なステレオタイプは数世代にわたって男性の科学者を惹きつけたかもしれないが、その固定観念は奔放なアメリカムシクイやラングール、キイロショウジョウバエ、それらの研究にあたる鋭い知性をもつ女性たちによって覆されてきている。

雌たちはベイトマンの硬直したパラダイムの落とす影から抜け出し、ダーウィンの性淘汰という概念を拡大する方向のさまざまな性的戦略を明かしてくれている。次の章では貪欲な雌たちに会いにいこう。

その性欲はセックスからロマンスという要素を削り、交尾が協力関係ではなく対立が軸に成立していることが多いと教えてくれる。

第 4 章

# 恋人を食べる50の方法

## ——性的共食いという難問

誰がクモの心を読めるだろうか？
キース・マッキューン、オーストラリア人自然学者（一九五二）

多くの雄にとって誘惑とは厄介なゲームだ。懸かっているものは大きく、求婚者として傷を負う危険も大きい。タイミング、技術、ある程度の図々しさ――成功するにはそのすべてが求められる。だがその対象が求婚者本人とおなじような生きものを朝食にする獰猛な捕食者だった場合、交尾の相手を探すのは死の舞踏と化す。

この点はオオジョロウグモ（*Nephila pilipes*）の雄にとって、とりわけ切実だ。雌はいわばダビデに対するゴリアテ。体の大きさは雄の約百二十五倍[1]、猛毒を含む巨大な牙で武装している。雌を誘惑するには、その広大な巣を慎重に越えていかなくてはいけない。巣は仕掛け線で編まれているようなもので、ごくわずかな振動も検知できるようになっている。ようやく巣をわたりきったら雌の巨体によじ登り、交尾するが、すべては相手の鋭敏な攻撃本能を刺激しないように行なわなくてはいけない。この性的な試練に、雄が生きて五体満足で打ち勝つ可能性は「薄い」といっても控えめなほどだ。雄のオオジョロウグモにとって、失敗は無残な死という形をとり、恋の相手にわずか数分で文字どおり生命を吸いとられてしまう。しかるのち雌は雄の抜け殻を、巣の下に積まれた求婚者の山に放り捨ててしまう。

こうした衝撃的な雌の振る舞いはダーウィンの耳にも入っていたが、彼はその恐怖をきわめて婉曲にしか表現していない。『人間の由来』においてダーウィンは、雄のクモはおおむね雌より小さいと述べ、その体が「ときには極端に小さくなっている」[2]としたうえで、「雄は雌に近づくにあたって」非常に慎重にしなければいけないとする。しばしば「雌のはにかみかたが危険なところまで推し進められているからである」。そうした表現もできなくはないだろう。

ダーウィンの男性中心主義的な記述はやがて、仲間の動物学者ド・ギアーがこんな観察をしたという記述につながる。雄は「交尾前の愛撫の真っ最中に、[3]彼の注意の対象によってとらえられ、彼女の網に包まれてむさぼり食われてしまった……それは彼の心を『恐ろしさと義憤』で満たす光景だった」（『人間の由来　上下合本版』、２０１６年、講談社学術文庫、長谷川眞理子訳）。

雌のクモが無造作に食事とデートをひとまとめにするのは、ヴィクトリア朝の男性の動物学者にとっていくつかの点において侮辱的だった。この雌は受け身で消極的、一夫一婦という型から逸脱し、獰猛で性欲にあふれ、疑いようもなく雄より優位に立っている。そしてまた、進化における一種の難問を突きつけていた。仮に生命の目的が次世代におのれの遺伝子を受け渡すことなら、交尾の代わりに性的パートナーの候補を食らうのは道理に適っていないではないか。それでも性的共食いはあらゆる種のクモによく見られる行動で、サソリ、ウミウシ、タコなど、それ以外の無脊椎動物の多くでも例外ではない。最も有名なのはおそらくカマキリだろう。恋の相手の切断された下半身が果敢にもまだスラスト運動を続けているあいだ、引きちぎった頭部をむさぼる宿命の女《ファム・ファタル》。そのような行動が存在するということは、進化そのものも頭を引きちぎられてどうかしてしまったのではないか、と何世代もの動物学者が考えた。

「雄のクモは雌と交尾しなくていいなら、喜んで雌を避けるでしょう」と、ロンドン動物園で無脊椎動物の管理責任者を務めるデイヴ・クラークはわたしにいった。

クラークがいうなら間違いないだろう。動物園で遊歩道型のクモの展示を担当しているのだから。来園者は巨大な巣をかいくぐって自由に散策し、中央にいる「機織り職人」たちと自撮りできる。わたしも何度も足を運んだが、クラークに案内してもらうまで、巣の真んなかにいる大きなクモがすべて雌だとは気づかなかった。雄のクモはもっぱらおとなしい訪問者で、巣を作ったり狩りをしたりしている余裕はなく、牙と毒嚢も雌と比べるとたいしたことがない。雌のクモこそがより毒性の強い液を有し、より精妙な巣を作るのだ。その驚くべき工学的結晶が雌の領域で、そこで狩りと交尾を行ない、体を休める。

管理責任者としてのクラークの仕事のひとつは、世話している生きものを繁殖させることだ。ロンドン動物園で三十五年以上すごすあいだに、オオアリクイからクラゲまで、「およそすべて」の繁殖に成功してきたという。そんな成果を収めるには、対象をよくよく知らなくてはいけなかった。「この仕事には常に、ある種の『覗き』をやっているようなところがあります」

クラークに求められるのは、動物のために人間でいうところの間接照明とムード音楽を用意することだ。いうはやすし、行なうは難し。飼育下での繁殖が一筋縄ではいかないのはジャイアントパンダにかぎらない。あらゆる生きものが、相応の難題を突きつけてくる。だが最も緊張を強いられるのはクモだという。

「驚くほど濃密です。クモにかかわっているという、一心同体というのもおかしな話ですが、実際そうなってしまうのです。つい雄に感情移入してしまいます。交尾に成功するかどうかというだけでなく、生き延びられるか否か」と、クラークはいう。「雄の立場になって、すべてが失敗したときのあの致命的な一刺しを感じてしまいそうになるのです」

クラークの目の前で繰り広げられる最もドラマチックな情事のひとつが、飼育しているルブロンオオツチグモの交尾だ。クモの世界の巨人で、両脚を広げると最大三十センチメートルにもなる。わたしはノース・クイーンズランドの街ケアンズを歩いていたとき、足もとで一匹もぞもぞしていたのを覚えている。八〇年代のホラー映画『キラー・ハンド』の一場面のようで、危うく腰を抜かしそうになった。英語名を「バード・イーティング・スパイダー」というこのクモは、いわゆる食物連鎖を覆して日常的に鳥を食べ、場合によってはげっ歯類も食べる。より小型のクモ類をおいしいスナックとみなしている相手なのだが。このような巨大な生きものを飼育下で繁殖させるのは、まさに決死の闘いになる。

「観察していると信じられないくらい胸が高鳴ります。ある種のトランス状態になるのですが、それはたぶんスケールが大きいからでしょう。雄は二本の前足に鉤があり、交尾の最中はそれらを使って雌の牙を持ち上げています。そうしたら咬まれませんからね。なおかつそれは触肢《しょくし》をかまえて前傾し、挿入するのにベストな体勢ということになります」と、クラークは説明してくれた。

雄のクモにはペニスがない。精子は「触肢」として知られる、頭部の両側についた一対の脚のような付属物を使って雌に受け渡される。だが触肢は精巣につながっていないので、雄のクモはまず腹部から特殊な「精網《せいもう》」に向かって精子を放出しなければいけない。それを水鉄砲のように吸い上げ、触肢の先端にある大きな袋に貯める。これにて銃は装塡ずみ、あとは用心しいしい雌に近づくだけだ。

　クモのセックスにおいては位置がすべてで、それぞれの種に四十八手のうち好みの体位がある。* ブラジル産の大胆な種はやりやすくするため雌を裏返して正常位にするが、ほとんどのバード・イーター種は正対するのを好む。雄は雌の腹部を下からまさぐり、生殖器のふたつの開口部に一本ずつ触肢を挿入しなければいけない。ルブロンオオツチグモの場合、すべては雌の牙を持ち上げつつ行なうことになる。

「メキシカンレッドニー（*Brachypelma hamorii*）の交尾の場面を覚えています。われわれの手もとには雄と雌が一匹ずつしかいませんでした。雄が体勢を固めかけていたとき、雌が上から牙をずぶりと突き刺しました。それにて一巻の終わり、雌は一センチメートルほどの牙で文字どおり雄を地面に釘づけにしてしまい、こちらにできることは皆無でした」と、クラークは語った。

　クラークは常に鍋や定規を用意して見守り、雲行きが怪しくなってきたら介入できるようにしているという。たとえ脚を失っていても求婚者は救出して再利用したほうがいい。とりわけ飼育している数が少ない場合は。いったん牙が刺さってしまうと、毒液と消化酵素がたちどころに注入され、雄の臓器は雌にすすられるのを待つばかりの「クモ・スムージー」になる。

「メキシカンレッドニーの雄については、わたし自身にいくつかの点で落ち度がありました」と、クラークは悔恨もあらわにいった。「あれは人工的な舞台設定で、わたしがあの雄を猛獣の巣に放り込んだのですよ。どこで間違ったのか考えずにはいられません。あの雄は明らかにベストを尽くそうとしていたのですから」

　大きな捕食性の雌を誘惑するにあたって、クラークは長年のあいだにいくつかのコツをつかんだ。最も重要なのは八本脚の色男と引き合わせる前に、雌を十分に飲食させておくことだ。「雌が雄を食べるおもな理由は空腹です。しばらく餌を口にしていなければ、まずお腹を満たそうとするでしょう。雄がまっさきに考えるのは交尾です。そのためにやってきたのですから」

繁殖がおそらく生涯の目的であるいっぽう、雄雌のクモは異なる時間のもとで生きている。雌は体格で上回っているだけでなく、おおむね雄の数倍長生きする。たとえば雌のメキシカンレッドニータランチュラは長くて三十年ほど生きるが、雄は十年もったらもうけものだ。そのせいで雄雌の交わりには一定の対立が生まれる。雌は丈夫な卵をどっさり産むため脂肪をつけることに時間をかけたく、交尾を焦ろうとしない。繁殖期の序盤、または若いころ、雌の頭にあるのは餌であってセックスではない可能性があるのだ。その点、雄にはたったひとつの目的しかない。雌を見つけて極力早く行為に及ぶことだ。

雄のクモの望みは遺伝子を次世代に受け渡すことで、そのため交尾をしたいが、自分が父親になるという保険もなくてはいけない。けれど第3章で紹介した多くの雌同様、雌のクモにとっては一夫一婦が必ずしもいいとはかぎらない。できるだけ優れた遺伝子をもつ子どもがほしいのだから、相手を厳密に

＊これは実在する。一九一一〜三三年、ドイツ人のウルリッヒ・ゲルハルトはクモ百五十一種の生殖行動に関する前代未聞の量のデータを集めた。彼はクモのセックスのマニアだったといって差し支えないだろう。マニアぶりの萌芽は学生時代で、おとなになるころには百二の属、三十八の科における交尾の様子を記録していた。緻密な資料にはクモの好む体位のみならず、それぞれの触肢で何度スラスト運動をしたかも綴られていた。挿入の観察も綿密そのもの（「やさしく」から「激しく突く」まで）、雄の成功率も記されていた。なかでもゲルハルトは挿入の失敗に注目した。それらの数を数え、種ごとに記録した。おかげさまで雄のクモは失敗だらけなのがわかっている。二十の種において失敗は「通常」で「しじゅう発生」していた[4]。雄のクモが重圧にさらされていることを考えると、多少のイップスはやむを得ないのかもしれないが、度重なる失敗はこれまたクモの進化における汚点なのは間違いないだろう。

選ぶか、複数と交尾して、子グモの一部が遺伝子の宝くじに当せんする可能性を高めようとする。

「クモの場合、本当の意味で生殖を左右しているのは雌です。雄ではありません」と、クラークは語る。「雌は寿命がはるかに長く、精子を貯めておくこともできます。種によっては長くて二年。だからつい雄を食べてしまったとしても、それで終わりではありません。待っていればいいのです」

ダーウィンの時代、生殖とはふたつの性が協力して次世代を生み出す平和的な行為だと考えられていた。そんなロマンティックな見方は、今では古くさいとしかいえない。ここ数十年で研究者たちは、動物界のあらゆる場面で、性をとおして求めることに雄雌のあいだでしばしば越えられない差異があると考えるようになった。[5] 愛は戦場で、ふたつの性のあいだに葛藤をもたらす性的対立こそ進化の原動力だ。異なる関心をもつ者どうしの綱引きは進化的軍拡競争を後押しし、それぞれの性が相手を出し抜いてほしいものを手に入れるための対抗適応につながる。

第3章で出会ったラングールを思い出してほしい。外からやってきた支配的な雄は極力早く新しい雌とのあいだに子どもをもうけたいので、今いる赤ちゃんを殺して雌を発情に駆りたてる。だが雌はカウンターアタックとして、乱婚という性的な戦略を進化させた。

こうした性的対立が最も過激なのは、クモをおいてほかにないだろう。性的共食いという危険は雄に対する最大限の選択圧となり、空腹な雌という死の脅威に対抗するため独創的な解決策の進化をうながした。

最も単純な話として、多くのコガネグモ科の雄は雌の巣の端で忍耐強く待つようになった。妖婦が昼食をすませるのを待ち（できれば恋のライバルの一匹であってほしい）、やおら行動を起こすのだ。[6] ほかにもクロゴケグモなどの雄は、糸についた性フェロモンの匂いによって意中の相手が空腹かどうか察し、[7]必要ならば十分距離をとる。死骸の類を絹糸に包んでデートに持参する種もある。ヒトでいうところのチョコレートの箱で、触肢でコトに及ぶあいだ雌の口をいっぱいにしておくのだ。

ここまではいいとしよう。だが進化の神は、雄のクモに雌の腹具合を推測させるだけに留めなかった。性的対立のおかげで多くの雄がより邪《よこしま》な手法を身につけるようになり、結果としてクモたちのセックスライフは『フィフティ・シェイズ・オブ・グレイ』のクリスチャン・グレイさえ赤面するようなものになったのだ。

キシダグモ科のナーサリー・ウェブ・スパイダー（*Pisaurina mira*）は、交尾中の軽い緊縛プレイで知られる約三十種のクモの一種だ。雄は雌の巣に忍び込み、雌を縛ってしまう。それ専用の突出して長い一対の脚を使って牙を避けながら、自前の絹糸を雌の脚に巻きつけるのだ。いったん雌の動きを封じたら、あとは心ゆくまで交尾に臨む。時間をかけて触肢を何度も挿入することで、精子が目的地にたどり着き、受精に至る可能性は高まる。行為が終わると雌は絹の足かせを外し、[8]雄はさっさと退散する。

ダーウィンズ・バーク・スパイダー（*Caerostris darwini*）はさらなる猛者で、オーラルセックスという方法を身につけている。まず恋の相手を絹糸で縛り、交尾前、最中、後に生殖器を唾液で濡らすのだ。こうした性的な行為は哺乳類以外では確認されていなく、クモがどんな意図をもって行なっているのかは不明だが、もしかしたら先立つ求婚者の精子を分解するという意味があるのかもしれない。生殖器によだれを垂らす行為は、自分が父親であるという保証を高めるのだ。[9]

コモリグモ科（*Rabidosa punctulata*）の雄にとっては、いわゆる3Ｐが最も確実な手段だ。さまよう未婚の雄は交尾中のカップルに出くわすと、運試しとばかりに乱入する。雌にはすでに相手がいるのだから、お邪魔虫もディナーになる危険性は低いだろう。最近の研究では、雄たちが生殖器をめぐって多少争うところが目撃されているが、全体的にはクモの3P[10]は驚くほど整然と進み、雄たちは礼儀正しく順番に触肢を挿入するという。

それに加えてクモの世界には、合理的だがどう見ても無茶な「リモート交尾」という戦略がある。雄は命こそ助かるものの、生殖器にサヨナラするのだ。雄のマラバルジョロウグモモドキ（*Nephilengys malabarensis*）は雲行きが怪しくなってくると触肢をへし折り、一目散に逃げていく。残された触肢は本体なしで精子の注入を続けるという寸法だ。おまけとして、ちぎれた生殖器は雌の生殖孔に栓をし[11]、別の雄との交尾を妨害する。ただしデメリットとしては、みずから宦官《かんがん》となった雄はもはや行為ができないという点がある。一発屋というところか。

「性的共食いに対抗する最も気色の悪い戦略賞」に輝くのは、黄色と黒の横縞が印象的なナガコガネグモ（*Argiope bruennichi*）だろう。要領のいい雄たちはまだ幼い雌を見つけ、性的にほぼ成熟するまで庇護のもとに置く。成体になる一歩手前として外骨格を脱ぎ捨てたとき、固まっていない雌の体は無防備だ。動くことはできないし、雄を攻撃するなど問題外だ。そのときを狙って雄は行動を起こし、雌と交尾する。非常によくできた戦略だ。まだ固まりきっていない雌との交尾において雄の九十七パーセントが生還する[12]いっぽう、体のできあがった成体の雌との通常の交尾ではわずか二十パーセントとされる。

## 死より過酷なさだめ

進化の神もなんとかして、雄のクモを雌の牙による交尾前の死から守ろうとしている。だが性的共食いとは雌が体格で上回り、かつ底なしの食欲をもつために起きる厄介な後作用と決まっているのだろうか。多くの生物学者が長年そうだと信じていて、最も声高なひとりがハーバード大学の進化生物学者スティーブン・ジェイ・グールドだ。このアメリカの「進化の桂冠詩人[13]」はナチュラル・ヒストリー誌の「ジャスト・ソー物語」を扱う人気コラム上で、性的共食いにメリットなどあるはずがないと唱えた。細かい観察を要するほど一般的な行動なのか、と問いかけたほどだ。

「もしそれが常に、あるいは頻繁に起こり[14]、雄が明らかに動きを止めてなされるがままでいるというのなら、そうした合理的な現象が存在するとわたしも納得するだろう」と、一九八五年には述べている。

グールドにとってはこの「奇怪な」行動が稀にしか見られないという点が、自然界で観察される行動もすべてが選択圧によって動物の生存と繁殖のため巧みに調節されているとはかぎらない、という自説の根拠だった。いくつかのケースは単にほかの部分で適応したことによる副産物にすぎず、クモの場合は雌の「底知れない強欲さ[15]」と巨体なのだった。

グールドは優れた書き手にして革新的な理論家だったが、交尾の相手を探すクモの立場になってみようとはしなかったようだ。それをしたのがクラークだ。彼いわく、必死な求婚者にとって串刺しにされるより悪いのは無視されることだ。

「長年のあいだにさんざんクモをお見合いさせてきました。最悪なのは、雌がはなから雄を受け入れない場合です。こちらでは雄を送り込んで、どきどきしながら見守ります。音楽を流し、照明を落とすのですが、それでも雌が動かないのです。まるっきり眼中になし。頭をかきむしりたくなりますが、そういうことはしょっちゅう起きるのです」

野生では、雄は恐ろしく長い距離を移動し、空腹の捕食者たちを避け、ほかの雄を蹴散らし、ようやく雌を見つける。交尾の可能性は一度きりかもしれないのだから、たとえ死が待ち受けているにしても、「気づかれる」ことが肝心なのだ。

クラークは大きな話題になったケースについて教えてくれた。グレート・ラフト・スパイダー(*Dolomedes plantarius*)の交尾への挑戦だ。グレート・ラフト・スパイダーは半水生の種で、両脚を広げるとおとなの手のひらほどあり、昆虫やオタマジャクシ、ときには水面に上がってきた小さな魚を餌にする。大型で黒褐色の美しいクモで、英国最大にして最も稀少な種のひとつ、全国でも片手で数えられるほどの湿地でしか見つからない。ロンドン動物学協会は飼育下で繁殖させることで個体数の減少に歯止めをかけ、子どものうちに野生に返そうとしている。ここでクラークの巧妙なたらしこみの技が求められるのだ。

飼育下の繁殖はその対象が絶滅危惧種であるとき、大きなプレッシャーのもとに置かれる。性的共食いをするクモならなおさらだ。クラークは緊張した面持ちの保護活動家たちに手もとを凝視され、なおかつ種の未来が自身の双肩にかかっているという重圧に耐えなければいけなかった。

「われわれは小さな遺伝子プールを長期にわたって維持しようとしているわけで、すべては生殖のわずかな瞬間に懸かってきます。つまり失敗したらアウトなのです」

クラークは小さな水草の島を備えた大きな水槽を用意して、クモの湿地帯の故郷をできるかぎり再現した。[16]すべてはクモに満足してもらうためだ。もちろん雄と引き合わせる前に雌には十分栄養をとらせ、つがいが広い空間を使えるよう配慮した。野生のグレート・ラフト・スパイダーの求愛は短時間では終わらず、雄が雌のあとをつけて回る。感触を確かめているのだろう。そこで雌には移動できる空間を十分与え、隅に追いやられてパニックを起こしたりしないようにした。それも攻撃の引き金になり得るからだ。

クラークいわく、ものごとは「スイスイと」進行していた。雄は体を揺らし、脚を震わせ、弧を描くように雌のまわりをそっと泳ぎながら、ためらいがちなアプローチを繰り返していた。雌もどうやら穏やかで、しだいに近づいてくる雄を拒否する様子はなかった。いったん間合いに入ると、体に触れてなでるという行為が見られる。それは攻撃的な雌を落ち着かせる手段で、雄のクモの求愛プロセス[17]の重要な一部だとされる。このグレート・ラフト・スパイダーの雄も脚を震わせながら雌の体に触れ、用心しいしい触肢を挿入できる位置につこうとした。その瞬間、雌が雄を捕まえた。

「これで一巻の終わりだとすぐわかりました。ひどく後悔しましたよ」

周囲で見守っていた人間たちは、種の救世主かもしれなかった相手を貪欲にむさぼる雌を呆然と見つめるほかなかった。交尾をめぐるこうした落胆に慣れっこのクラークは、感情的にならず淡々と雌を回収し、次の出番に備えさせた。約一か月後、クラークは雌の縄張りに絹糸の塊を発見して驚いた。いわゆる卵嚢だ。なんらかの異常で未成熟の卵が排出されたのではないかと思ったが、さらに一か月後、急に膨張した卵嚢から三百匹近い子グモがわらわらと出てきた。どうやら雄のグレート・ラフト・スパイダーは「精子ピストル」(触肢)の引き金を引くのが恐ろしく速く、餌食になりながらもそれができるようなのだ。

「雌に捕まったコンマ数秒のうちに、雄は触肢を挿入して精子を送り込んだのです。そんなことが可能だなんて信じられません」と、クラークは驚きもあらわにいった。「興奮しましたよ。雌が実は雄と交尾していたなんて、露ほども思っていなかったので」

グレート・ラフト・スパイダーの雄は無残な最期を遂げたかもしれないが、少なくとも卵子を受精させるのには成功した。つまり短い生涯の目的は達成したのだ。それにも増して、おのれの体を差し出すことで卵子に栄養を与え、子どもたちが生き延びる可能性を高めたといえる。雄の犠牲的精神は子グモたちの母はもちろん、次世代に遺伝子を引き継ぐという意味では(亡き)父である自分自身にも利益をもたらすもので、父親としての究極的な行動といえそうだ。

## よき兆し

クモを描写するとき「派手」という言葉が思い浮かぶ人は少ないだろう。大半のクモ類はもぞもぞ動く小さな茶色い生きもので、そんな地味な外見が保護色となって狩りに成功したり、目のいい捕食者から逃れたりしているのだ。だがハエトリグモ科の仲間である雄のピーコックスパイダーは、この原則を鮮やかに破ってみせる。いわばクモの世界のリベラーチェ(訳注：派手な衣装で知られたアメリカ人ピアニスト)、型破りなパフォーマーで、ピーコック(クジャク)という名前どおり、奇抜な極彩色の扇状の部位を使って恋の相手を獲得する。

元の生息地はオーストラリアの低木地帯で、この毛深い体長四ミリメートルの驚異のクモは、雌に近づくとき唐突に複雑なダンスを披露する。毛深い腹部を垂直にして、ジャンニ・ヴェルサーチがデザインしたといってもとおりそうな青、オレンジ、赤に輝く二枚のフラップを広げるのだ。それから派手な「扇」を振り、体を上下させ、足を踏み鳴らし、大きすぎる一対の脚を空中で振り動かす。フレッド・アステアとヴィレッジ・ピープルを足して二で割ったような華麗なダンスは、次の行動に移れるくらい雌に接近できるまで長くて一時間ほど続く。

なんともチャーミングな演出で、雄がこれまた命がけで踊っているという事実がさらにいじらしさを増す。求婚者の四分の三ほどは、冷ややかな雌に死の一撃を食らわされる。情念《パトス》と華《パナシュ》の類い稀な取り合わせのおかげで、南半球に棲むこの小さなクモは思いがけずインターネットのスターになった。ビー・ジーズの「ステイン・アライヴ」のような曲をバックにした息を呑むようなパフォーマンスの動画は[18]、YouTubeで数百万回の再生回数を稼いでいる。

「彼らなしでは生きていけません」と、カリフォルニア大学バークレー校の准教授ダミアン・エライアスは、瓶底眼鏡にもじゃもじゃの髪という姿でいった。その気持ちはわたしの聞いたこともないインディーズバンドのポスターと一緒に研究室を飾る、大量のクモのフィギュアからも伝わっていた。エライアスはクモの求愛の研究におよそ二十年を費やし（そんな年齢には思えないのだが）、クモと音楽という人生のふたつの情熱に共通するものを見出している。ピーコックスパイダーの雄はただ踊っているのではなく、ビートを刻んでいるのだ。

科学の世界では長年、雌のピーコックスパイダーは求婚者の優劣を外見のみで判断しているとされていた。ヒトは視覚に強く依存する種なので、そうした推測にとらわれるのも無理はない。だがクモ類は、ヒトとはだいぶ異なる感覚世界を生きている。大半のクモは八個も目があるのに視力が弱く、まったく見えていないことさえある。狩りは脚に備わっているスリット状の感覚器を使い、ヒトにはわからない物体の表面の振動を感じ取って行なう。振動は巣をとおして増幅されることが多く、巣とは要するに感覚器官の延長なのだ。だがピーコックスパイダーが特殊なのは進化の過程で鋭い視力も手に入れた点で、それを生かして昆虫や異なる種のクモといった獲物をつけ狙い、飛びかかる。[19]

ピーコックスパイダーの巨大な一対の石のような目玉には、望遠レンズと色覚がふたつながら備わっている。原始的な無脊椎動物としては驚くべき進化で、雄の派手派手しい扇子踊りがよく見えるというわけだ。だがエライアスは雌がさらに、ヒトは持ち合わせていない振動を検知する能力も使っているのを突き止めた。

「動物がどのように世界を認識しているのか、ずっと強く興味を惹かれてきました」。その世界が奇妙であればあるほど、おもしろい。

エライアスは思いもよらないハイテクとローテクの道具を駆使し、クモのように動き、見て、聴く方法を手に入れて、その秘密の感覚世界に入りこむことに成功した。誇らしげに見せてくれたのはレーザードップラー振動計だ。お値段は五十万ドル、レーザー技術を使って物体の表面のごくわずかな振動を検知する。開発されたのは一九六〇年代で、技術者が航空機の安全を検査するのに広く使われている。建物のなかで交わされる会話を外から盗み聞きしようとするスパイにも人気だ。オサマ・ビン＝ラディンの命運は、ＣＩＡがパキスタンで建物の窓の振動から彼の声を検知したときに決した。

その振動計を使えば、雄のピーコックスパイダーのビートの効いた踊りがどのように地面を揺らしているか観察できる。またエライアスは振動計をスピーカーと連動させ、ささやかな振動を「歌」、すなわちヒトの耳にも聞こえる音波に移し替えている。*

「歌」を正確に録音するには、雄のクモのパフォーマンスにふさわしい舞台を用意する必要があった。

野生においては、ピーコックスパイダーは落ち葉の山、岩や砂のまわりを跳ね回る。振動計を動作させるには水平な面が求められていた。方眼紙やアルミホイルは硬すぎて音叉のように鳴ってしまい、空気の流れと周囲の物音も混じった。試行錯誤の果てにエライアスは理想のクモのダンスフロアを完成させた。ベージュのナイロンのタイツで、股上の部分は取り去り、刺繍用のフープにぴんと張るようかぶせるのだ。

どこからタイツを手に入れたのかと訊くと、エライアスはいいにくそうに答えた。「ちょっと恥ずかしい話です。義理の母のものを拝借したのですよ」

ピーコックスパイダーは目にも止まらぬ速さで動く。そこでエライアスは頂戴してきたタイツで作ったダンスフロアを、雄の「美容体操」を拡大兼スローモーションでとらえられる高速マクロカメラに接

＊ 振動によるコミュニケーションはヒトにとっては新しい発見かもしれないが、動物界では意外なほどありふれている。ゾウは足先で、遠く離れたところにいる味方の鳴き声や足音を察知する。キンモグラは相手の足音を手がかりに小さなシロアリを狙う。南米に生息するカエルの一部は膨らませた空気袋で地面を叩き、異性やライバルにあいさつする。多くの無脊椎動物において、基板から生まれる振動は空気中の音より頻繁だ。

近させた。これでクモの動きがビートと合っているかわかる。

実験の舞台を完成させるには、思いどおりになる雌のピーコックスパイダーが必要だった。そこで登場したのが二酸化炭素ガスだ。

「ときには結果を得るために悪しき手段もやむを得ません」と、エライアスは悔恨の念もあらわにいいながら、わたしがうまく操れるよう雌を安楽死させてくれた。米粒ほどの大きさもないクモは、熱した金属でピンの先に固定する。細かい作業で、顕微鏡を覗きながらはんだ付けをしなくてはいけない。わたしのように手先が不器用だと難しい。ようやく固定できたとき、誘惑の主である雌のクモは完全に間違った意味で「ホット」だった。脚が数本欠け、焦げた体毛の臭いがしている。ただしエライアスいわく、心配しなくても大丈夫。ピーコックスパイダーに関してはどうやら目がすべてらしい。ふたつの大きな目さえ残っていれば、雄はまだダンスしてくれる。仮に残っていなかったとしても、エライアスが呼ぶところの「墓地」に予備があった。五、六匹の「コープスブライド（死体の花嫁）」が眠る針山だ。

焦げたわたしの妖婦はダンスフロアの中央のダイヤルに固定された。誘うような姿を雄に見せるための仕掛けで、片手で回転させる。もういっぽうの手は刷毛をもち、雄が逃げないようにする。ピーコックスパイダーを含むハエトリグモは、筋肉を使わずに体長の五十倍ほどジャンプできる。掘削機のアームの動きとよく似た油圧の作用で、空洞の脚に液体が注入され、それによって脚が伸びるのだ。最初の三匹の雄はタイツから虚空へ飛び出して失踪するという形で、なんともドラマチックにその跳躍力を披露してくれた。エライアスは冷静で、そのうちどこかから出てくるといった。（ロンドンに帰ったときスーツケースから出てくるのではありませんように、とわたしは願った）。なお「実験室には餌になる虫の死骸がどっさりある」とのことだった。
雌を回転させつつ雄を囲いこむのは、自分の頭を叩きながらお腹をなでる程度で、さほど難しくなかった。わたしにとって難しかったのは、雄が操り人形の雌に気づくよう仕向けることだ。ピーコックスパイダーは目がいいが、小さな脳がそのレベルの視力を生かせているかというと、せいぜい部分的に認識できているくらいだ。「双眼鏡を覗いているようなものです」と、エライアス。雄と雌がしっかり相手の存在に気づくには、目と目を合わせなくてはいけない。

　ようやく求婚者四号がわたしの妖婦に気づいたかと思うと、突如ゲームが始まった。これ以上なく分かりやすかった。雄は唐突に、派手な長い三本目の脚を芝居がかったしぐさで振り上げ、ジャズハンズ（両手のひらを見せてひらひらさせる動作）とでもいうべき動きを始めた。続いて数分間、激しく地面を踏みつけ、それによって反響が起きる。巨大なハチが実験室に入りこんだような、耳を聾する音だった。雄は毎秒二百回の速さで腹部を振動させていて、振動計とスピーカーによってタイツの震えから音波に変換されると圧倒されるほどの音量だった。雌が雄の存在を無視できるはずもない。とりわけ相手が同時に、極彩色の尻の扇を振り立てているのだから。

　続いて扇と脚を猛然と振る動作が始まり、それらはエライアスが「お尻ふりふり《ランプルランプ》」「グラインドレヴ」など、いかにもな名前[20]をつけた多彩かつ激しいビートにぴたりとマッチしていた。三十秒ほど熱烈なクモ版フラメンコを演じたところで、雄は仕上げの動きに十分とりかかれるくらい雌に接近していた。雌の体によじ登ってごほうびを手にしようとしたとき、エライアスが刷毛をもって割り込んだ。
「お楽しみはここまでだ」といって、刷毛で雄を素早く払いのける。求婚者は恋の相手が実は死骸だったことにも気づかなかっただろう。あの涙ぐましい努力を見たあとではいささか残酷でもあったが、仮に雌が生きていたら、死骸となっていたのはまず間違いなく歌って踊る色男のほうだった。

エライアスの研究によると、雄が生み出す地鳴りのような「歌」には二十ほどの要素が含まれていて、ヒトが作る音楽とおなじくらい複雑だ[21]。いわばクモはそれぞれフリースタイルのジャズミュージシャンで、既存の型に手を加え、自分だけの曲を作っているのだ。優れたパフォーマンスには違いないが、結局何がしたいのだろう。

エライアスの考えでは、ピーコックスパイダーの派手なダンスは究極の死の舞踏だ。その過剰さは雄がどれくらいエネルギッシュか強調するためのものだが、同時に忙しく狩りをしている雌（対象は要するに雄）の注意を惹くためで、必ずしも交尾を念頭に置いているわけではない。

クモのような小さい脳の持ち主は感覚世界がかぎられているので、環境音をかき分けて相手の注意を惹くのは容易ではない。そこで第2章のアオアズマヤドリとおなじ戦略を用いて、五感のルートを最大限活用し、気づいてもらうのだ。だが恋の相手の好みのごちそうと似たものを集めて気を引く代わりに、多くのクモはより大胆な手段に訴える。言い換えるなら、クモの求婚者はみずからをランチとして差し出すのだ。

雌のピーコックスパイダーの狩猟本能は、獲物が視野の周辺で行なうちょっとした動作に刺激される。使うのは小さいほうの目だ。だからこそ雄のピーコックスパイダーは求愛のルーティンを、いわゆるジャズハンドで始める[22]のかもしれない。おいしい昆虫のぎくしゃくとした動きを真似しているのだ。おそらく振動も、視力の弱い種のクモにとっては重要なのだろう。多くの雄は、巣にかかってもがく昆虫を思わせる振動から求愛を始める。見たり匂いを嗅いだりするのに先立って、それが遠くから雌の狩猟本能に火をつける。

視覚と振動という刺激の組み合わせは、いわばステーキに扮して「食べてくれ！」と大声を上げながらライオンの巣に踏みこんでいくようなものだ。確実に気づいてもらえる方法だが、無謀な戦略のあとには雌が狩猟本能にもとづいて行動するのを即座に止めなくてはいけない。さもなければ求愛はたちまち終わる。

「事実としてクモは肉食です。だから相手の注意を惹くベストの方法のひとつは、振り向いて餌を探すような行動を誘発することです。ただしそのあと間髪を容れず、いやいや僕はハエでもコオロギでもありません、といわなくてはいけないのです」

奇抜な求愛のルーティンは実のところ、雄がランチなどではなくおなじ種のもういっぽうの性で、交尾を求めていると示すようになっている。エライアスの視点では、活発なダンスは求婚者の健康状態のよさと活力を表すもので、どの雄に恵みを与え、どの雄を餌にするか雌に選択をうながしているのだ。雌は体格のいい雄が好みで、振動によって大きさを誤認させられているともいわれる。

扇をぱたぱた、お尻ふりふりにも、さらに別の意図があるようだ。雌を幻惑して、おとなしくさせるのだ。たとえばあの痙攣じみた振動は、巣に獲物がかかっている状態でも雌の攻撃本能を鈍らせるとされる。つまり雄は尻を振る動きで振動を起こし[23]、雌の神経系の中枢に働きかけているわけだ。

クモは空中の振動さえ感知できている可能性がある。おなじ節足動物のハエのように、クモの体は長く細い毛で覆われていて、おおよそ原子の直径にあたる一メートルの百億分の一の空気の動きまで感知できる。これらの毛こそ、ハエ叩きが難しい理由でもある。ハエはヒトの手の動きにつれて空気中の分子が乱れるのを感じ取り、手が迫ってくる前に逃げてしまうのだ。つまりピーコックスパイダーのジャズハンドは、視覚に訴えるシグナルではないのかもしれない。空気をかきまぜ、雌が攻撃に出られないようにしているのだ。ほかの種のクモと同様、なんらかの化学的な刺激も加えて（いわば媚薬や睡眠薬だ）、感覚を麻痺させようとしているとも考えられる。

雌のピーコックスパイダーにとって、性的共食いは進化という観点からして完全に理に適っている。一石二鳥なのだ——求婚者のなかの弱い個体を駆逐することで、捕食者の注意まで惹くかもしれない行動をやめさせられるし、ついでにタダ飯にもありつけるのだから。

エライアスは雌の判断力の研究を深めるうちに、雄が振動を起こす十分な努力をしていないとき、歌と踊りが嚙み合っていないとき、なお悪い状況として雌の側のシグナルに気づいていないとき、雌は攻撃的になると学んだ。キジオライチョウやアオアズマヤドリとおなじように、ピーコックスパイダーの求愛も双方向のコミュニケーションだ。ただし耳がお留守で、ちゃんと反応できなかったことへのペナルティは雄のほうがはるかに重い。腹部をもぞもぞさせている雌は交尾に乗り気でないだけでなく、求婚者を食べてしまう可能性が高いのだ。

性的共食いは視野の狭いヴィクトリア朝の男性の生物学者たちには理解が困難だっただろうが、雌の立場になってみれば、恋の相手をセックスの際に食べるのには明白な進化上の利点がある。母親は子どものために最良の遺伝子を求めるもので、なおかつ子育てのためには頑健でなくてはいけない。ひと口サイズの求婚者など、体格で優っているのだから食べてしまうのが合理的だ。

雌のクモは驚くほど献身的だ。多くは卵を特別な絹の袋に入れて運び、孵化したあとは全力で守り、餌を与える。ときには自分の体を差し出しさえする。子グモが母を食べる行為はクモ類にしばしば見られる。砂漠に生息するムレイワガネグモ（*Stegodyphus lineatus*）の仲間の子どもは、餌と栄養の供給を母親に頼りきりで、母親は自身の液化した内臓を吐き出して与える。やがて子グモたちはますます貪欲になって、母親の腹部を直接吸い始める。二、三時間で母親は干からび[24]、残るのは外骨格のみだ。

ダーウィンはクモの雄雌の極端な体格差を、性淘汰が雄に作用したことに求めた。体が小さいほうが「こそこそ動き回り、雌の体の上や巨大な脚の陰に隠れることで、その獰猛さを[25]」逃れやすいというわけだ。現代の研究では、少なくともコガネグモ科においては自然淘汰が雌に作用した可能性のほうが高いとされている。母親としての役割を果たすために体が大きくなったのだ。大きいお母さんのほうが、クモの母親としての過酷な役目[26]に耐える準備ができているというわけだ。

「進化生物学を研究するにあたってはクモが最適だと思います」と、アイリーン・ヘベッツは語る。「歴史的には性淘汰をめぐる非常に一面的な見方があって、雄の行動に着目し、交尾の相手を得られるか否かというところだけ見ていました。けれどクモの場合、交尾できるかどうかはおおむね雌が決定します。ですのでより視野を広く保ち、何が起きているのか理解するために、ふたつの性のやりとりを真剣に観察しなければいけません」

ヘベッツはネブラスカ大学チャールズ・ベッシー記念生物科学教授で、人一倍クモに思い入れが強いといえそうだ。研究者としてのキャリアを、クモの交尾という進化の謎の解明に捧げてきたのだから。最近ではナンセンスきわまりない性的共食いの事例に遭遇し、彼女にして頭をかきむしったという。雄のハシリグモ属の仲間が、みずから腹上死を選ぶというケースだ。

## セックスの代償は死

ハシリグモ属の仲間（*Dolomedes tenebrosus*）に特筆すべき点はないように見える。北米に生息する小さな茶色いクモで、樹上で暮らし、おなじく木の上にいる小さな茶色い生きものを餌にする。だがハシリグモ属のセックスライフは、クモの基準と照らし合わせても奇妙奇天烈だ。二本ある精子ピストルの片方だけを挿入したのち、雄は硬直して丸まり、死に至るのだ。雌は雄の死になんの責任もない。雄は行為のあとに必ず死を迎え、長くて十五分ほど生殖器を引っかけた状態で雌の体からぶら下がり、雌はやれやれとばかりに雄をつまみあげて食べてしまう。

「雄はほかの雌と交尾できないだけでなく、精子でぱんぱんのもう片方の触肢をそっくり無駄にしてしまうのです。わたしにとっては難解きわまる進化の謎かけです」と、ヘベッツはいう。「どうしたらそんなふうに進化したのでしょう。雄が必ず死を迎えるなんて、進化の論理に反していると思いませんか」

生物学者はそれを「終末投資仮説」と呼ぶ。ハレンチな腹上死というよりは、高齢者向けの退屈な家計プランのようだ。この不可解な行動は実のところ、ほかの種のクモでも数多く観察されている。たとえば悪名高いオーストラリア産のセアカゴケグモ（*Latrodectus hasselti*）。希死念慮のあるクモで、セックスによる死という願いを実現するために驚異的な犠牲を払う。

セアカゴケグモはおもに強烈な咬みつきと、便座の裏に巣をかける習性で知られる。困った組み合わせで「またしても豪の男性、クモにペニスをがぶり[27]」など、笑いを含んだ題名の記事が各国に配信されることになるのだ。

おかしな連中というセアカゴケグモの評判を固めたのは交尾の最中、ゴケグモ属の仲間が揃って好む体位から雄が逸脱するという発見だ。クモは通常「ゲルハルト式の第三の体位[28]」、すなわちクモにとっての正常位でコトに及ぶ。ところがセアカゴケグモは「脚を振り回しながら[29]」体操選手並の逆立ちを行ない、そののち巧みに一八〇度宙返りをして、腹部から雌の牙の上に着地するのだ。雌は柔らかな体の到着を歓迎し、すかさず小さな軽業師の上に消化酵素を吐き出す。それから求婚者の尻をむさぼり食い、ひと息つくのは「小さな白い物質[30]」を吐き出すときだけだ。そのあいだ雄は頭部についた触肢で雌に精子を送り込み続ける。

この共食い型シックスティナインは三十分ほど、雄の触肢が空になるまで続く。その時点で雄はいったん撤収し、けっして軽くない傷を癒す。約十分後、無残に食いちぎられ一部は溶けた腹部をものともせず、雄は現場に舞い戻って二本目の触肢を挿入し、おなじ軽業を繰り返す。今度の情交の結果は死だ。雄が二本目の触肢を引き抜くと、雌は相手の体の残された部分を絹糸で包み、ゆっくり味わう。

一連の行動において、これから子どもを産む雌にとってメリットがあるのは比較的わかりやすいだろう。だがトロント大学のメイディアン・アンドレード博士は、少なくとも雄のセアカゴケグモの場合、雄の犠牲は進化の手違いではないと証明してみせた。

セアカゴケグモの雌は大半のクモの例に漏れず、複数の雄を求める。精子競争が行なわれているかぎり、交尾は受精を保証しない。つまり雄が行為の後に死ぬのは、仮に雌がよその雄と関係をもったならば、行為の前に死ぬのとたいして変わりないのだ。セアカゴケグモの場合、犠牲になった雄は父親となるうえで二点のアドバンテージを手にする。一点目、交尾の時間が長引くため、生き延びる雄より受精卵の数が多くなること。二点目、雌は最初の相手を食べたあと、続く求婚者たちを拒否するケースが多い。十分満足したというわけだ。セアカゴケグモの雄の八十パーセントが雌に出会えないまま童貞として死ぬことを考えると、性的共食いは進化の形態として理に適っている。一回の挑戦でターゲットを射抜き[31]、求めていた遺伝子的な見返りを手にするチャンスが飛躍的に高まるからだ。

それでは雄の犠牲的精神を象徴するこのケースは、アイリーン・ヘベッツがハシリグモ属の腹上死を説明する手助けになったのだろうか。実はならなかった。ヘベッツの研究によると、ハシリグモ属の雌のおよそ五十パーセントはふたたび交尾に臨み、複数回行なうことも多いという。つまり父親としての地位を保証するという説は適用できない。

先ほど紹介したグレート・ラフト・スパイダー同様、ハシリグモ属の死は父親としての究極の愛なのかもしれない。「雄は餌」説は性的共食いを進化適応の観点から説明するものとして受けがいいが、確固とした裏づけ資料には乏しい[32]。たとえばスティーブン・ジェイ・グールドらは、これほど雄の体が小さくては（ときには雌の一〜二パーセント）犠牲の意味がないのではないかと指摘した。腹ペコのゾウに豆をひと粒与えるようなものだ。

ヘベッツと弟子の博士研究員スティーヴン・シュワルツは、巧妙な実験に着手した。ハシリグモ属の雌たちを、雄を食べてはいけないグループ、食べてもいいグループ、ここぞの瞬間におなじ大きさのコオロギとすり替えられるグループに分けたのだ。結果は明らかで、恋の相手を食べた雌のほうが大きな子どもを産み、その生存率も高かった。なおかつ共食いを行なった母グモはコオロギを食べた仲間よりその後の状態がよかった。すなわちカロリーだけの問題ではないということだ。雄を食べることで独自の栄養が得られるのではないか。[33]

「共食いが行なわれる種の場合、その種だけに合うようあらかじめ栄養が用意されているという資料は多々あります。つまり同種のものを食べるのには大きなメリットがあるのです」と、ヘベッツは語る。けれどそうしたエビデンスがあるにしても、まだ納得しきっていないという。まだパズルを解ききっていないような気がするのです」

「雌がふたたび交尾に臨めるのなら、十分な説明にはなっていません。

本書を執筆しているというと、いちばんよく返ってくる反応はこうだ。「カマキリについては書かないのですか？」

人間は昔から雌の性的共食いに魅了されてきた。水夫を餌食にするギリシャ神話のセイレーンか、あるいはもっと昔までさかのぼれるかもしれない。セイレーンは究極の宿命の女《ファム・ファタル》だ。異形のディーヴァで、性に対する貪欲さとエロティックな存在感は男心をそそりつつ戦慄させる。男性優位と性欲の強さについての「自然の摂理」をゆがめてしまうのだから。

そうした文化的嗜好と付随するステレオタイプな描写は、科学界にも浸透している。最近、科学論文においてこの種の状況を描写する言葉の調査が行なわれたところ、「性に積極的な雌をネガティブな型にもとづいて」[34]描写する「偏見を含んだ」言葉が多々見つかった。

カマキリや恋の相手をむさぼるクモはダーウィンの時代から、おおむね男性の科学者の興味を惹いてきた。進化の法則に公然と逆らう雌の殺人鬼に魅了されるのだろう。だが性的共食いの真相として浮上しつつある物語はより複雑ないっぽう、エロティックな要素は薄い。性的共食いは膨大な現象の隠れ蓑になっていて、どれも罪悪と呼べるものではない。複数の雄と関係をもつ雌のライオン、ラングール、ヨーロッパカヤクグリが淫乱ではなく、実のところ熱心に母親としての役割を務め、子どもたちに最善の環境を与えているように、雌の性的共食いも未来の子どもたちの利益を守ろうとしているにすぎない。

性的共食いという不可解な行動のコストとベネフィットは、交尾のどの段階で行なわれるかによって変わってくるが、それでも片方または両方の性の利益となるのは判明している。おそらく性的共食いは個々の分類群において、それぞれの理由にもとづき独自に進化してきたもので、さまざまな選択圧が混じりあってできたのだ。あたかも性的対立、性淘汰、自然淘汰が酔っ払って自堕落な一夜をすごしたかのように。その結果は混沌としているように映るかもしれないが、もつれた絹糸をほぐせばすべて意味をなしてくる。雌の巣の上で死の綱渡りをしているちっぽけな雄のコガネグモは、いささか納得しかねるかもしれないが。

第 5 章

# 愛の嵐

## ——生殖器をめぐる戦い

一九五二年刊行のオポッサムに関する自著のなかで、動物学者カール・G・ハートマンはその生殖の方法が長年どのように語られてきたか振り返っている。「オポッサムは鼻を使って交尾する」といわれてきたのだ。いわく、結果として赤ちゃんたちは鼻腔に宿るが、細い鼻のなかで成長するのではなく、適切なタイミングのくしゃみで排出される。「一定の時間ののち……小さな胎児たちは袋へと吹き飛ばされる」[1]

北米で唯一の有袋類であるオポッサムは、たしかに奇妙な獣だ。まず動物界でも屈指の演技派で、死んだふりをするという習性は複数の器官を駆使したパフォーマンスの域にまで高められている。石のように何時間もじっと横たわり、口から泡を吹くに留まらず、肛門から緑色の粘液を出してみせるのだ。死臭が漂ってきそうだが、実際のところオポッサムは簡単には死なない。マムシ類の毒に耐性があり、ふつうなら死をもたらすヘビを食べてしまうのだ。ボツリヌス菌と狂犬病にもびくともしないようだ。そして行動に負けず劣らず、体の作りも特異だ。拇指対向性があって手先のように使える足の指、少なくとも五十本の歯がぎっしり生えた口。雌は袋のなかに乳首が十三個あって、ハチ程度の大きさしかない未成熟な赤ちゃんたちが十三匹吸いつけるようになっている。

ほかにも挙げることはできる。だがそれでも、オポッサムは鼻を使って交尾するわけではない。昔の自然科学者たちは、二股のフォークのような不可解な形状のペニスに惑わされていたのだ。この二股の道具に合致する一対の穴を探した結果、論理的な必然として鼻腔が選ばれた。もし誰かが雌のオポッサムの体内を観察する手間をかけていたら、二個の卵巣、二個の子宮、二個の子宮頸部、二個の膣からなるおなじくらい理解不能な重複したシステムを発見していただろう。ますますもってやりすぎなのは一時的に三個目の膣[2]が出現することで、出産のためだけに姿を現し、用がすむと秘密の扉のようにさっさと消えてしまうのだ。

動物界全般に見られる性的な仕組みの多様性は驚くべきもので、単に精子を卵子に届けるため必要とされるものをはるかに超えている。オポッサムには三つの膣があるいっぽう、ゾウの雌にはひとつもない。子宮が直接、外の世界とつながっているのだ。なお雄のゾウのペニスは長さが体長の半分ほどあり、アルファベットのZの形をした状態で腹部から飛び出してくる。

こうした多様性は昔から分類学者にとって恩寵だった。体の特徴がそっくりの近縁種の場合、生殖器の詳しい観察のほかに見分ける手段がないということがよくあるからだ。こうした記述はそろって男性中心主義だ。分類学においてはペニスの形状を手がかりにすること[3]が多く、大多数の（あるいはほとんどの）種において体の仕組みや行動、生理学より雄の生殖器のほうがよく知られているという事態になる。昆虫学者にとっても生殖器から種を特定するという方法が当たり前で、局部にちなんだ学名をつけられた昆虫も少なくない。

生殖器の多様性という法則は、生きものを分類するうえで普遍的だ。マルハナバチ、コウモリ、ヘビ、サメ、さらには霊長類まで性的な器官だけでやすやすと見分けられる。たとえばわたしたちヒトと最も近縁の種であるチンパンジーの最大の差は、前頭葉のサイズでも歯の並びでもなく、指の関節の柔軟性でもない。それは生殖器なのだ。チンパンジーのペニスには亀頭も包皮もなく、一本の骨（陰茎骨という）が芯の役割を果たし、表面は何百という小さな棘《とげ》で覆われている。それと比べたらヒトのペニスは凡庸な肉の棒だ。[4]ぼってりとして丸みを帯び、骨はなく、（幸いにも）棘もない。

体の各パーツのなかでは生殖器が最も急速に進化する。つまりなんらかの強力な選択圧のもとにあるということだ。それなのに何世紀ものあいだ、生殖器の研究は科学的探究にふさわしいものとされてこなかった。下半身など分類学者が思い立って動物の体の目録を作ったときに部分的に含まれていればよく、そもそもなぜ多様な形態が生まれたのか、誰も進化という観点から深追いしようとはしなかったのだ。

責任の一端はダーウィンにある。『人間の由来』において、彼は性淘汰の豊かな創造性も生殖器には及ばなかったとした。性的な器官は第一次性徴、すなわち生存に必須なものであり、そのため自然淘汰の実利的な導きのもとだけにあるとしたのだ。性淘汰は第二次性徴、つまり派手な尾羽や大きすぎる枝角といった不必要な飾りものにだけ作用するとした。性的二形は雄どうしの競争または雌の選択にしかかかわっていないとされた。

結果としてダーウィンの性淘汰説についての著書のなかで、外陰部に光があたることはなかった。それは校正を行なった娘ヘンリエッタにも喜ばれたことだろう。ペニスのような見かけをしたキノコに強く反発し、品のない記述を目にしたら迷わず赤ペンを振るったのだから。後年このヴィクトリア朝の女家長は、英国の田舎から淫らな形をしたスッポンタケ（*Phallus impudicus*）を一掃する運動を率いたという。そんなものを見たら女性の精神に影響が出るかもしれないという理由だった。品行方正な社会にとって、動物の生殖器の生々しい解説などあってはならなかった。

ダーウィンとその一派にしたら、進化の研究というとき生殖器は完全に蚊帳の外の存在だった。残念なことで、なぜなら性的な道具立ての驚くべき諸相は「適者生存」というお題目を超えて、大いなる力の複雑な仕組みを解き明かしてくれるからだ。進化を後押しし、ダーウィンが『人間の由来』のなかであれほどこだわった奇妙な形態を作り出すよう仕向けたあの力だ。

救いは百年ののち、ブラシのような見かけの極小のペニスという形で訪れた。時は一九七九年、ブラウン大学の昆虫学者ジョナサン・ワーゲがひっそりと一本の論文を発表した。イトトンボのペニスには精子を届けるのではなく掻き出す能力がある、という鋭い洞察だ。ワーゲはペニスの先端に生えた硬い逆向きの毛の列によって、雄が雌の生殖管をすっきり掃除し[6]、自分のものと競合するかもしれないライバルの雄の精子の痕跡を排除してしまえると説明した。*

この小さな多機能型ペニスは革命を起こした。ダーウィンは、いったん雌と交尾してしまえば雄の競争は終わると考えていた。ところがワーゲの発見により、雄が交尾相手を「ものにした」あとも精子の競争は延々と続いているのがわかった。こうして生殖器が性淘汰の表舞台に登場し、より詳しい観察に値するとされるようになった。突如、皆がこぞってペニスの多様性を追究するようになり、それは「進化生物学の最大の謎のひとつ」[9]になった。

こうしてこのペニスの先端に負けない創造的な仮説を探し出す「ゴールドラッシュ」が起きた。いわく、雄のペニスは雌の「錠前」に対する「鍵」であり、異なる種どうしを分けるために進化したのであ

＊ 精子の除去はヒトのペニスの形成に寄与したとも考えられている。亀頭の形は子宮頸部からそれ以前の精子をスラスト運動で除去するためといえそうだ。ヒトのペニスは「精子除去ツール」ということだが、それを証明するかのように大学生が二件の実験を行なっており、しばらく会う機会がなかったり女性に浮気疑惑が生じていたりする場合、性交は「より深くまで、猛然とスラスト運動が行なわれた[7]」。

って、それゆえ種の混合は不可能になった。または雌にぴたりとくっついてセックスを長引かせ、精子の受精の可能性を高め、ほかの雄を退けるためだった。ペニスの複雑さは持ち主の健康状態（大きいほうが好ましい）、または寄生虫の数を示した。ペニスは自家製の生身のマッサージ器で、卵子を排出するよう雌を刺激するものだという説もあった。精子競争、雌の選択、性的対立のうちどの選択圧がもっぱらこうした創造性の横溢を導いたのか、研究者たちは熱のこもった議論を戦わせた。[8]

## 失われた膣を求めて

生殖器探求の黄金時代にはひとつ欠けているものがあった。科学はペニスの多様性をめぐる文献を活発に生み出し、一部は百年前にさかのぼる細密なスケッチと長々しい解説をもたらした。だが雌のそうした器官になると、ほぼ何もなかったのだ。ところが生殖器研究におけるその大きな穴は、ほとんど問題にされなかった。雌の生殖器は射出された精子を受け止める単純な管で、持ち主とよく似て受け身で変化に乏しく、進化に影響を及ぼすようなものではないというのがおおかたの見かただったのだ。

「雌はだいたい変化に欠け、興味を惹くような事象は何も起きていないという先入観がありました」と、パトリシア・ブレナン博士は語る。

それ以外の証拠もあがらず、このデータの不均衡は自己実現的予言となった。雌の生殖器はどれもおなじ、だってそうではないと示す情報がないではないか。

ただしそれもブレナンが生殖器の検証に参入し、「膣についてはどうなの？」と問いを発するまでだった。彼女の学問的使命はスラスト運動の多様性を受け止める雌の器官を観察し、その知識をもって進化の最大の謎を解き明かすことだった。イェール大学でのポスドク時代に師事した著名な進化鳥類学者リチャード・O・プラムに「科学界のじゃじゃ馬」[10]と称されたブレナンは、科学における思考法を一新し、雌を「受け身の犠牲者」から「進化の道すじに積極的に介入する」存在に変えた。

ブレナンは現在マサチューセッツ大学の進化生物学准教授で、実験室は女性の教育機関として国内でも屈指のマウント・ホリヨーク大学にある。ちょうど休み時間で、大勢の若い女性たちがこの国では年代ものとされる美しい赤レンガの建物のあいだを忙しく行き来していた。ブレナンはわたしが雨に濡れないように、駐車場で巨大な傘を抱え、潑溂とした笑みを浮かべて待ってくれていた。コロンビア出身の小柄な女性で、口調や気さくな振る舞いには首都ボゴタで暮らしていたころのなごりがあった。実験室の外にずらりと並んだハロウィーンのかぼちゃが、お茶目なユーモアのセンスを感じさせる。ほかの学生たちがあてっこできるように、学生たちには顔ではなくさまざまな動物の膣を彫らせていたのだ。

野菜を雌の生殖器の形に加工するのは、ブレナンにとって膣の意味合いを一新するためのひとつの方法にすぎない。それを隠し、沈黙のうちに閉じこめ、恥ずかしいものとさえする力から雌のその部分を解放し、正当な科学的注目の的にするのだ。ブレナンは「膣」とためらわずいい、セックスに対する漠然とした抵抗感がデータの不均衡の一因だという。もちろんブレナンに抵抗感はない。

「科学界では誰しもバイアスを抱えています。けれどわたしは女性で膣があるから、膣がどんな姿をしているか考えたいのです」と、ブレナンは彼女らしい率直さで語ってくれた。

多くの先人の例に漏れず、ブレナンが生殖器に興味をもつきっかけは雄だった。二〇〇〇年代初頭、コスタリカの熱帯雨林で博士論文のためにシギダチョウの野外観察を行なっていたという。シギダチョウは古くからいる密林の鳥で、巨大な灰色のニワトリを思わせ、頭は小さい。ブレナンは引っ込み思案で知られるこの生きものの「現場」に遭遇し、暴力的な交尾にショックを受けた。雄が無理やり雌にのしかかっているように見えたのだ。二羽が離れると、雄の尻からはワインオープナーのようなものがぶら下がっていた。最初は寄生虫ではないかと思った。だが雄がくねくねした「虫」を体内に収納するのを見て、ペニスかもしれないと悟った。

「鳥にペニスがあるなんて思いもしませんでした」

当時コーネル大学で若き鳥類学者として一歩を踏み出していたブレナンが無知だったわけではない。ほとんどの鳥にはペニスがないのだ。第3章に登場した鳴禽類からもわかるように、鳥類の交尾はおおむね総排泄腔《クロアカ》と呼ばれる多機能かつ雄雌共通の穴を使って行なわれる。雄と雌は総排泄腔を裏返し、短いあいだ触れ合わせる「総排泄腔のキス」という行為に及ぶ。ロマンティックと感じるかどうかは人によるだろう。

「総排泄腔のキス」は、より一般的な挿入という手段に比べていささか原始的なようだが、鳥類においてはむしろ最近発達した方法だ。交尾のときだけ広がる総排泄腔の入り口に秘密のペニスを備え、流行に抗っている鳥類の仲間は、実は全体の三パーセントにすぎない。会員限定の「空のペニスクラブ」に所属するのはシギダチョウのほかエミュー、ダチョウ、アヒル、ガン、ハクチョウだ。これらに共通するのは古い鳥類の系譜を汲んでいる点だ。鳥の祖先である恐竜はこれと似たような挿入という手段を使っていたと考えられるが、*約六千六百〜七千万年前、世界の鳥類の九十五パーセント超を占める新鳥類はなんらかの理由でペニスをなくしたのだ。

これは何かの間違いのようにしか見えないが、進化にはそれなりの動機があるはずだ。一部に衛生上の理由だったという説がある。総排泄腔をすり合わせるのは、性感染症を避けるための最良の手段とはいえないからだ。(ただし爬虫類の多くは自身のペニス/総排泄腔で問題なくやってのける)。ペニスの喪失は飛翔のために体重を減らす手段だったという説もある。(だがコウモリは体の大きさに比して異様に大きいペニスをぶら下げたまま平気で飛び回っている)。

ブレナンは既存の説に納得できず、なぜ進化の過程で鳥はペニスを失うことになったのか、自身で調べてみることにした。そこで引っ込み思案かつ希少な野生のシギダチョウから家畜のカモに鞍替えし、医療用メスを手にした。

「初めて雄のカモを解剖して間近でペニスを見たときは、あまりにも巨大で変てこだったので腰を抜かしそうになりました」大げさにいっているわけではない。カモのペニスは脊椎動物において、体長に比して最も長いもののひとつなのだ。ギネス世界記録の持ち主は小さなコバシオタテガモ(*Oxyura vittata*)で、完全に勃起すると四十二・五センチメートルになる。小作りな体より十センチメートルも長い。また反時計回り[11]のらせん状になっていて、細かい棘で覆われている。

＊二〇一八年のTetZooの会合でわたしは化石化した古代の鳥の専門家アルバート・チェンに、恐竜のペニスはどんなだったのか訊いてみた。チェンは目を大きく見開いてひとこと答えた。「おっかないですよ」好奇心(そして勇気)のある方はダチョウのペニスの画像をグーグル検索してみてほしい。チェンの反応の理由がわかるだろうし、ティラノザウルスが最も恐ろしいのは歯ではなかったかもしれないと気づくだろう。

奇妙なのはそれだけではない。カモのペニスはシカの枝角とおなじく季節ものなのだ。一年の大半、ペニスは十分の一に縮んでいて、繁殖期にかぎって伸びる。一部の種ではいささか異様に見えるほどだ。使っていないとき、ペニスは裏返した靴下のように総排泄腔の入り口にひっそりしまわれている。いざ挿入というとき雄はイチモツにリンパ液を注入、するとペニスは時速百二十キロほどで総排泄腔から噴出し[12]、腱でできたパーティ用の「吹き戻し」さながら〇・三秒で完全に伸長するのだ。

こんな派手派手しい付属物が偶然のうちに進化するわけがない。一般的には、この過剰な仕掛けは雄どうしの精子競争の結果[13]だとされている。カモの大半の種では雌雄の割合が雄に偏っているので、雌にとっては選び放題、雄の競争は熾烈ということになる。結果としてカモの交尾はふたつの形をとる。細やかでロマンティック、またはショッキングなほど暴力的だ。雄は雌の選択に合わせて造形した、凝りに凝った装飾的な羽根やファンキーな音といったケレン味たっぷりの小道具を使い、雌に求愛する。これらの小道具の展示は繁殖期の何か月も前から始まっていることがあり、雌には雛の父親を選ぶ時間が十分にある。ひとたび相手を定めると、雌は特徴的な誘惑のしるしとして尾を高く上げ、意中の雄を交尾に誘う。

いっぽう相手を見つけそこねた雄は、より日のあたらない道を歩んで父親を目指すことになる。「強制交尾」と呼ばれる手段に出るのだ[*]。多くのカモの種において、独り身の雄は徒党を組んで襲いかかり、なすすべのない雌を集団で犯す。わたしは前に地元の公園を訪れたとき、雌のマガモが五羽の雄に襲われている光景を見てショックを受けた。必死で逃げようとする雌を雄たちは追いかけ、首を押さえて引きずり倒した。羽根が飛び散るなか、雄たちは順繰りにのしかかって交尾した。雌はそのあいだじゅうずっと金切り声を上げ、果敢にも抵抗しようともがいていた。恐ろしい光景で、雌がよく負傷するのも無理はない。暴力的な状況で加害者に抗ううちに、致命傷を負うことさえあるのだ。

マガモの場合、交尾の約四十パーセントは強引に行なわれる。こういった競争の激しい環境では、ペニスが長いほど精子を卵子の近くまで到達させる可能性が高まり、勝者になる確率が増すというのが通説だ。つまりこの場合の交尾をめぐる闘いにおいては、雌のアヒルは虐げられた弱者だ。「武器」で攻撃された被害者というだけでなく、より重大な点として性的な自由を奪われているのだ。雌のカモはどの雄が貴重な卵子を受精させるか選ぶことができず、それは進化において究極の打撃だ。

雌のマガモだけが交尾を強いられるわけではない。動物界の至るところで、雄たちは雌の意思にかかわらず交尾を達成して父親となるための手練手管を身につけている。アメンボ科の昆虫には鉤爪があり、雌にしがみついて交尾から逃げられないようにする。ブチイモリ（*Notophthalmus viridescens*）の雄はこっそりホルモン性の分泌物を求愛中の雌の皮膚にこすりつけ、媚薬として使う。トコジラミともなると「外傷性受精」と呼ばれる行為に及ぶ。要するに雄のペニスは皮下注射針のようなもので、雌の腹部にぶすりと突き刺し、体内に直接精子を送り込んでしまうのだ。

＊一九七〇年代以降、ほとんどの生物学者は動物間での性行為の強要を「レイプ」ではなく「強制交尾」と表現している。ヒトにおけるレイプはより込み入った現象で、複雑な心理、社会、文化的要素がからんでおり、カモやトコジラミとは比較できないという理由だ。この点は非常に重要な区別だ。ヒトのレイプはダーウィニズムに従った生物由来のものだ[14]とするひと握りの男性の進化心理学者の主張を逃れている。そのような言い分は各方面からの批判に遭った。性淘汰のおかげでヒトの雄は全員レイピストを内に秘めていると示唆することの危険により、動物について述べるときはヒトの用語を厳密に避けることが必須になっている。[15]

マガモはこの「弱者としての雌」というありがたくない連盟の一員で、進化の神は彼女たちに損な手札を与えて平然としているように見える。だがブレナンは異なる物語を見つけた。

「初めて雌のカモを解剖したときは、椅子から落ちそうになりました」。教科書によると雌の膣は単純な管以上のものではないのだが、実は雄に負けず劣らず入り組んでいるのがわかったという。長さがあり、盲管が数多く見られただけでなく、時計回りにらせん状になっているのだ。雄のペニスとは向きが反対だ。

「目を疑いました。この雌はどこかおかしいのかもしれないと思ったくらいです。もしかしたら病気で、変な生殖管になってしまったのかも」。そこで二羽目を解剖すると、まったくおなじものが見つかった。「見間違えようのない構造で、盲管やらせんには十分な大きさがありました」。雄とおなじように、雌の複雑な仕組みは季節ものだった。だからこそ教科書に唯一載っていたカモの膣の記述は、退屈な管ということになっていたのだろう。雌が解剖されたのは繁殖期以外だったのだ。

ほかにも発見はあった。先行する研究からカモの交尾の三分の一以上は強制であることがわかっていたが、そうした力ずくの交尾から生まれる雛は二〜五パーセントにすぎないのだ。ブレナンはピンときたという。雄と反対向きに渦を巻く管や不可解な袋小路の数々は、ペニスの進行を妨害し、強引な雄たちによる受精を防ぐために進化したのではないだろうか。いわば自家製のペニス・ブロッカーだ。いっぽう雄のペニスは雌の体内で行なわれる障害物競走への進化上の答えとして長くなったのかもしれない。雄と雌の武装競争[16]は何千年にもわたり、生殖器ごとに繰り広げられているのだ。

ブレナンは自説を検証してみることにした。アラスカにわたって、夏の繁殖期に十六種の水鳥を捕獲した。すると最もペニスが長い種の場合、たしかに雌の管はより曲がりくねった障害物競走になってい て、強制交尾も絶えなかった。ハクチョウやカナダガンのような単婚かつ縄張り意識の強い種の場合、雄のペニスははるかに控えめで、雌の生殖器も呼応するように単純だった。[17] 明らかに雌と雄の生殖器は、対立しながら共進化してきたのだろう。

「やがてわたしは解剖するまでもなく、生殖器がどんな形状をしているか予測できるようになりました。かっこいいでしょう」

じゃじゃ馬ブレナンは、ペニスの侵入を阻止するための雌の生殖管についてより詳しい証拠がほしかった。いくらか努力は要したものの、地元のカモ農家が仮説の検証に協力してくれることになった。その農場のカモたちは人工授精用に貯蔵しておくため、小さな瓶に射精するよう訓練されていたのだ。そんな特技のおかげで、雄のペニスが突入してきたとき雌の入り組んだ生殖器は実際どの程度の妨害工作ができているのか、確かめることができた。

ブレナンは雌のカモの人工の生殖器を袋いっぱい抱えて農場を訪れた。単純な管から実際のカモを模した複雑ならせん状のものまであり、一部はシリコン製、一部はガラス製だった。雄のカモは雌との交尾を許されたが、最後の最後にブレナンが雌と偽物の膣をすり替えた。シリコン製の型は雄のペニスの勢いに耐えられず、砕け散った。だがガラス製の膣は圧力に耐えて、たしかにブレナンの仮説を裏づけた。すなわち雌の生殖管の時計回りのらせんは、直線の管に比べてペニスの膨張を大きく遅らせるか、場合によっては止めてしまうのだ。らせん状の型を使った場合、カモのペニスは八割において完全な勃起に至らず、みっともない姿を見せることも多かった。ヘアピンカーブで詰まってしまうか、膣の入り口に向かって逆向きに広がってしまったりもした。

ブレナンの仮説では、雌はペニスを卵管の奥まで受け入れることで、どの雄が卵子を受精させるか実は選択できている。強制ではない状況では、雄のカモは交尾前のダンスで雌を誘う。雌はその気になると、水面にうつぶせになって尾を上げるという受容の体勢をとる。

「雌は総排泄腔で『ウィンク』します。『あなたのものにして』という万国共通のサインです」と、ブレナンはいう。雌のカモは卵を産むとき、かなりの大きさの物体を通過させることになる。すなわち膣の内腔を広げてサイズを調節する能力があるのだ。

「強制交尾の際起きていることは予測がつきます。雌は受け入れの体勢にないので、総排泄腔でサインを送らず、生殖管もやたらと入り組んだ状態にあるのでしょう」。いっぽう受け入れる気がある場合は膣の内腔を開き、無理強いされたときと違って相手が生殖管の奥のほうまで到達できるようにする。交尾の相手は選べなくても、誰が卵子を受精させるかはコントロールできるのだ。もちろん、それこそが最も大事な点だ。

「雌のカモが交尾をしているところを見ると、ただぞっとさせられます。強制交尾はひどく醜悪で、雌はあまりにも無力にみえます。体は小さいし、雄たちを撃退できないし。ところが連中を追い払う別のもっとひそやかな方法があって、それについては雄にはどうしようもないのです。たとえ雌にのしかかっても父親になれる可能性は低く、選ばれた相手こそ父親になるのです。決定権を握るのは雌です。たいしたものでしょう」

ブレナンはカモの雄雌の戦いの文脈を書き換えて、雌を新たな勝者とした。その研究が示しているのは、見かけに騙されてはいけないということだ。カモの生殖器の隠された構造は、一見した行動とはまるで違う物語を明かしてくれる。雌のカモは受け身の被害者ではなく、自身と雄の進化を司る能動的な主体なのだ。

このような対立による共進化はもちろん雄と雌のやりとり（またはいさかい）から生まれるもので、遠大な時間をかけて展開される。そしてそれを理解する唯一の方法は、双方の物語に注意を向けることだ。

「科学はたくさんの思いがけない答えを秘めています。問いかけなければ見つかることはありません」と、ブレナンはいう。「カモの件に目を留め、正しい問いを発するには女性が必要だったのでしょう」

ある時代以降の鳥にペニスがないという謎についても、ブレナンの女性としての視点は飛翔のために体重を減らす、性感染症を避けるといった従来の男根中心的な仮説とは異なるものを見出している。すなわち新鳥類がペニスを欠くようになったのは、雌の選択の結果ではないだろうか。雌が強制的にコトに及ばず、ペニスも小さい雄を選ぶので、数百万年に及ぶこの選択の段階におけるバイアスによってペニスは消滅するに至ったのだ。[18] ペニスなしの手法は雄にとって明らかにやりにくい。雌の了解なしに受精を遂げるのが不可能になるからだ。[19] たとえ雌を組み敷いたとしても、精子を送り込むのは無理難題だ。つまり負傷するかもしれない争いのリスク抜きで、雌が卵子の支配権を維持できるのだ。

このようにして雌が新たに力を得たことで、雄の鳥の行動にはさらに重大な変化が起きている。多くの新鳥類の種は単婚で、子育てについては雄も作業を分担するのだ。おそらく雌の性的な自己決定が拡大したことで、子育てをめぐる雄との性的対立にも拍車がかかったのだろう。巣まわりの仕事をする雄が選ばれることで、雄の側によりよいケアを提供するための競争が起きたというわけだ。[20] 世話をする側が二馬力になることで、雛《ひな》はより早く孵化し、雌はより産卵周期が頻繁になって個数も増える。ペニスのない新鳥類が、あらゆる系列の鳥類で最も繁栄しているのは、進化の面でこうして有利になっているからだ。

## 斜めから見る進化

カモという大きなブレイクスルー以来、ブレナンの実験室には見すごされてきたほかの何十種という動物の雌の生殖器を詳しく調べたいという学生が集まった。「カモは『ゲートウェイ・ドラッグ』（訳注：より危険な薬物への入り口となり得る薬物）でしたが、まだ研究すべきことはたくさんあるのです」

そのとおりだ。二〇一四年、進化生物学者にしてジェンダー研究者のマリン・アー＝キングが、過去二十五年にさかのぼる生殖器の研究についての学術的な文献を調べ、四十九パーセントがまだ雄の局部のみ取り上げていると指摘した。いっぽうで雌のみに注目したのは八パーセントだ。双方が研究に値するとしたのは全体の半分以下だった。このバイアスは書き手の性別とは関係がなかった。女性もまた、男性とおなじくらいペニスを意識していたのだ。そんな状況は改善されるどころか、二〇〇〇年以降実のところ悪化しているようだ。

アー＝キングは支配的な雄と画一的な雌という古色蒼然たる視点が、そうではないと示すブレナンのような研究と裏腹に、フィールドに影を落とし続けていたと結論する。「あまりにも多くの場合、雌は多様性を欠いた『容器』で、いわゆる掻き出しや突きといった行為が起きる場所のみとしてとらえられている」[21]

たとえばハサミムシ科のキアシハサミムシ（*Euborellia plebeja*）。乱婚の雌に、雄は特注の生殖器をもって対抗する。横枝と呼ばれる二本のペニスだが、雌には生殖器の開口部がひとつしかない。二本目の横枝は一本目が折れた場合のスペアなのだ。いささか用心深すぎるような気もするが、生殖器の喪失は扱いづらさという性質上ハサミムシにとってよくあることらしい。[22]二〇〇五年、ハサミムシの交尾の世界的権威である上村佳孝博士が、雄の横枝が飛び抜けて長く、体長に優るとも劣らずだと気づいた。そして先端はブラシ状になっている。先ほど登場したイトトンボとよく似て、雄は長い横枝を煙突掃除人のブラシのように使って[23]競争相手の精子を一掃し、やおら自分のものを送り込むのだろうと上村は推測した。

およそ十年後、上村は雌の貯精嚢（多くの昆虫に見られる精子を貯めておく器官）を観察する機会に恵まれ、だいぶ異なる物語を発見した。雌のハサミムシには精子を貯めておく器官があり、それは雄の横枝さえ上回る長さなのだ。つまり雄は心ゆくまで掃除したとしても、競争相手の精子のごく一部しか除去できない。誰が父親となるかは雌が決める。「かくして雌は雄を出し抜いているようだ」[24]と、上村はのちに認めている。観察する機会さえあれば、イトトンボも同様とわかるかもしれない。

この種の見えづらい交尾後の受精をめぐる力関係は「隠れた雌の選択」といって、世界随一の生殖器オタク、スミソニアン熱帯研究所のウィリアム・エバーハードを大いに喜ばせた。メアリー・ジェーン・ウェスト＝エバーハード（フェミニストにしてダーウィン信奉者で、わたしはサラ・ブラファー・ハーディの農場で顔を合わせている）の夫でもあるエバーハードは、自身の研究分野における「無意識のマチズモ」を強く批判した。すなわち生殖器研究を「雄中心の見方でよしとする[25]」ような姿勢で、なかでも精子競争は一般的に雄のみの競技とする考えだ。よくある描き方は、精子どうしがオリンピック選手のように「熱戦」を繰り広げるというものだ。栄冠の卵子を手にするのは最も強く、速い者だ。雌はこのコンテストになんの影響力もないと決めつけられてきた[26]。生殖管のなかで細胞バージョンの百メートル走が行なわれるあいだ、雌は粛々と自分の仕事をこなし、競争の結果に対してはなんの力ももたないというわけだ。

画期的な著書『雌のコントロール』（一九九六、未訳）においてエバーハードは、膣であれ、総排泄腔であれ、貯精嚢であれ、雌の生殖器は射精を受け止めるだけの無気力な器官に留まらないと指摘した。それは能動的な器官で、構造や生理、化学反応によって精子を貯蔵、分別、拒絶できるのだ。雌は気に入らない求婚者の精子を処分し、選ばれた精子を卵巣へと至る最速ルートに乗せ、あるいは地獄のような迷路で息絶えさせることもできる。エバーハードの視点では、ひとたび射精が起きたあとでは「試合のルールを決める[27]」のは雌なのだ。

エバーハードの著書は斬新だった。だが雌の性的な自己決定権を擁護する彼にしても[28]、膣はどちらかというと画一的で、ペニスは多様かつ種ごとに特徴があると述べている。雌のほうが多様性に欠けるという点ではブレナンも同意する。卵や赤ちゃんを産むといったその他の実際的な機能のため、解剖学的に制限が生じるからだ。だがそれでも、十分観察には値する。「エバーハードの本はすばらしいと思います。ですが雌の生殖器は研究に値しないという印象をもたらしてしまいました。雄こそすべての原動力だというのです」

ブレナンの野望は世界初となる動物の膣の物理的なカタログを作り、形と機能の分類学的な多様性を整理することだ。すでに作業は端緒についている。実験室には何十枚もの保存袋があり、なかには鮮やかな色のシリコンで作った多種多様な動物の生殖器が収められている。ラマ、ヘビ、ツノザメ、カモ、イルカ。特殊なアダルトショップのようだ。

「膣は多し、人生は短し」と、ブレナンは机に山と積まれた七色の生殖器に目をやりながらため息をついた。彼女が実験で扱うのは死んだ動物の器官だけなので、一見して対象はとりとめがないように見える。保存袋を開いて、濃い紫色のバンドウイルカの雌の膣をわたしてくれた。入り口に大きな球根状の空間があり、それが薄くよじれたひだの集まりになって、子宮頸部とつながる小さめの袋へとつながっている。

かつてイルカの生殖器内部のひだは、海水の害から子宮を守るために進化したと考えられていた。精子にとっても海水は致命傷になり得る。しかしブレナンは別の仮説を提唱した。次にわたされたのは別のクジラ目の生殖器で、今度はネズミイルカだ。バンドウイルカのものを引き伸ばしたように見えたが、ひだの代わりにらせん状のものがあった。

「実はそうなんです」と、ブレナン。「カモとの収斂進化（訳注：系統の違う生きものがおなじような形態へと進化すること）なんですよ。嘘みたいでしょう。わたしたちも自分の目が信じられませんでした。生殖器においては、イルカは実質的にカモなのです」

このことがたいへん興味深い話なのは、イルカにはもうひとつカモとの重要な共通点があるからだ。

すなわち強制交尾だ。
「イルカはセクハラの達人です」と、ブレナンはいう。かわいらしい外見に似つかわしくないイルカの性的に奔放な振る舞いは、「水中のボノボ」[29]という異名をとっている。ボノボは第8章で紹介する類人猿で、性的な行為を受精という目的だけでなく、さまざまな社会的状況で用いる。こうしたすべての性的な行為が同意のもと行なわれているのではない。雄のイルカの集団は交尾を求めて徒党を組み、雌に強引に迫る。[*]ブレナンら研究者たちは、イルカの入り組んだ膣がカモ同様、強制のともなう状況で父親選びの主導権を握るためのひそかな手段をもたらすと予想していた。

この仮説をイルカにおいて実証するのはさらに困難だった。だが創造性豊かなブレナンと共同研究者のダラ・オーバックは死んだクジラ目の生殖器を蘇らせ、実験室でコトに及ばせる天才的な方法を編み出した。いわば「フランケンシュタイン博士式セックス」で、圧力調整の行なわれたビール樽を使ってペニスに生理食塩水を注入し、勃起した状態を作ったうえで、膨張が失われないようホルムアルデヒドで固定するというものだった。次いでブレナンとオーバックは硬くなったペニスを膣に挿入し、縫いあわせてヨウ素に浸し、CTスキャンにかけた。こうすると組織越しに、隠されていたペニスと膣の構造があらわになった。

ヒトの膣はセックスの最中に形を変えるもので、すなわち固定された状態で交合のメカニズムを再現しようとするのは理想からほど遠い。だがブレナンいわく、バンドウイルカとネズミイルカのペニスがどのように雌の迷宮のような管に妨害されているか示すには十分だ。挿入に際しては非常にかぎられた角度を選ぶほかない。イルカは三次元の空間で交尾するのだから、雌には体勢を微調整する機会が十分にある。すると望まれぬ求婚者は袋小路に追いやられるのだ[31]。

カモ同様、ブレナンの仮説は雌のイルカの地位を書き換えた。雌たちは交尾をめぐる戦いにおいて、犠牲者から勝者に変貌したのだ。雌の生殖器の構造、生理面と行動を観察すればするほど、何世紀にもわたって前提とされてきた雄の優位は揺らいでいく。雌は雄のほうが屈強かつ数で優り、勢いがあるときでも、卵子の受精をコントロールするための独創性あふれる方法を進化させてきた。最近の研究では雄のトウヨウカダヤシがゴノポディウムと呼ばれる長い交尾用の器官を手に入れて、雌に無理強いしようとすると、雌は加害者を出し抜くためにより大きな脳を備えることが知られている[32]。

「雌は解剖学的、行動学的、場合によっては化学的にコントロールしています。目立たない方法のときも、そうでないときもあります。そしてこれらの戦略は積み重なっていくのです。パラダイムシフトと呼べるかどうかはわかりませんが、生殖をめぐるこうしたやりとりが非常に複雑だという生物学的な事実の認識はたしかに広がっています。カモが複雑な生殖器をもっているから、精子を排除する化学的な方法をもたないと考える理由はありません。おそらくもっているのです」と、ブレナンは語る。

ブレナンはバンドウイルカの交尾について、さらなる朗報を見出した。おそらく雌は快楽を感じてもいるのだ。

＊イルカの性的な攻撃性は対イルカのみに生じるわけではない。ほかの罪のない種が標的になったという報告は後を絶たず、特に際立つのはヒトだ。『ジョーズ』を彷彿とさせる状況だが、フランスのブレスト湾近郊の海辺の村の村長は、八月のハイシーズンに海水浴を禁止せざるを得なかった。ザファールという名の欲求不満のイルカが、観光客につぎつぎと性的ないやがらせ[30]を行なったからだ。

「イルカのクリトリスを見てみますか」と、ブレナンはうれしそうに訊いてきた。わたしがイエスと答える前に実験室の埃をかぶった長椅子の下にもぐり、見たこともないほど巨大なタッパーの蓋を開けた。タッパーは薬液に浸かった外陰部で満杯だった。ブレナンが両腕をホルマリンのスープに突っ込み、巨大な肉塊をとりだすと、甘ったるいアルコール臭がわたしの鼻孔を打った。肉塊は真んなかにくぼみがあり、大きすぎるハンバーガーのバンズさながらだ。大きくてつるつる滑り、ブレナンがゴム手袋をはめた手で「バンズ」をこじ開けてなかに隠されたイルカのクリトリスの外見をさらそうとするたびに、手から逃れようとした。やっと成功すると、わたしはショックを受けた。イルカのクリトリスはぎくりとするほど見覚えのある、皮をかぶったような外見をしていたのだ。大きささえ違わなければ、ヒトのものといえたかもしれない。

第3章で確認したとおり、クリトリスは性的な快楽のために発達した器官で、哺乳類のなかで形はまちまちだ。つまり進化の力が強く作用しているということだ。だがペニスに比べると、その形態や生態の研究はおよそ進んでいない。それを変えようとしているのがブレナンだ。料理用のミートスライサーを使って[33]実験室で作ったという切片を見せてくれた。するとイルカのクリトリス内部の組織がかなりの部分、理解できた。「海綿性の組織がふんだんにあります。なんらかの機能があるのでしょう」

## ひと皮剝けると……

その機能の測定は、山のような誤情報と文化的な枷《かせ》に邪魔をされている。クリトリスは膣よりも研究が進んでいない唯一の器官かもしれない。解剖図の歴史に登場したのは十六世紀半ば、やや意外なことにイタリア人のカトリック司祭ガブリエレ・ファロッピオ（一五二三〜六二）によって「発見」されたのだった。*ところがファロッピオの発見について聞いた偉大な物理学者にして近代の人体解剖学の父ヴェサリウスは、それを一笑に付してしまった。この「新しく無意味な部分[34]」は「健全な」女性には存在せず、両性具有者のみが備えるとしたのだ。[35]

この不面目な誤解が、続く四百五十年の基調となってしまった。その間クリトリスは周期的に忘れられ、はたまた再発見されたかと思うと、医学界の男性中心的な思想によって否定された。ドイツ人解剖学者コーベルトが十九世紀半ばに複雑な内部の図を描き、この器官の全体像を精密に表したにもかかわらず、クリトリスは二十世紀末まで近代の解剖学の教科書ではだいたい「目につきづらい」存在なのだった。多くの医学書においてクリトリスは一九〇〇年代前半には存在し、世紀の半ばには消し去られた。そこには明らかに意図が感じられる。女性の性的な快感を否定するための無意識な方法だったのかもしれない。『人体の解剖学』（通称「グレイの解剖学」）も、女性器の図からクリトリスという名称を削って

＊ファロッピオは当時を代表する解剖学者のひとりで、女性の生殖器官について思いがけず調査を行なった[38]人物でもあった。卵巣から子宮へと向かう管を初めて的確に描写している（「子宮のトランペット[39]」と彼は呼んだ）。のちにその名にちなんでファローピウス管（卵管）とされるが、彼自身はその機能を把握できなかった。ファロッピオは「ヴァギナ（膣）」という言葉を生み出し、ペニスは性交の最中に卵管に到達するという広く信じられていた説を否定した。最も皮肉だったのはカトリックの牧師だった彼が、梅毒への対策として世界初のコンドームを開発したことだ。塩とハーブ（場合によってはミルク）を溶かした水に小さな麻布のサックを浸し、亀頭にかぶせた。湿った避妊具は「女性に受けるよう[40]」ピンクのリボンでしっかり留めた。

しまった多くの書物の一冊だ。[36]ほかの教科書もクリトリスの大きさや神経供給の程度を過小に見積もって記すか、外側の包皮について不承不承述べる程度だった。その形は短く「ペニスの小型版」[37]とだけ説明された。

一九九八年になってようやく、オーストラリアの気鋭の泌尿器の専門家ヘレン・オコンネルがヒトのクリトリスの構造を詳しく解説した書籍[41]を出版し、医学系のテキストに正確な記述を載せるよう声高な運動を始めた。そのほかの動物界ではさらに遅れをとっている。クリトリスの豊かな多様性を思うと残念なことだ。アメリカグマは陰核骨をもち、ワオキツネザルに至っては棘があるのだ。いっぽう海綿体の構造と機能についてはほぼ未解明だ。「ヒト、ラット、マウスを除けば、クリトリスの形状はろくに知られていません。けれど脊椎動物は必ずそれを備えているのです」と、ブレナンはいう。

形とおなじく、位置もまた多様だ。第8章で紹介するように、ヒトと最も近い類人猿であるボノボの雌のクリトリスは、ほかの雌と互いに愛撫できるような位置についている。ヒトの場合クリトリスは膣の周縁についているが、大半の哺乳類においては膣の入り口の内側にあることを考えるとそれはいささか納得いかない。そこにあったらセックスの最中、ペニスで容易に刺激が得られるではないか。

実はそれがバンドウイルカだ。ブレナンにいわせれば、生殖器における位置と大きな姿は明らかに性的な快感を意味している。そのような欲望と役割が動物の雌に存在するか否かというのはいまだに論争の種だが、理屈には合っている。食事と同様、セックスは生の根源だ。なぜ、気持ちよくてはいけないのだろう。

雌の生殖器の細胞レベルでの観察が、ようやく雌の快楽をめぐる議論に決着をつけ、そのことが雄の行動と生理的な進化を左右してきたことさえ明かしつつある。雌の昆虫でも、きちんとできたら交尾は楽しいのだ。キリギリス（*Metrioptera roeselii*）の場合、雄の生殖器の開口部からは一対のカーブした棒状の器官が覗いている。衣服のハンガーにちょっとだけ似ていて、長いことその機能は不明だった。実のところそれらは交尾の最中に雌を刺激するためのもので、のちに「把握器」と名づけられる。CTスキャンにより、雄は交尾の最中リズミカルに把握器を雌に挿入し、敏感な内側の部分を叩いていることがわかった。いわば交合に至るためのキリギリス式の前戯だ。実験として雄の把握器を短く切ったり[42]、雌の感覚を化学物質でブロックしたりすると、雌は雄の求めを拒んだ。

ブレナンは交尾中の雌と雄の「感覚における適合」に関心を抱いている。あいにくイルカの死骸は状態が悪くなりすぎ、組織としての必要な役割を果たしてくれなかった。だが哺乳類において雌の生殖器への刺激が、交尾に至るための求愛行動として作用している可能性はある。排卵を誘発するか、精子の旅を助けるのだ。そうした意味では快楽の程度もまた、卵子を受精させるか否か[43]、雌が無意識に決定するための方法なのかもしれない。

「セックスって気持ちのいいものでしょう。場合によっては、より快感が増します。それは雌の選択の証だと思います」と、ブレナンは語る。

デンマークのブタ農家はそのことを知り尽くしている。クリトリス、子宮頸部、胴体を先に刺激しておくと人工授精がより効果的になるのだ。そこで現実的なアプローチとして、特別な五段階のブタ刺激ルーティンを確立し、解説のために生々しい図版を添えている[44]。まず雌をこぶしで刺激するのが誘惑の第一歩だ。次いで腰のあたりをマッサージ、やおら背中にまたがって、雄がのしかかったような状況を作る。この誘惑の方程式を実行すると、冷たく硬いシリンジをずぶりと挿入するより六パーセントも赤ちゃんの数が増えるが、ブタ農家を志すのをためらうようになったという人もいるだろうか。

オリンピックの陸上選手というイメージとは裏腹に、精子には実際のところ自力で受精の場まで移動するエネルギーも、一定の方向に泳ぐスキルもない。手助けが必要なのだ。[45] 一部の霊長類では、精子が取り込まれる度合いは雌のオルガスムにともなう収縮とかかわりがあるとされている。絶頂に達しているとき、分泌されたオキシトシンは子宮と卵管を収縮させ、結果として精子を「吸い上げる」。こうして卵子への距離がぐっと近くなる。[46] 飼育下のニホンザル（*Macaca fuscata*）の研究では、[47] 雌は序列が上の社会的な力が大きな雄と交尾しているとき、よりオルガスムに達することが多かった。つまり雄の精子を取り込むことを選んでいるのだろう。

女性のオルガスムに関する近年の調査では、ヒトにおいても絶頂が受精を後押しするという結果が出ている。雌のオルガスムは、雄がその能力をもつことの副産物ではなく、デズモンド・モリスが提唱したように雄雌の絆を深める手段でもないという結論だ。エビデンスが示しているのは、ヒトにおけるオルガスムは卵子のために質の高い素材を選ぶ際のひそかな手段[48]の可能性が高いということだ。研究者たちの推測では、第3章に登場した「社会的に」一夫一婦のルリオーストラリアムシクイやクロズキンアメリカムシクイとおなじく、大昔のヒトの女性は生殖のための戦略を使い分けていた。すなわち保険としてのパートナーを選びつつ、排卵期にはこっそり群れを離れ、優秀な男性とオルガスムをともなうセックスをしていたのだ。交合の場で相手を選ぶ隠されたメカニズムにより、たとえ家族の重圧や望まぬ行為の強要のもとにあったとしても、女性は卵子の父親をある程度コントロールできたのだ。

## 優勝は……卵子！

雌の生殖管を研究すればするほど、雌が受精の支配権を握っているのは明らかで、「精子競争」を絶対視するくだらなさがわかってくる。

実のところ哺乳類の精子は、雌の介入がなければ生物的な機能をまっとうすることもできないのだ。すなわち「受精能獲得」として知られる活性化の期間がなければ、精子は卵子と一体化できない。精子の化学的な変化がかかわるそれを左右するのは雌で、おそらく子宮からの分泌物が関連している。だが、なんということだろう。研究が不足しているせいで、詳しいことはわからないのだ。残念ながら「五十年以上その存在を知られていながら、[49]受精能獲得のプロセスはきちんと定義されていない」

受精能獲得もまた雌の生殖管が、精子の「勝敗」を左右するのに一役買っている。だが雌がお眼鏡にかなった雄の精子を特別扱いしているにせよ、そうではない精子を排除しているにせよ、最新の研究では決定権を握っているのは結局のところ卵子そのものかもしれないとされる。

卵子は長いあいだ、雌の消極性の象徴のように扱われてきた。大きなサイズと動きのない性質は、小さくて機動性のある精子と比較すると、性的な格差の原点そのものに見える（第3章を参照）。受精についての教科書の記述は、生物学バージョンのおとぎ話だ。無力なお姫さまである卵子は、白馬に乗った勇ましい精子の王子が敵を退けながらやってきて、死のような眠りから覚ましてくれる[50]のをじっと待つというわけだ。

だが卵子には実のところ、「競争」の結果にかかわらずどの精子を受け入れるか選択する力があるというエビデンスは枚挙にいとまがない。未受精の卵子は化学誘引物質を放出することが知られていて、いわばパンくずを点々と落としながら、精子を正しい方向に導いているのだ。すべての精子がおなじ反応をするとはかぎらず、卵子には最有力の候補を選ぶ余地が生じる。たとえ一番乗りしたとしても、遺伝子的に不満の残る精子は排除できる。だが卵子は意中の相手にも手加減しない。ヒトの卵子の研究では半数以上のケースにおいて、卵子がパートナーではなくランダムな男性の精子を優先[51]したことがわかった。

この科学的回答は献身的な夫にとってはおもしろくないかもしれないが、ヒトの女性の卵子にかぎるなら、愛と生殖器をめぐる戦いは手段を選ばないのだ。

第 6 章

# ノーモア・マドンナ

## ——無私の母親、空想の動物たち

女性は、よりやさしくて自己犠牲的である点において、男性とは心的性質が異なるようだ[1]……女性は、母性本能のために、自分の子どもに対してこのような心情をふんだんに注ぎ、それゆえ、他人に対してもしばしば拡張してそれを示す。

チャールズ・ダーウィン『人間の由来』

わたしが母親という状態にいちばん近づいたのはペルーで野生のヨザルの赤ちゃんの面倒を見た、あの強烈な二十四時間だ。おかげで寝不足に陥り、不安にかられ、糞まみれになったが、それが当然なのだといい聞かされた。

母親という名の冒険に臨んだのはペルーの密林の奥深く、マヌー国立公園の一角に設けられた生物学研究拠点に一か月滞在したときだ。一日川を上り、あらゆる文明に背を向けてようやくたどり着くこの場所は道路もない巨大な自然の地で、おそらく地球で最も豊かな生物多様性を誇る。生きものの大半は科学界では知られていない。そんな場所をお菓子のお店にきた子どもたちのように数十人の動物学オタクが駆け回り、懸命に観察記録をつけ、少しでも理解を深めようとしているわけだ。

ロス・アミーゴス生物学研究拠点の基本的な方針は、「観察せよ、ただし自然に介入するな」。すなわち窮地に追い込まれた動物を救うのは、たとえ絶滅危惧種であってもタブーとされる。だがペルー人のフィールド・アシスタントのエメテリオは、深手を負ったヨザルの赤ちゃんのやるせない鳴き声を聞きつけ、数メートル先に両親の食い荒らされた無残な死骸を見つけたとき、非情なルールをいったん脇に置くことにした。

このうっそうとした密林の一角に生息する十数種の霊長類のうち、クロアタマヨザル（*Aotus nigriceps*）は最も謎めいた生きものの第一位に輝くだろう。ごく小さな霊長類でリスくらいの大きさしかなく、樹上高くに隠れて暮らす。さらに謎を深めているのは、その名前が示すとおり世界で唯一の夜行性のサルである点だ。家族で群れを作って暮らし、霊長類には珍しく単婚だ。つがいは一年に一匹だけ子をもうける。おとなの手のひらに乗るくらいのみっしりした毛の塊で、くりくりした目、胸が痛くなるほど愛くるしく、日本語の「カワイイ」という言葉がぴったりだ。

エメテリオが発見した赤ちゃんはどうやら天敵のタカにさらわれ、そののち落とされたようだ。研究拠点に連れてこられたときは虫の息だった。脱水症状がひどく、手足は力なく垂れ、脇腹が大きくえぐれていて、好機の到来とばかりにおぞましいウジがたかっている。わたしたちは全力で介抱にあたったが、正直なところ朝までもちこたえるとは思っていなかった。赤ちゃんはあまりにも小さく、華奢だった。霊長類学を専門にする同僚たちが水分を注射して脱水症状を和らげようとしていたが、注射器のサイズが弱った体をいっそう小さく見せていたのを覚えている。

それでも赤ちゃんは命の危機を脱し、一夜にして野外研究のチームはよるべない霊長類の赤ちゃんの代理親になった。まずは名前をつけなければ。ペルー式のスペイン語で「ヨザル」を意味する「ムスムキ」にちなんで「ムキ」だ。さて、これからどうなるのだろう。だが絶え間ない鳴き声を聞いているうちに、わたしたちは何がほしいのかおおよそ理解できるようになり、ムキはわたしたちの髪のなかを住みかにした。

ムキは髪の毛にしがみついているとき、いちばん落ち着いていた。トイレトレーニングはいばらの道となるのが予想された。昼間は誰かの頭の上ですやすや眠るので、前かがみになるまでお猿の赤ちゃんがそこにいるのをつい忘れてしまうのだった（気がつくとキーキー鳴きわめき、高確率でおしっこしている）。夜はまるで別人のようだった。充電完了とばかりに暴れ回るので、みんな交代で興奮全開のヨザルのベビーシッターを務めた。ムキが研究拠点にきて二週間ほどたったころ、わたしに夜の当番が回ってきた。次の日、こんな日記をつけている。

ムキがうなじの上、（長い）髪の下にうずくまったのでうつぶせで寝る羽目になった。夜中に四～五回、ミルクをほしがってこちらの顔に乗っかり、耳をいじくるので目が覚める。ミルクのあとは排尿排便をさせなくてはいけないけれど、わたしという名の寝台を離れさせるのはまず不可能だ。ムキは（ますます）乱れた髪のなかにもぐり込みたがるが、それは非常に困ったこと。全般的に大胆さを増している。一晩中こちらの体の上を動き回り、蚊帳のなかにばたばたと入りこむ。活動のピークはだいたい午前四時、めったやたらに耳を揉み、髪をいじり倒す。今朝のわたしは「ザ・キュアー」のロバート・スミス顔負けだ。

ダーウィンならば、わたしはこれらのことを自然に受け入れているべきだったというだろう。母性のスイッチが入り、本能のままに賢明で犠牲的精神に満ちた乳母に変身していたはずなのだ。けれど実際はといえば、この経験で相当ぼろぼろになった。不安、戸惑い、疲労。乱れて糞にまみれた髪の毛のことだけ考えても、あんなみじめな思いはもう繰り返したくなかった。当時は三十九歳で、子どもを産むべきかどうか悩んでいた。ムキとすごした一夜はただいたずらに、自分はいささか母親向きでない女性の長い系譜に連なっているのではないかという疑いを深めただけだった。母性本能というものが存在するなら、わたしには明らかにそれが欠如しているのだ。

## 母性本能という神話

雌の動物は昔から母親とイコールの存在とされてきた。それ以外の役割はあり得ないかのようだ。母親という言葉は感情をかきたてる――命を育み、みずからを犠牲にするのと同義語で、それゆえに誤解にまみれている。最も根本的なのはすべての女性が「生まれながらに」母親であるというもので、ほぼ神話の域の母性本能とひとくくりにされている。母性本能とはすなわち、母親が子どもの要求すべてに苦もなく応じられるというものだ。

そう考えることとの最も明らかな問題点は、幼き者たちの世話を女性だけが負うべき義務としているところだ。ヨザルのムキの場合、たしかに母親は数時間おきにお乳を与えていただろう。けれど授乳が終わるたびに母親は息子の足か尾を咬んで、ひどくドライに押しのけていたはずで[2]、主たる世話係は父親で、日常の九割がた息子を背負って移動するという重い任務をこなしていたはずだ。

ヨザルの雄のように育児にかかわるのは、たしかに哺乳類一般の例ではない(雄が直接ケアをするのは十種に一種だ)[3]。その理由としては、胎盤をもつ哺乳類の雌は子どもを育み、栄養を与える役割を身体的に担っているからで、子育てを回避するのはいささか難しい。雄の哺乳類にはだいたい乳首があるものの、数少ない例外を除いて――オオコウモリ二種、家畜のヒツジの一部、第二次世界大戦の元捕虜の男性たちの一部[*1]――雌だけがお乳を出す。多くの種にとって授乳の期間は妊娠よりはるかに長く、数か月または数年にわたって親としての義務に縛りつける（たとえばオランウータンは八～九年のあいだ授乳する）。この義務は昔から雌を不利にするものと考えられている。エネルギー面でのハンデが大きく、生きていくために必要な戦略をかぎられたものにしてしまうからだ。いっぽう哺乳類の雄は授精のあといつでも距離を置くことができ、複数の雌と交尾したり、ほかの雄と戦ったりすることにエネルギーを自由に使える。

哺乳類の雌が妊娠と授乳という生理的な負担から解放されると、雄がより熱心にかかわり始める。動物界全般がそうで、鳥類では両方の親による世話が大多数を占め、空飛ぶカップルの九十パーセントが仕事を分担している。進化の道すじをさかのぼると父親による世話はよりふつうであると同時に、必須でもあった。魚類においては種のおよそ三分の二においてシングルファザーがあらゆる世話を引き受け、母親はせいぜい卵子を提供するくらいでさっさと姿を消してしまう。タツノオトシゴの雄の場合、出産さえしてみせる。[*2]

両生類も似たり寄ったりで、シングルファザー、シングルマザー、両親による育児まで幅広いケアの戦略を見せてくれる。たとえばよくペルーの密林の大地をぴょこぴょこ跳ねていた、鮮やかな色の小さなドクガエル。これらヤドクガエル科の毒性の両生類は、驚くほど子煩悩だ。ときどき地面を跳ねている個体には、背中に小さなオタマジャクシの集団が動くリュックサックさながら乗っていた。不可思議な行動にも思えるが、実は生まれたばかりのオタマジャクシたちをおんぶして、安全な水辺に連れていこうとしているのだ。ドクガエルは葉っぱの山の上に卵を産むが、オタマジャクシは水棲なので、孵化したあとは木の幹の穴に溜まった水やブロメリアの葉のくぼみなどで変態する。こうした一時的な貸し切りプールは天敵がいなく、オタマジャクシが捕食されることなく成長の過程をまっとうできる安全な場所だ。そこでカエルは数時間、場合によっては数日、めまいがするほど高い密林の樹上をわたったりしながら、子どもたちにとって申し分のないプールを探して移動する。体長一インチほどなのだから、

＊1 偉大な進化生物学者ジョン・メイナード・スミスはかつて「雄が乳を分泌するところが目撃されていないのは妙なもの[4]だ」とした。これら授乳のできそうな男性たちは最大限に進化した「新人類」なのだろうか。トーマス・クンツとチャールズ・フランシスは一九九二年、マレーシアの熱帯雨林でコウモリの個体数を調査していたとき、乳の出る雄のダヤクフルーツコウモリ（*Dyacopterus spadecius*）を初めて発見した。フランシスが頭部をつかんでかすみ網から出すと、その個体には目立った大きな乳首があり、雌のように見えた。ところが驚いたことに下半身を調べると、完全に雄だった。結局ふたりが捕獲した十四の雄はすべて、押すと少量の乳を分泌した。ダヤクフルーツコウモリの場合、雄には乳を出すための正しい配管と生理的な能力があるが、乳の量は雌の十分の一くらいだった。雄が赤ちゃんの世話をする様子はなく、乳首は雌より「小さくて隆起の具合も浅く」、どうやら吸われている様子はなかった。こうした現象はその後パプアニューギニアのビスマルクオオコウモリ（*Pteropus capistratus*）でも観察されている。その理由はいまだ不明だが、おそらく進化上の利点ではなく餌のせいなのではないか。植物の多くには植物性[6]エストロゲンが含まれ、それが乳房組織を刺激している[5]可能性がある。近親交配の家畜のヒツジにもおなじ状況が考えられる。第二次世界大戦の捕虜も食事が原因だったのではないか。解放されて必要な栄養を与えられると、ホルモンのバランスが崩れて乳の分泌が始まった。肝硬変も同じような事態を引き起こす。

＊2 求愛ののちタツノオトシゴの雌は筒状の産卵[7]管を使って雄の育児嚢に卵を注ぎ、雄はすかさず受精させる。新しい調査によると、雄の生々しい育児嚢は子宮にそっくりだ。縦横に血管が張りめぐらされ、発達中の赤ちゃんにふさわしい塩分濃度が調節でき、酸素や栄養を供給し、不要なガスを排出できる。つまり雄のタツノオトシゴと雌の哺乳類は同じ妊娠にかかわる遺伝子を持っているといえそうだ。二十四日後、筋肉の収縮によっておよそ二千匹の赤ちゃんが排出される。数時間のうちに雄は別の雌によって「妊娠」させられ、一から繰り返すのだ。

並はずれた献身ぶりだ。

野生においてはこのプール探しの旅はおおむね雄の役割だが、ドクガエルのいくつかの種では雌または両親どちらも挑戦する。スタンフォード大学の生物学准教授ローレン・オコンネルは、近縁種におけるばらつきは育児にかかわる神経回路を検証するまたとない機会なので、雄雌どちらでもおなじなのか調べるチャンスだと考えた。

「カエルたちというとふつうまったく異なる脳をしているか、そもそも脳などあるのかと思いますよね」と、オコンネルはスカイプの画面越しにいった。「はい、あるのですよ。実のところカエルの脳はきわめて古く、つまりおなじ要素がすべての動物に見られるのです。脳の大小によって複雑さが異なるだけで、要素はおなじなのです」

アイゾメヤドクガエル（*Dendrobates tinctorius*）の場合、野生では雌がオタマジャクシをおんぶすることはけっしてなく、常に雄が引き受ける。ところが実験室でオコンネルが雄を排除してしまうと、多くの場合（いつもではないにしても）雌が代わりを務めるようになった。脳の内部を見てみると、おんぶという行動は視床下部の特定のニューロンが活性化するのとかかわりがあった。いわゆるガラニン発現ニューロンで、雄雌は問わない。

「子育て行動を制御する神経回路は雄も雌もおなじです」

つまりいっぽうの性だけが本能的に育児をするようプログラミングされているわけではなく、どちらかが実行しているだけなのだ。両方ともケアの本能を発揮する脳の構造を備えている[8]。この点は特別な「母性」本能という考え方にとっては打撃だろう。少なくともカエルに関しては、それはあてはまらないようだ。では哺乳類はどうなのか。ライオンの場合、育児はおおむね雌が担い、雄はどうやら子育てに関心が薄いといわざるを得ない。

ネズミの世界でもバージンの雄は攻撃的で子殺しを行なう傾向があり、よく生まれたばかりの赤ちゃんを傷つけたり殺したりする。最近、ハーバード大学で分子および細胞生物学の研究にあたるキャサリン・デュラック教授らが画期的な発見をした。これら殺し屋の雄のネズミは、まさしく視床下部のガラニンを刺激すると子煩悩な父親に変身するのだ。[9]

「子育てのスイッチのようなものです」と、デュラックはＺｏｏｍの画面越しに語った。

最新の光遺伝学の技術を使うと、今にも赤ちゃんを殺しそうなバージンの雄のガラニンを活性化できた。変化はたちどころに起きた。雄たちは巣を作り始め、そっと赤ちゃんたちを置き、グルーミングしてから守るように寄り添った。

「雄のネズミたちは『母性的』でした。母親とそっくりおなじ方法で子どもたちの世話をしていて、唯一の違いは授乳できなかったことです。おみごとでした」

デュラックはニューロンに二種類のグループがあると気づいた。ひとつは子育て行動を後押しするもの（ガラニン）、もうひとつは子殺しを誘発するもので（ウロコルチン）、両者は直接的に影響しあう。片方が刺激されるともう片方が抑制されるため、ふたつの行動が同時に発生することはないのだ。子育てに取り組みつつ、子殺しに及ぶ動物はいない。

この神経回路は雄も雌もおなじだ。デュラックがおなじ技術を用いて雌のネズミのウロコルチンを刺激すると、雌は子育てから一転して攻撃を始めた。

「ただ驚かされます。ひとつのボタンを押すと子育て行動、もうひとつのボタンを押すと子殺しなのです」

デュラックは「親」としての根源的な本能を制御する神経回路にたどり着いていたのだ。子どもを食べるな、代わりに世話をしろ。

ヒトのように認知機能が発達した種にとっては、子どもをムシャムシャ食べるのが親としての第一歩にふさわしくないのは当たり前に思えるだろう。だがカエルは違う。適当なスポーン（卵）を目の前に置いたら、あっさり食べてしまう。だって卵はおいしいし、タンパク質豊富なごちそうなのだ。子育て行動を制御する神経回路が、食べるという原始的な本能を抑えるようになっているのも道理だろう。その仕組みは「マウスブルーダー」、すなわち赤ちゃんを口のなかで孵化させ、庇護するカエルや魚にとってとりわけ意味がある。「食べるな、世話をしろ」という脳の指令が大切なのは明らかだ。マウスブルーダーにとっての育児は何週間も、嚙んでしまわないように飴玉をなめ続けるのに等しいのだから。*

デュラックによると子殺しは哺乳類においてもよく見られ、種のおよそ六割で報告されている。雄のネズミはよその赤ちゃんをまめに殺すが、わが子には手を出さない。いっぽう雌は敵の存在や飢餓といったストレスを抱えた場合、子どもたちを犠牲にする。

親としての義務の遂行がおそらく本能に埋めこまれているのも、デュラックにとっては道理だ。動物たちはそもそもおのれが生き延びるのが最優先当然なのだから。動物界は生死がくっきり分かれ、食うか食われるかという闘いは日々の非情な現実だ。「それではなぜ、雌のネズミは突然現れた小さなピンクの生きものの世話をするのでしょう。きいきい鳴いて、次々と要求を突きつけてくるのに。それに対応し、犠牲を払うのはひどく理不尽な話です」

「ここに子育ての本能が登場します。選択の余地はない、世話をするだけだと告げるのです」

デュラックの見解では子育てと子殺し、どちらの戦略も種の生存に欠かせない。「あなたやわたしが今生きているのは、先祖の誰かがガラニンを使い、別の先祖を養育したからですが、なおかつ今は子育てにふさわしい時期かどうかウロコルチンが母親に判断させたからです。それがなければ母親は死んでいたかもしれません。ぜひ覚えておいてください」

それではいったい何が、この子育てのスイッチを入れるのだろうか。デュラックもまだ解明には至っていないが、直感的には内外の刺激の連鎖による複数の神経回路の大きな変化がかかわっているという。それによりガラニンがいわば子育ての司令部のように作用し、脳全体のインプットとアウトプットをまとめて、ケアをするという一連の行動を生み出す。できあいの画一的な反応とはまったく異なり、性別を問わず多様な子育てのスタイルと能力を引き出すのだ。

「わたしたちはいろいろなことを男らしさ、女らしさとして単純に見てしまいがちです」と、デュラックはスカイプの画面越しにいった。「でもまわりを見てみれば、ヒトだろうとどんな動物だろうと、す

* この戦略はいくつかの魚（雄雌どちらも）、またわたしのお気に入りの両生類のひとつダーウィンハナガエル（*Rhinoderma darwinii*）に採用されている。ダーウィンハナガエルは自然界のベストダディ賞の候補だ。十個ちょっとの卵を孵化直前に口に入れ、まる八週間のど袋にしまっておいたのち吐き出すのだ。この「妊娠期間中」雄は餌を口にせず、鳴き声もあげない。わたしは一度パタゴニアの奥地の乾いた森を訪れ、この献身的な父親にひと目会おうとした。あちこち探し回ったのち、僻地の国立公園の男子洗面所の外を跳ねているところを見つけた。うれしいことに「妊娠」していた。のど袋にはおたまじゃくしがいっぱいで、映画『エイリアン』でジョン・ハートの腹が破裂する前のようだった。

べての個体がおなじように振る舞うわけではないでしょう。雄が等しく攻撃的とはいえません。雌が等しく母性的とはいえません。そこには大きなばらつきがあるのです」

この神経回路は雄雌のネズミでおなじなのに留まらず、ヒトを含むすべての脊椎動物に共通なのではないかとデュラックは考えている。視床下部は脳の古い分野で、眠る、食べる、セックスするといった一連の本能的な行動を司る。これらの行動を誘発するニューロンが動物のなかで見つかるたびに、ヒトのなかでもそれに相当するものが見つかっている。デュラックいわく、この「司令部」がカエルやネズミのなかに存在するなら、子育てにかかわる類似の回路がヒトの男女の脳にも存在すると考えるのはしごく妥当なのだ。

「ある意味で微笑ましいのは、わたしが父親や母親としての行動を解説すると、男性の同僚たちが『男の脳にも親として必要なものがそろっている』といって喜ぶことです。どうやら心が満たされるらしくて」

子育てにかかわる神経回路の全貌がより深く解明されれば、いずれ母親に見られる精神疾患の治療も進むかもしれない。「とても印象的なのは、産後うつを患う母親たちの言葉です。子どもを傷つけるという妄想にとらわれているのです。当事者の女性たちにとってはひどく不安な状況です。大半は実行には移しませんが、精神を患っていると稀に行動に出てしまいます」

ヒトの場合、子殺しは明らかな精神の病だ。ヒトはそのような過激なサバイバルの手法を拒絶し、異なる戦略を進化させた四十パーセントの哺乳類の種に属する。そのいっぽうでウロコルチン細胞は相変わらずヒトの視床下部に存在する。すでに使われてはいないが、進化の過程において非常に重要な存在だったから保存されているというのがデュラックの見解だ。ウロコルチン細胞と産後うつの関連がデュラックの見立てどおりなら、彼女の研究はそのような病を癒すのに有効な遮断薬の見きわめに役立つかもしれない。

「わが子を手にかけてしまった女性たちの供述を聞くと、何がきっかけで行動を起こしてしまったのかわからず、ただそうしなければという強い本能に駆られたといい、そのことに対して説明はできないのです。危険に囲まれ、本能的に赤ちゃんを排除しようとするネズミの脳の状況と非常によく似ているのかもしれません」

デュラックの研究は、複雑な社会的行動に際して哺乳類の脳がどう活動しているかマッピングした初めてのものだ。たいへん意義のある発見として、権威ある二〇二一年ブレイクスルー賞（いわゆる「科学界のオスカー賞」）を受賞している。つまりアカデミズムの世界も、過去半世紀で母性をめぐる研究が変化したのを前向きに受け止めているのだ。母親としての行動が個体によって異なるというのは今や当たり前かもしれないが、昔はそうではなかった。人類学者サラ・ブラファー・ハーディが一九七〇年代にハーバード大学院に進学したときは「母親たちは無個性な機械で[10]、その機能は赤ちゃんを産み育てるものだとされていたのです」。求愛と交尾をめぐって雌は受け身で画一的とされていたが、母性もそのように見られていたのだ。

「大半の動物の個体群における成体の雌[11]には出産または養育の能力があり、それにもとづいて繁殖する」と、当時のスタンダードな教科書には記されている。あたかも母親は一律の存在であるかのように。自然淘汰のもとでは生存のために多様性が求められるが、母親たちは退屈きわまりない存在で、実質的に進化の宴からはじき出されてきたことになる。

そんなくだらない偏見は、ジーン・アルトマンの分析的な脳によって一刀両断された。アルトマンはプリンストン大学の動物行動学名誉教授で、進化の過程における母親たちの影響力をまともに定量化し、ふさわしい称賛を与えた最初の科学者だ。

アルトマンとの対面がかなったのは、カリフォルニア州北部でハーディが経営するクルミ農場でだった。ふたりの霊長類学者は長年の相棒で、ただし表面的にはだいぶ性格が異なっている。存在感抜群のテキサス州民ハーディと比べて、八十代のニューヨーカーのアルトマンは小柄でもの静か、控えめだ。ただし彼女の発想はハーディに負けず劣らず大胆だ。アルトマンの武器は、客観的なデータという名の神に対する揺るぎない信仰だ。まさしく彼女は緻密な統計分析をとおして革命を起こした。あまり色気がない話だと思うかもしれないが、それが喧嘩好きな雄の霊長類という物語に没頭している人びとに振り向いてもらう唯一の方法だったのだ。

アルトマンは「船長、それは非論理的です」が口癖の『スタートレック』のミスター・スポックに論理を教えることだってできるだろう。学者としての第一歩はカリフォルニア大学ロサンゼルス校の数学科学生として踏み出した。けれど同期に女性は彼女を含めて三人だけ、誰も彼女たちの指導教官となることに時間を割きたがらなかったため、しかたなく退学した。数学界の損失は動物学の利益だ。アルトマンは霊長類学のペニス信仰と無縁の状態で野外生物学に参入し、科学界にはびこっていた観察者バイアスという罠に、彼女ならではの手法で挑んだ。

彼女は研究対象をランダムにサンプリングし、それぞれの個体を必ずおなじ時間にわたって観察するという方法を編み出した。どれほど退屈に映ろうと、統計的にはあらゆる行動が等しく重要だからだ。その結果生まれた、アルトマンの方法の概要を表す論文「行動の観察的研究[12]――サンプリングのメソッド」は、ヒヒのみならず動物界全般の野外研究の方法を変えたという点できわめて革命的だった。引用の回数は現在までに一万六千回超、ある人類学教授は「間違いなく史上最も優れたフェミニズム論文のひとつ[13]」と表現する。ようやく雌たちに雄と変わらない「放送枠」を与えたのだから。

もうひとつアルトマンの並はずれた能力を示すのは、長期的な実験が必要とされるのを理解したうえで、何世代にもわたっておなじ動物の群れのデータを収集し、長い年月における行動の派生的効果を計測した点だ。選んだのはヒヒの一種だった。

時は一九六〇年代、若きアルトマンと夫のスチュアートはキリマンジャロのふもとを訪れ、アンボセリ国立公園の一角に生息するキイロヒヒ（*Papio cynocephalus*）の生態と社会的行動の研究に臨んだ。おおむね地上性できわめて知能が高いこのヒヒは、多くて百五十頭ほどの群れで暮らし、ヒトの社会との共通点を探す霊長類学者たちの関心を集めていた。今日まで継続されているアルトマンの代名詞ともいえる研究は、科学界の主流に根を下ろす「競いあう雄たち」という派手派手しい物語を無視し、母親と赤ちゃんの関係に注目したもので、新しい研究の素地を築いた。研究者として勇気ある選択だった。動物の母親たちは男性中心の動物学会で学説的にほぼ無価値だと考えられていただけでなく、当時の最新のフェミニズム運動を熱心に取り入れていた女性の科学者たちからも時代遅れとされていたからだ。母親の研究は時代に逆行するとみなされていた。「動物行動学における『家庭科』の授業[14]」と、サラ・ブラファー・ハーディも著書に記した。

アルトマンは今でもアンボセリ国立公園を訪れ、自身が始めたヒヒ研究プロジェクトの様子を確認している。ただし主導権はずいぶん前に、仲間たちに譲っているが。五十年来のプロジェクトで、霊長類研究としては史上最も息が長い。千八百頭を超えるヒヒの生態をおよそ七世代にわたって客観的な観察データにしたこの研究は、ヒヒのみならず母親と赤ちゃんの関係全般の認識をあらためるものだ。アルトマンは史上初めて霊長類の母親としての振る舞いが一律かつ脊髄反射的な反応などではなく、生死をめぐる多面的な選択の結果だというエビデンスを示した。それはいくつもの重要なトレードオフの連鎖からなり、なおかつエネルギー面で危険な綱渡りをしているのだ。

アルトマンの研究によって、ヒヒの母親は必ず「二足のわらじ」を履いているのがわかった[15]。毎日の七割を「生きること」、すなわち採餌、移動、天敵の回避に割きつつ、同時に赤ちゃんの世話という仕事をこなしているのだ。ヒヒは毎日、小さな果物や種《たね》を求めて数キロメートル移動する。出産直後の雌も体を休めている時間はない。どんなに疲れていても群れと足並みをそろえて、一本の足で赤ちゃんを抱き、残りの三本で歩きながらなんとかペースを保たなくてはいけないのだ。正しい位置で抱っこしていないと赤ちゃんは乳首に吸いつけず、たちまち脱水症状に陥って死んでしまう。

この抱っこテクニックに習熟するのは初産の母親たちにとってとりわけ難題で、アルトマンいわく、赤ちゃんの苦しげな様子に「戸惑っている」ことが多いという。赤ちゃんのケアをうながすのは本能かもしれないが、母親としての行動は徐々に身につけるもので、初心者は学ぶことが多い。比較的無理なくできる個体もいる。いっぽうアルトマンは赤ちゃんの世話に四苦八苦していた若い母親が、致命的な結果を招いたのを覚えているという。「ヴィーの初めての子ヴィッキー[16]は、生まれた日に母親の乳首に吸いつけませんでした。ヴィーが逆さまに抱っこしてしまったせいで、そればかりか一日中引きずったり、地面にぶつけたりしたのです」多くの初産の雌同様、ヴィーは数日のうちにコツをつかんだが、もはや手遅れだった。すでに取り返しのつかない状態で、ヴィッキーは一か月もしないうちに死んだ。こうした死はけっして珍しくない。霊長類においては、初産の赤ちゃんの死亡率はそれ以降のきょうだいの六割増しだ。[17]

ベテランのヒヒの母親にとっても、赤ちゃんの死は容易に避けられない。アルトマンは三十〜五十パーセントの赤ちゃんが生後一年のうちに死んでいるのを突き止めた。おもな原因は栄養をめぐるストレスだ。アンボセリ国立公園の乾いた大地に餌は少なく、気候は苛烈かつ予測不能だ。授乳中の母親は二匹分のカロリーを摂取しなければならず、赤ちゃんが六〜八か月にもなれば抱っこしながらそれをするのは物理的に不可能だ。食欲は増し、体は扱いづらくなっているのだから。こうして母親と赤ちゃんのあいだに利害の対立が生じる。母親が生き延びるには、赤ちゃんはもう自分の足で歩いて採餌しなければいけないが、「ただ乗り」を続けたがって「心理的な武器」[18]を用いて母親を支配しようとする。すなわち猛烈にだだをこねるのだ。ヒトの二歳児もとうてい太刀打ちできないだろう。かんしゃくの爆発は赤ちゃんが完全に自立する一〜二歳まで続く。

母親にとって乳離れのタイミングは、かぎられた資源をめぐる本能的な計算の結果だ。目測を誤れば確実に母子のどちらか、ひょっとしたら両方が死ぬ。生涯に複数回出産する雌の例に漏れず、ヒヒも今いる赤ちゃんにどれだけ投資するか、自分自身の生存そして以降の繁殖能力と天秤にかけて決めなくてはいけない。平均的なヒヒは生涯の七十五パーセントを出産に費やし、合計およそ七匹産むが、そのうち成体になるまで生き延びるのはわずか二匹くらいだ。[19] あまり立派とはいえないこの繁殖をめぐる成績は、それぞれの赤ちゃんが大きな賭けであることを示している。アルトマンの見解では、ヒヒの母親は自身の生存の限界に挑んでいる。繁殖を急げば、母体が弱って死ぬ。

ただし、すべての母親がおなじ条件のもとにあるわけではない。ヒヒの雌の生涯における運不運は、社会的順位によって厳密に決まっている。雄がヒエラルキーにおける上位を争うかたわら、雌も先代からの独自の命令系統のもとで生きている。英国の貴族社会に匹敵する厳格な上下関係だ。順位は不変かつ受け継がれるもので、母親側の血統に従って決められ、特権に満ちている。上のほうの順位を受け継いだ幸運な雌たちは餌や水源に優先的にアクセスでき、その他大勢の雌のグルーミングを受け、おおむねいつでも好きなところへいき、群れのなかで気ままに振る舞える。ほかの雌の赤ちゃんを奪い取ったり、ことによっては連れ去ってしまったりもできるのだ。

なぜヒヒがそのような行動に出るのか、アルトマンにも定かではない。霊長類全般に見られる、本能的に赤ちゃんに惹かれることへの厄介な副反応なのかもしれない。ヒトの新生児同様、動物の赤ちゃんには強烈な魅力がある。群れの注目の的になって母親以外のヒヒ、とりわけ若い雌たちが抱っこしたがるが、か弱い赤ちゃんの扱いを誤るばかりかすぐさま興味を失う傾向があり、それがときに致命的な結果を招く。

「ほとんどの霊長類は一日中お乳を吸います」と、アルトマン。「ですが『誘拐犯』の乳房にはお乳が含まれていません。アンボセリ国立公園のような乾燥した生息地ではたちまち赤ちゃんは脱水症状に陥り、続いて栄養不足になります」

下位の母親たちはとりわけ脅威にさらされている。強い行動に出るだけの社会的な基盤がないので、上位の雌の娘たちに赤ちゃんを連れ去られてもなすすべがない。誘拐犯は新しいおもちゃで遊ぶのに飽きると捨ててしまう。見ていてひどく胸の痛む光景だ。「なかにはよくわかっていない母親もいます。あるとき序列の低い初産の母親を観察していたら、みずからトラブルを招くような行動をとりました。まわりが赤ちゃんに関心を示しているときにわざわざ授乳しようとしたのです。『やめなさい。赤ちゃんをとられるよ！』といってやりたくなりました」

ヒヒの上流階級に生まれた雌たちには母親の「コネ」という特権があり、それは各種の贈りもののなかでも最も価値がある。いわば幅広い善意のネットワークで、赤ちゃんをさらおうとする雌、子殺しを企む雄、そのほかヒヒどうしの競争から守られるのだ。生まれがよく、十分なコネをもつ赤ちゃんたちは、ほかのおとなのそばでお乳を飲んでいてもめったに手を出されない。こうしたサポートシステムはすなわち母親が子どもにとって唯一の盾でなくてもいいということで、急ぎいろいろなことを学習している初心者の母親にはとりわけありがたいだろう。アルトマンによると上位の親戚に囲まれている雌は出産が早く、赤ちゃんの生存率も高く、下位の雌に比べて生涯にわたる繁殖面でのアドバンテージを与えてやれる。

こうした社会的特権またはその欠如は、ヒヒの雌の子育てスタイルに甚大な影響を与える。上位の母親はアルトマンが呼ぶところの「放任主義」で臨む。赤ちゃんを遠くまで出歩かせる余裕があり、乳離れに際しても早くから断固とした態度をとるのだ。この種のアプローチは自立心があって社会によくなじんだ子どもたちを育み[20]、おとなになっても生存率を高める。

「子育てがうまくいったかどうかは、子どもたちが自立できるかで決まります。過保護ではない母親の子どもたちは周囲を探検し、自分の社会的生活を安全に、自分の力で築いていきます」

序列の低い雌はおよそ群れのすべてから不当な扱いを受ける。自分と赤ちゃんを守ってくれる社会的な後ろ盾もなく、アルトマンが呼ぶところの「抑制的な」子育てで妥協せざるを得ず、常に赤ちゃんを手の届く範囲に置いておこうとする。抑制的な子育てはもしかしたら一時的に生存率を高めるかもしれない。生まれてからの数週間、赤ちゃんは天敵や病気から守られるからだ。ただし自立に至るのはゆっくりで、母親にとって欠かせない資源を強く求めるため、エネルギー面で母親を崖っぷちに立たせ、ときには死に追いやる。

さまざまな脅威に絶えずさらされる下位の母親は、常に落ち着かない状態ですごしている。子どもたちが群れの危険なメンバーと鉢合わせしても、見ていることしかできないのだ。内なる警報システムが作動するにつれて、社会的不平等を前に不安が飛躍的に高まる。そのストレスは糞に含まれるホルモンから把握でき、免疫反応を弱め、病気にかかる危険を高めるとされている。[21]うつあるいは幼児虐待という形で表れる可能性もある。産後うつにかかる霊長類はヒトだけではないのだ。アヌビスヒヒの場合、序列の低い母親たちは産後の時期に虐待的な行動をとる確率が高かった。[22]野生のマカクの群れでも五〜十パーセントの母親が子どもを咬む、投げる、押し潰す[23]という行動に出ている。一部の子どもはそのせいで命を落とした。たとえ助かっても心に傷を負い、自分自身の子どもに不適切な扱いをする危険性が高く、[24]虐待的な行動が世代を超えて連鎖してしまう。

ただし順位の低いヒヒが生まれつき母親としてみじめな思いをするよう定められているように見えて

も――ろくでもない手札でポーカーを闘うよう強いられているようでも――彼女たちにも制度の裏をかき、次世代によりよい生存のチャンスを与える方法はある。アルトマンらによると、雄雌を問わずほかのヒヒと戦略的な友情を築けた場合、過酷なダーウィン式競争に臨むうえで欠かせない助けを得られるのだ。[25]

「友だちのいる雌は長生きし、子どもたちもより高い確率で生存するのです」

ヒヒの友情をまかなうのはグルーミングで、それによってエンドルフィンが分泌され、物理的なレベルでストレスの度合いが緩和される。友情を築いて維持するだけの時間とエネルギー、気力があるかぎり、家族とおなじくらい貴重な助け合いのネットワークが得られるのだ。ただし、すぎたるは及ばざるが如し。雌のヒヒにとっては友だちの数ではなく、絆の強さが大事だ。しっかりと長続きする社会的な絆を結ぶ能力は、[26]もしかしたら順位の高さ以上に繁殖におけるメリットを生むと考えられる。

「友だちの存在は危険な状況において違いをもたらします。トラブルを察し、近くで授乳させてくれて、餌のありかを共有してくれる。ヒトの友だちに期待できるいろいろなことはヒヒでも起きるのです」

## 支配的な母親たち

ヒヒの母親には、ほかにも運命を出し抜く戦略がある。無意識のうちに子どもの性別を操作するのだ。アルトマンの観察では、アンボセリ国立公園の研究拠点まわりでは順位の低い雌には娘より息子が多かった。[27]これにはアドバンテージがある。雌における順位は母親の側から受け継がれる不変のものなので、順位の低い娘たちは母親の立場の弱さからくる不利益を生涯にわたって背負う。いっぽうヒエラルキーをめぐって戦うヒヒの雄にとって、順位はより流動的だ。加えて息子が「逆玉の輿」に乗り、序列の高い娘をものにしたら、子どもに次世代での成功の切符を確保してやれる。つまり遺伝子を懸けた父親の行動によって、序列の低さによる苦しみから逃れられるのだ。そこで順位の低い母親にとっては、縁故主義的な母親側のくびきを逃れるチャンスのある息子を産むほうが理に適っている。娘はそこから逃れられない。

対称的に生まれのいい雌のヒヒは、息子より娘を多く産む。すでに特権は確保しているので娘のほうが賭けのリスクは低く、かつ息子より生き延びるチャンスが大きいのだ。

雌のヒヒが性別を操作しているとアルトマンが発表すると、そんな計算高い行動が可能なものかと多くの疑問の声が上がった。だが動物界全般において母親は、人間が気楽に想像するよりずっと支配的だ。イチジクコバチからカカポまで[*]、性別の操作は母親が武器にしている戦略のひとつにすぎない。そのような無意識ながら生物としての計算にもとづいた性別選びは、誕生の時点で終わるわけでもない。鳥の母親は個々の卵子のホルモンと栄養の状態を微細なレベルで調節し、一部の雛《ひな》にアドバンテージを与えようとする。哺乳類の母親も、赤ちゃんに求められる内容によって母乳を調節する。たとえばマカクの雄は栄養豊富で濃いお乳を短期間与えられるが、雌のお乳は薄く、そのかわり授乳の期間が長い。濃いお乳は息子たちの成長を早め[29]、成体としてぜひとも必要な競争力を与える。

いかにしてヒヒの母親たちは社会的順位の高低を問わず、遺伝子のトランプに細工して「適切な性」を選んでいるのか、その詳細はまだ不明だ。だがそのほか性別の選択を行なうヌートリアやアカシカといった哺乳類の場合、手段は戦略的な流産だ。[30]

雌が繁殖の行方についてそのような苛烈な判断を下しているというのは、中絶反対派にとっては好ましくないかもしれない。しかしどれだけ不都合な真実だろうと、自然界は絶対的に中絶推進派なのだ。妊娠のどの段階であれ、自分自身や子どもが危険にさらされかねない厄介な状況に置かれている多くの動物の雌にとって、流産は無意識の適応戦略だ。パンダだってそれを行なう。わたしはひと夏をエディンバラ動物園にて、待望の甜　甜《ティエンティエン》の出産を動画に収めようと待機していたが、間際になって園の広報担当から告げられた。世界の注目や視聴率の期待などおかまいなしに、甜甜は「胎児を体内に吸収してしまった」のだ。これは負荷の高い環境で望まぬ母親ライフを送るのを避けようとするときよくある話で、なおかつ慎重なクマならではの戦略だ。（おまけとして子どもも「終身刑」を逃れられる）。

野生ではゲラダヒヒが、新しい雄に群れを乗っ取られると流産を選択する。新参の雄はまず間違いな

＊カカポは生まれ落ちた環境に合わせて子どもの性別を調節しようとする生きもので、おかげで保護活動が台無しになりかけた。これら奇妙な飛べない島はニュージーランド原産で、長年存続を危惧されてきた。一九九五年には五十一羽しかいなかったのだ。ついに科学者たちはこれらをまとめて天敵の哺乳類（外来種のネズミや野良猫が危ない）のいない近くの島に送り込んだ。ところがこの安全圏で定期的に餌を支給されても個体数は増えず、二〇〇一年でもまだ八十六羽だった。何があったのだろうか。

実はカカポの集団は雄偏重になっていたのだ（雌が主導する個体数の増加という点ではよろしくない）。資源が少ない場合、母親たちは娘を産む。体が小さく、資源をそこまでとらず、交尾の機会があるからだ。ただし資源が豊富な場合、雄が生まれるようになる。より元手がかかったとしても、大きくて健康な雄はほかの雄との競争に勝ち、より多くの孫を残すのだ。科学者たちが大量の餌を与えていたため、多くの雌は息子を産んでいた。ホセ・テラが二〇〇一年にこの点に気づき、[28]今では保護に際しては適切な量の餌を与え、雄雌の比が五十対五十になるようにしている。

く血のつながりのない子どもを殺すので、母親にとっては妊娠を中断するのがおよそ避けがたい子殺しへの対策で、おそらく先のない妊娠にこれ以上の労力を割かずにすむ。約半世紀前、この現象をマウスで発見したヒルダ・ブルースにちなんで「ブルース効果」と呼ばれており、流産を誘発するこの状況[31]はライオンからラングールまで、多様な野生の哺乳類において報告されている。

母親としてのゴールは赤ちゃんを平等に育てることではなく、かぎられたエネルギーを費やして最大数の子どもを産み、それらが生き延びて新たな繁殖に臨めるようにすることなのだ。その点に自己犠牲の精神などない。身勝手そのものだ。「よき母親」はいつ子どもたちにすべてを捧げ、いつ見放すか本能的に心得ていて、赤ちゃんが生まれたあとで行動に出る場合さえある。

オーストラリア内陸の悪地では、雌のカンガルーは気まぐれな環境で賭けの勝率を高める驚くべき方法を身につけている。繁殖という名の組み立てラインにおいて、子どもたちを三つの異なる段階で同時に操作しているのだ。まず授乳中ながらほぼ自立しているジョーイ（訳注：カンガルーの子ども）で、母親のお腹の袋で少しだけすごし、あとは隣を跳ねている。続いて袋のなかの乳首にかじりついている、ピンクのゼリービーンズのようなジョーイ。さらに受精はすんだものの、胚盤胞と呼ばれる細胞の塊の状態で子宮に留まっている赤ちゃん。敵に追われた場合、雌は大きいほうのジョーイを袋からほうり出し、身軽になって逃亡を試みる。置いてけぼりを食らった幼いジョーイはお乳の不足か、母親の庇護がなくなったことで命を落とす。ヒトとしては胸が痛むが、カンガルーが意識的につらい決断をしているわけではない。自然淘汰がすでに有効なプランBを与えてくれている。授乳中の子どもがいなくなったことで待機中の胚盤胞が眠りから目覚め[32]、すぐさま失われたジョーイの穴を埋めるのだ。

母親という役割は進化とかかわりがないどころか、配当の大きなギャンブルで、腕のよし悪しによって胸のすく勝利または致命的な敗北という結果になり得る。進化という観点からは、雄の支配はこぶしの争いのうちに終わる。もちろんそこからは、一頭の雄がどれだけ多くの雌を孕ませられるかという意味で勝ち組と負け組が生まれる。だが哺乳類の母親の影響は何世代にも及ぶもので、遺伝子の五十パーセントを提供することをはるかに超えているのだ。アルトマンらは母親の社会的順位が、赤ちゃんの遺伝子と社会的発達に実際どう反映されるか示してみせた。絶大なインパクトがあった。母親という役割はエネルギー面で負担が大きいかもしれないが、別の見方をするなら、そのコストは貴重な遺伝子的投資をするうえで雄よりはるかに大きな力をもたらしているのだ。そうした視点に立つと、無関係どころか母親たちは父親たちより進化に対して大きな影響力をもっている。アルトマンの考えでは、それによって母親たちはより強い力を得ているのだ。

「哺乳類の場合、母子はお互い容易に逃れられない関係で、それは長いこと大きな負担だと考えられてきました。ですがそうやって注目されるのは物語の一面にすぎません。次世代に誰が影響を及ぼすかという点で力の格差が生まれるのですから。その点はまだ十分注目がされていません」

霊長類の母親たちはそれぞれの世代が、雄たちの騒がしく競っている単独の交尾どころではない、息の長い獲物をひそかに狙っている。母親によるコントロールはこれまで予想もされなかった方法で、交尾をめぐる雄の闘いとその結果を操作してさえいるかもしれないのだ。最近の研究では、社会的順位の高いボノボの母親は息子たちの結婚を仲介し[33]、性的な成功と順位を確保し、父親になる確率が三倍高くなるようにしているとされる。

アルトマンとハーディの研究が、そのような発見への道すじをつけた。彼女たちは霊長類の母親を「退屈で変化のない」[34]存在から――安定した繁殖は放っておいても起きるものとされた――進化のゲームにおいて雄と肩を並べるプレイヤーに変えた。ふたりの描く「よき母親像」は自然界の聖母というビジョンに一石を投じ、自分の意思をもつ複雑な雌の姿を浮き彫りにした。野心的で計算高く、自己実現に熱心、性に積極的な雌だ。

養育と庇護という強い衝動は、それでも母親であることの重要な一部だ。出産によって大きな変化が起き、生来利己的な二個の他者が深く結びつくのは否定しようがない。神秘的な母子の絆は実際とてもリアルなものだ。ただしダーウィンが説いていただろう遍在的あるいは即時的なものではない。この絆を裏打ちする強力ながら不安定なホルモンを調査するために、わたしはスコットランド東海岸沖の、人間の住まない岩だらけの小島を訪れた。

## 恐れ、そして母になること

メイ島の夜明けはゾンビ映画のようだった。日の出の太陽が空を血のような紅に染めているが、まだ凍えるような周囲を照らすには至っていない。それでもわたしには、自分がひとりではないのがわかった。刺すような風は悪意を感じるわめき声、不吉なゴボゴボという音、鼻を鳴らす水っぽい音に満ちていた。陰気な明け方の光のなかで、二メートルを超す巨大な影がうごめいている。彼らには近づきすぎないようにいわれていた。この大型の獣は警戒心が強く、攻撃のための武器を備え、非常に怒りっぽい。

そばに寄りすぎたら、最初の警告は魚臭い痰を吐きかけることだ。（その痕跡は足もとの岩だらけの地面がぬめぬめ光っているという形で見られる。滑りやすい性質そのものも脅威だ）。次なる反応はいっそう危険で、わたしが片腕を失ってもおかしくない咬みつきだ。

太陽が天空にのぼると、怪物たちの正体が明らかになった。数百頭のつややかなハイイロアザラシ（*Halichoerus grypus*）の雌で、黒い瞳は憂いをたたえ、愛くるしい真っ白なボールのような赤ちゃんを連れている。毎年十一月、メイ島に四千頭ほどのハイイロアザラシが集結し三週間の争乱期間にわたって産院に変身する。この期間、島は攻撃的な母の愛で騒然とする。

ハイイロアザラシは一年の大半を単独行動の水中ハンターとしてすごすが、年に一回、これらの非社交的な獣たちも海から上がって出産し、見知らぬ相手と肩を並べて子育てにあたらなくてはいけない。嵐に痛めつけられたこの岩石の島はスコットランドの東海岸最大のハイイロアザラシの繁殖コロニーで、縦一・五キロメートル、幅〇・五キロメートルしかないため、子育ては密集と敵意のなかで行なわれる。「ハイイロアザラシはかわいいと思われています」と、ケリー・ロビンソンはいった。「けれど研究者としては、咬みつきの間合いに入らないことが大事です」

ロビンソン博士に初めて会ったのは二〇一七年で、当時はセントアンドリュース大学の若手研究者だった。海洋哺乳類研究ユニットの約二十名の動物学者のひとりとして、メイ島にきていたのだ。この歴史ある研究ユニットは、アザラシの繁殖期に繰り広げられる騒ぎを数十年にわたって記録している。大型の哺乳類の母親としての行動を、これほど近くから観察する機会はめったにない。[35]

この種の研究にはリスクがないわけではない。足を捨て、ぺらぺらの小さなひれを身につけた動物にしては、アザラシは驚くほど機敏だ。頂点捕食者の名にふさわしい歯、力強い顎、危険な細菌に満ちた口も備えている。メイ島の研究拠点での初日の夜、夕食の席でロビンソンと仲間の研究者たちは、アザラシの体液に触れることで引き起こされる劇的かつ命にかかわる感染症の恐るべき話でもてなしてくれた。「シールフィンガー（アシカの指）」という不穏な名前がついているという。

「シールフィンガーにかかる危険を冒すくらいなら、手を切り落とすほうがいいらしいですよ」と、ロビンソンが脅かす。どうやらアザラシに咬まれるか傷口が細菌感染するとたちまち血管を毒素が駆けめぐり、あとは切断するしかないそうだ。かつては漁師だけの頭痛の種だったが、今ではアザラシ研究者の最大の脅威となっている。観光客も注意を怠ってはいけない。ロビンソンの話では最近、珍しい「アシカの尻」という症例についての医学論文が出たという。[36] 南極大陸をクルージングしていた年配の男性が、デセプション島で出会った怒れるオットセイから離れようとしたとき、右の頬を咬まれた。「この種の動物は大きくて気が荒く、観光客の遊び相手ではありません」

　ロビンソン自身も、ハイイロアザラシの咬みつきを避ける練習を重ねなければいけなかった。調査にはときおり、母子の絆に隠されたホルモンの研究のため血液のサンプル採取が必要なのだ。母親としての振る舞いには複数のホルモンがかかわっているが、なかでもそうした行動を強力に後押しする目立った存在がある。オキシトシンだ。

　この名前はたぶん聞いたことがあるだろう。幸福感を司る神経ペプチドとしてよく知られ、愛着を形成する磁石のような力のため「愛情ホルモン」とも呼ばれている。母と子にかぎらず幅広い関係において温かく穏やかな気分を誘発する報酬系ホルモン、ドーパミンと連動して作用する。セックスのあと余韻が訪れるのはオキシトシンが、パートナーと絆を深めさせようとしているのだ（たとえ望ましくない関係であっても）。いってみるなら「糊」で、生涯にわたって伴侶に貞節を誓うという珍しい生態のプレーリーハタネズミもその恩恵を受けている。チンパンジーはお互いをグルーミングするとき[37]オキシトシンを分泌し、友情と仲間意識を高める。わたしが愛犬を見つめるときでさえ分泌している。いわばホルモン界のＭＤＭＡだが、心地よさという宣伝文句に騙されないように。[38]この複雑な神経ペプチドは、満足感のための一滴というだけではない。

「オキシトシンは母になるときの実際の生理的プロセスに深くかかわっています」と、ロビンソンはいう。筋肉の収縮をスムーズにする作用があり、哺乳類の場合それが子宮を刺激して赤ちゃんの排出をうながすのだ。ギリシャ語の語源「迅速なお産」はそこからきている。乳首に働きかけてお乳を出す作用もある。出産の身体的なプロセスを誘発するのは血中のオキシトシンだが、出産の際に子宮頸部と膣が拡張すること自体が、脳内のオキシトシンの盛大な放出を招く。その結果生まれる天然のアヘン剤の美味なるカクテルは、この世界に赤ちゃんが登場するや愛情を抱く母親を誘導するのだ。授乳するとさらに脳がオキシトシンで満たされるので、いわば赤ちゃんのケアに依存するようになる。

「オキシトシンは行動に影響を与えますが、その他もろもろの生理的な反応にもかかわっています。その『等式』の両側がなければ母親にはなれません」と、ロビンソン。「つまりその関連が鍵を握っているわけで、とても興味深いことです。何であれ単独で進化することはないと教えてくれているのですよ」

オキシトシンの洪水は母親の脳内の配線を変え、赤ちゃんの泣き声、匂い、姿に反応するよう調節する。社会的情報（たとえば表情や物音、匂いなど）の処理にかかわる脳の分野を連携させることで、よりその情報に注意が向くようにし、さらにこれらの分野をドーパミンと連携させているようだ。[39]つまり赤ちゃんが百回泣いても、母親はさらなる天然アヘン剤に満たされて世話に向かうのだ。

「母親のオキシトシンは、積極的に強化される数少ないホルモンと考えられます。たとえば乳汁排出によってオキシトシンが分泌されると、さらなる分泌が誘発されるのです」

授乳中の母親も当然その物質に浸っていて、それが英雄レベルの自己犠牲の説明にもなるだろう。母親が幼いものを守るときの勇猛果敢ぶりはよく知られたもので、古い格言「母グマと子グマのあいだに入るなかれ」のとおりだ。この猛々しさは子育て中の母親特有で、ジキル博士とハイド氏並みの変身には例の「愛情ホルモン」が影響しているとされる。オキシトシンは不安と恐怖心を和らげ、母親が子育てのストレスと折り合い、そこかしこにひそむ危険から子どもを果敢に守るよう仕向ける。[40]

ハイイロアザラシの場合も、子どもたちは栄養を得るにあたって完全に母親に依存しているのだから、強い母子の絆は欠かせない。アザラシは哺乳類のなかで授乳期間が最も短く、お乳は最も濃厚だ。ハイイロアザラシの赤ちゃんは脂肪分六十パーセントのお乳をもらい、わずか十八日で断乳させられる。この期間、母親は海に帰って餌が食べられないので、体重の最大四十パーセントを失う。[41]いっぽう赤ちゃんは三倍の大きさになる。

「赤ちゃんはうんと小さくて瘦せていたのが、巨大な脂肪のボールに変身します」と、ロビンソンは語る。「乳離れした個体が坂を転がり落ち、止まらなくなるのを見たことがあります。ひれが地面につかないのですよ」

乳離れした赤ちゃんは、島を離れて海での暮らしに臨むまで長くて一か月待つが、それには理由があるのだ。ここが生涯で最も危険な時期で、ほとんどが命を落としてしまう。幼いアザラシは自力で獲物を狩り、採餌する方法を学ばなくてはいけない。簡単な話ではなく、数々の試行錯誤が必要だ。太っているほど生存の確率は高まるので、短い授乳期間、母親が張りついてしっかり世話をするのが非常に大事なのだ。

すべての赤ちゃんが脂肪のボールになれるとはかぎらない。滞在中わたしは少なくとも一頭の赤ちゃんの死骸を見かけた。かわいそうな、縮んだ白い靴下のようだった。まず間違いなく母親に見捨てられたのだろう。メイ島には不注意な母親が多すぎるほどいる。この島では、長期間放置されたことによる餓死が赤ちゃんの死亡原因の半分を占めている。

「お産に臨み、赤ちゃんが出てきたその瞬間に文字どおり見捨ててしまう母親たちを見てきました。赤ちゃんはなんとか相手をしてもらおうとしますが、母親は無視してごろりと転がるのです」と、ロビンソン。「ハイイロアザラシの母親が子どものためになすべきことはこの十八日間に詰めこまれていますから、最良の世話という選択圧が強く働いているはずです。ではなぜ、間違いが起きるのでしょう」

ロビンソンはオキシトシンの濃度が、野生のハイイロアザラシにおいて母親としての行動を予測する確かな指標となると気づいた。濃度の高い母親はより長時間子どもに寄り添い、強い愛着を形成した。濃度が低いと関係は不安定になり、ロビンソンの研究における最も濃度の低かった雌は事実、四日目に赤ちゃんを放棄してしまった。[42] 繁殖していない雌に比肩するほど低かったのだ。だが別の年、おなじ母親はしっかり授乳したうえで乳離れに成功している。あの年にかぎって母親としての行動パターンに変化が生じたのはなぜだったのだろうか。

どうやら赤ちゃんを匂いで識別する哺乳類には重要な時間帯があるらしい。すなわち出産直後、脳の嗅球《しゅうきゅう》が感度を増している数時間で、このときに母子の絆が定着するのだ。この大切な時間帯に、たとえば排出されたばかりの胎盤を狙うカモメを追い散らそうとして母親の集中が乱れたりすると[43]、オキシトシンの濃度が繁殖していない雌とおなじくらいになってしまうのだ。

「なんらかの理由で絆が形成される時間帯を逃すと、リカバリーの方法はありません。大量の人工的なオキシトシンを脳に注入するくらいでしょう。こうして放棄への道が始まってしまうのです」

ロビンソンの研究は母子それぞれのオキシトシンの濃度を観察し、絆で結ばれた個体の双方に還元があるというエビデンスを示す初のものだ。母親側の濃度がケアという行動で強化されるのと同様、赤ちゃん側もケアを受けることで増強する。親密な関係は互いの濃度を高め、結果として高いオキシトシンを誇るアザラシの母親はおなじ状態の子どもをもつのだ。このことは子どもの健康と生存に劇的な効果をもたらす。ロビンソンは高いオキシトシンに裏打ちされた母子のパートナーシップが、いちばん太った子どもを作り出すことを確認した[44]。ただし母親にはカロリー面での新たな負担が生じる(つまりただお乳をたっぷり与えているだけではすまない)。

「赤ちゃんはオキシトシンの濃度が高い場合、母親を見つけて近くにいたがるはずで、つまりコロニーのなかを動き回って厄介ごとに遭遇し、エネルギーを消費する可能性も低くなります。寒いコロニーにおいて母親のすぐそばにいることで、わずかながら環境面で有利になるともいえます」

オキシトシンには赤ちゃんの行動を左右するほかに、脂肪組織が実際どう発達するかという点で影響している可能性もあるし、また食欲やエネルギーのバランスを調節しているかもしれないとロビンソンは考える。どのようにして体重増加を図っているかはさておき、オキシトシンの濃度が赤ちゃんの生存を助けるのは確かだ。

オキシトシンは将来的によりよい母親さえ生み出すかもしれない。母親の脳がより赤ちゃんを受容するよう調節するのとおなじ方法で、この神経ペプチドは赤ちゃんの遺伝子発現と神経の発達にもかかわってくる。ラットの場合、赤ちゃん時代に体感したオキシトシンの濃度が母親になってからの育児に影響するというエビデンスがある。こまやかな母親に育てられたラットは[45]、自身もそのような母親になるのだ。子育てのスタイルの差異は後々、ほかの個体との社会的な絆づくりにも影響してくる。赤ちゃんのときケアが不足していたプレーリーハタネズミは、脳のオキシトシンの受容体の密度と発現に影響が現れ、成体になってからの社会的振る舞いに欠陥が見られる。プレーリーハタネズミはふつう単婚だが、養育放棄を受けた個体は生涯にわたる性的な絆を結ぶことができず[46]、おそらくは不安の度合いが強いせいで育児の手腕もおぼつかない。

ロビンソンの研究は、母子の固い絆が長期にわたる生存と健康に与える影響をよく示している。だがそれは気まぐれなものでもある。ロビンソンも最近、自分自身が一連のプロセスを体験したときに実感したという。

「わたしは陣痛促進剤を使って子どもを産みました。要するにオキシトシンを与えられた状態になったのです。夫や友人たちはおかしくてしかたなかったようで、ふだんはオキシトシンを操作しているのに今度は自分がされているといって喜んでいました」

ハイイロアザラシの母子において見つかったオキシトシンの双方への還元は、ヒトにも存在するはずだとロビンソンは確信している。出産のあと、ヒトの母親は自分の赤ちゃんが発するさまざまな五感（視覚、聴覚、嗅覚）にかかわる合図を認識する独自の能力を見せるというエビデンスがある。[47]ある実験では、赤ちゃんと不安定な愛着しか形成できていない母親はオキシトシンの濃度が低いことがわかった。自分の赤ちゃんが泣いている写真を見せられても、安定した絆を結んでいる女性たちのように報酬系のスイッチがオンにならなかったのだ。代わりに不公平、苦痛、不快と関連する脳の分野が活発になった。[48]「ヒトは赤ちゃんの世話をしなければいけないのを理解しています。けれどホルモンという面においてそうした行動が発生する正しい状態になければ、ことは非常に難しくなります」と、ロビンソン。「わたしの子どもはなかなか体重が増えず、重圧や不安、ストレスを覚えましたが、その裏側で起きているプロセスを理解していたおかげで救われました。母親という存在には多くの誤解がつきまとっています。一本の究極の道があり、それを歩んでいなければダメだという思い込みがあります。事実はといえば、人生とはドタバタしたもので、最良の行動を導く理想のシナリオがいつも実現するわけではないのです」

オキシトシンは近年さまざまな称号を与えられている。けれどロビンソンに、社会的な愛着形成においてそれが唯一無二の存在だとするつもりはなく、役割を誇張しないように気をつけている。分子ひとつにそこまで絶対的な力を求めるのは危険だ。とりわけヒトのように複雑な認知機能をもった生きものの場合は。幸いにも母子の絆の形成は、出産と授乳にともなう気まぐれなオキシトシンの奔流だけに懸かっているわけではない。進化の神は愛着の形成により長期的かつ確かな道すじを用意していて、それが赤ちゃんのケアにより平等主義的な側面をもたらす。

## 共同体のできごととしての育児

キャサリン・デュラックはオキシトシンのガラニン細胞、すなわち本章の前半で紹介した雄雌両方の子育てスイッチを入れる細胞に対する影響力を調査している。今までのところわかっているのは、この育児の司令塔にはたしかにオキシトシンの受容体があるが、それを備えているのは母親だけということだ。これは生みの母親特有の、全力で子どもに反応する理由と一致している。ガラニンとオキシトシンの両方に行動を後押しされているのだ。いっぽう評判と裏腹に、「愛情ホルモン」は子育てスイッチのトリガーではなく、単に補強しているだけだ。

デュラックはまた第二の長きにわたる愛着形成の期間があると考えている。そちらは出産や授乳にまつわるホルモンの洪水とは別で、なおかつオキシトシンのみに操られているのではない。この第二期は母親、父親、より関係の遠い身内、そして里親に対しても愛着形成をうながす。この点はふだん赤ちゃんに対してひどく拒絶的で、無視するか出会い頭に食べてしまうというバージンの雌のラットを使った実験で確かめられている。バージンの雌は繰り返し赤ちゃんと対面させられた場合、とりわけ学習モデルとなる母親がいる場合、ベビーシッターとして未熟でも赤ちゃんを殺すことはなくなり、世話を焼き始めるのだ。しまいには生みの母親とおなじくらい[49]、こまやかなケアを始める。

「里親は出産を経ていなくても、実の両親とおなじくらいよき養育者になります。おそらくオキシトシンと、その他神経ペプチドの効果でしょう」

ヒトとラットだけが血のつながりのない幼きものを育てる種ではない。「養子縁組」はゾウからトガリネズミまで、少なくとも百二十種の哺乳類で観察されている。[50] ロビンソンの目の前で四日目に養育放棄されたハイイロアザラシの赤ちゃんは、実はコロニーの別の雌に拾われていた。ベテランの母親で、子育ての準備が整っており、おかげで赤ちゃんは生き永らえることができた。

母親という役割は非常に求められるものが多く、なおかつ進化に対する大きな影響力をもっている。愛着形成に柔軟性があるというこの事実は、唯一の親的な存在であれという縛りから母親を解放し、より大きな輪においてのケアを可能にするだろう。先ほどのハイイロアザラシのように偶発的な事例もあるが、ほかの種では子育ては共同体のイベントとなっており、「二足のわらじ」の母親に大きなアドバンテージを与えている。

たとえばコウモリは、赤ちゃんを背負っていては飛行と採餌ができない。そこで決まった場所に赤ちゃんを置いていき、互いにお乳を与えたりする。キリンも「託児所」を利用する。採餌中のおとなはいつものように樹上に頭を突っ込んでいては、食事中赤ちゃんに目を配れない。そこで群れの中心から少し離れた「託児所」に子どもを置いていき、任意の一頭に見張りを託すのだ。ライオンやハイエナといった危険が迫ると、見張りは赤ちゃんキリンの集団を安全なところに誘導する。狩りをする母親たちも共同で育児をする。イヌ科のオオカミやリカオンの場合、繁殖するのはだいたい最上位の雄雌だけだが、群れの若手たちは母親と一緒に狩りをして、巣に戻ると未消化の肉を赤ちゃんたちに口移しで与える。

わが子以外の世話を焼き、餌を与えるのは一見して進化の論理に逆行しているようだが、協同繁殖は分類学的に多様な種でたびたび見られる。現存する鳥類一万種の約九パーセントと哺乳類の約三パーセントは「仮母」、すなわち生みの親以外の個体から貴重な助けを得ている。

わたし自身もマダガスカルの奥地を訪れ、赤ちゃんの預け先を確保している霊長類の母親と対面した。クロシロエリマキキツネザル（*Varecia variegate*）だ。古い時代に登場したこの霊長類は、一度に三匹ほどの赤ちゃんを産むという点で独特だ。ほとんどの霊長類の雌は、サルにせよ類人猿にせよ、おおむね一度に一匹が精いっぱいで、それは大きな脳をもつ大半の霊長類の赤ちゃんは自立に時間がかかり、何年も密度の濃いケアを要求するからだ。一度に一匹以上の面倒を見るのはたいへん難しい。ところがクロシロエリマキキツネザルの雌は独自の解決策を編み出した。鳥のように、樹上高くに巣を作って二～三組のきょうだいの託児所にし、ワーキングマザーどうしで子育ての重荷を分かちあうのだ。

生物人類学者のアンドレア・バーデン博士は十五年にわたり、霊長類の子育てにおけるこの解決策の調査をしている。博士からラノマファナ国立公園の研究拠点に招待されて、わたしはそのチャンスに飛びついた。キツネザルの託児所の秘密を解き明かすのにどれほどの労力が費やされているのか、よく知らないまま。

クロシロエリマキキツネザルは絶滅寸前で、背の高い樹々を根こそぎ材木にしようという勢力からかろうじて逃れている原初の熱帯雨林の片隅でしか出会えない。道路からの距離と過酷な地形に感謝するのみだ。わたしは二十六キロメートルを歩き、次々と現れる水田を横切り、強烈なアフリカの太陽に焙られ、山林の奥深くへと果てしなく続く急峻かつ滑りやすい道をいった。夜明けから日没までまる一日かかる道程で、簡易キャンプにたどり着くころには半ば朦朧とし、お米とぶよぶよして酸っぱいコブウシの干し肉という夕食に心から感謝した（電力のない地では干し肉だけが貴重なタンパク質にありつく手段だ）。

あのときはバーデンの研究シーズンの序盤で、まだキツネザルたちの繁殖は始まっていなかった。若きアメリカ人准教授は可能なかぎり多くの個体にタグをつけ、樹上高くでの子育ての日々を追えるようにしておくのに余念がなかった。それにはまずキツネザルを見つけ、続いて何百フィートも上を跳び回る相手を追うという数時間にわたる作業が求められた。うまく追いついたら、麻酔を含んだ吹き矢で捕獲する。かなりの運動量だ。なかでもマダガスカル島出身のある男性は木に登り、吹き矢があたって眠っている獲物を回収するという大役をこなしていた。

おかげでわたしは思いがけず間近で対面できた。遠い霊長類の親戚を腕に抱き、キャンプに連れ帰らせてもらったのだ。温かい体は大きめの飼い猫くらいだった。みっしり生えた白黒の毛は極上の手ざわりで、メープルシロップの匂いがした。果物を主食にしていることの思わぬ副作用だ。

一匹ずつタグをつけるのが、バーデンにとってキツネザルの気ままな行動を追跡する唯一の手段だ。雄も雌もそっくりで、遠くから個体を見分けるのはおよそ不可能。それでもバーデンは数か月単位の地道な無線追跡を何年も続けた結果、この霊長類が実際どれくらい「変てこ」か示すたくさんの発見をしたという。ジーン・アルトマンのヒヒ、というよりもおおかたの霊長類と異なり、クロシロエリマキキツネザルは決まった群れでは暮らさない。代わりに二十五〜三十頭の成体が、共同の縄張りのなかでゆるく集まって暮らす。「共同体の全員がおなじ場所に、いっぺんに集まることはありません。互いに跳ね返りあう原子のようなものです」

そんな流動的な社会生活を送っているにもかかわらず、雌たちは出産するときは足並みをそろえる。引き金となっているのはどうやら果物の豊かな実りだ。ただしそんなふうに実るのは毎年のことではなく、キツネザルは六年も出産しなかったりする。ようやく出産に臨むときは、埋め合わせのように何匹も産む。赤ちゃんたちは霊長類には珍しいほど頼りなく、目は見えないし、母親にしがみつくこともできない。最初の一か月ほど、母親は赤ちゃんとふたりきりで巣のなかですごす。そして少し大きくなると、大きな果物の木の近くの共同の巣に赤ちゃんをあずけていく。

「共同の巣には二～三組のきょうだいが集まっていて、ときにはお母さんが一匹、赤ちゃんたちと巣に残り、ほかのお母さんたちは出かけます。けれどももっとよくあるのは、お母さんたちが全員出かけていき、ほかの個体がその場に留まって赤ちゃんを見ているという形です」

こうした見張りの役目は、樹上の託児所の赤ちゃんたちを危険から守ることだ。遊び好きな霊長類は巣から落ちる癖があり、目を配っていなければいけない。見張りは落っこちた赤ちゃんを助けるのみならず、一緒に遊び、グルーミングし、お乳を与えている可能性もある。見張りを任されるのはおばや姉妹ということもあるが、バーデンいわく雄雌を問わず「友だち」がおなじくらい、あるいはもっと大切にされているようだ[51]。信頼こそ鍵で、最近の発見では雌たちはわざわざ遠くまでいき、安心できる友だちのいる巣に託していた。このことは赤ちゃんが託児所にいるあいだ、母親がどう時間を使っているかという点とも関連している。驚いたことに自由時間の一部は近くの木の果物でお腹を満たすのに使ういっぽう、ほかの雌との社交にも時間を割いていた。

「『子どもを育てるには村が必要』という格言がありますが、霊長類に関してはまさにそのとおりなのです」ヒトの例を引きながらバーデンがいった。「仲間を頼り、赤ちゃんの世話という重荷を分かちあうのは、進化の観点からも重要です。わたし自身の母はシングルマザーだったので、よくわかります。共同体には大きな価値があり、力を合わせて子育てするのは重要なことなのです」

サラ・ブラファー・ハーディは、この種の共同体によるケアがわたしたちヒトの驚くべき進化を後押ししたと考えている。ヒトの赤ちゃんは成長に時間と手間がかかるという点で右に出るものがない。南米の採餌社会の人びとの研究では、ヒトを誕生から栄養面での自立まで育てるのに一千万～千三百万カロリー[52]かかるとされた。立派な果物の木を見つけるのがどれだけ上手でも、母親だけではとうていまかなえない。

ダーウィンは飛び抜けて技術の高い男性の狩人たちによる食糧の確保がゆっくりとした成長の埋め合わせになると考え、それが「ヒトの知的活力と創造力[53]」の進化を導いたとしたが、クロシロエリマキキツネザルのように性別を問わない助っ人の集団がケアの負担を分かちあったとハーディは考える。母親に対するそうした助けが、驚くべき知性の進化を真に後押ししたのだ。

二〇〇九年の著書『母親と他者――相互理解の進化的原点』(未訳)において、ハーディは現在も続く伝統的文化をもとに、ヒトの更新世の祖先たちがおそらくしっかり助け合っていたという多岐にわたるエビデンスを示している。わが子かもしれないと思っていた男性たち、本当の父親たち、更年期を終えた祖母たち、未婚のおばや年上の子どもたち。これら仮母の助けこそ、ヒトが大きな脳を形成しつつ生き延びられた理由なのだ。

「ヒトの赤ちゃんはどんな類人猿よりも大きく生まれ、まったく無力ですが、現代のヒトの狩猟採集民族と類人猿を比較するとヒトのほうが早く乳離れし、出産の頻度もはるかに高いのです」[54]

オランウータンの母親は周囲の助けを得られず、結果として七～八年に一匹赤ちゃんを産むのが精いっぱいだ。対照的にヒトの狩猟採集民族の出産の頻度は二～三年に一度だ。ハーディはさらに、共同養育者を務めるこの方式ではうまく世話を求める子どもほど大切にされ、それによって共感、協力、他者の心を理解するといったヒトならではの進化が後押しされたとする。ハーディが見据えるヒトの進化とは狩りや戦争ではなく、ケアを分担することで、その結果として現在のヒトの協調性と頭脳が育まれたのだ。

ダーウィンの母性本能はヒト全員のなかに眠っている。ただしこの偉大な学者が考えたような女性限定のものではなく、瞬時に目覚めるものでもない。覚醒には時間がかかり、コツをつかみながら一歩ずつ前進していくしかない。だがそれによってヒトには等しくまわりの仲間をケアする機会が生まれ、「より繊細に、より他者を思いやって」[55]振る舞えるようになるのだ。

第 7 章

# ビッチ対ビッチ

## ——女の争い

暮れなずむマサイ・マラの草原。朱色の太陽が水平線に沈みゆくなか、二頭のトピ（*Damaliscus lunatus jimela*）がアカシアの木の長い影のなかで戦っている。今は発情期で、二頭の中型のアンテロープは（屈強で脚の長いヤギのような動物をご想像いただきたい）、仲間の数百頭のトピ同様に交尾を懸けて争っているのだ。

頑健な二頭が向かいあい、突進し、屈曲した角を引っかけて前脚の膝を地面につき、猛然とにらみ合いながら頭を地面にこすりつける。息づまる数秒ののち、力で優るトピがわずかな体格の差を生かし、もう一頭を後方に押しやる。リングを追われる哀れなレスラーさながら、敗北したほうはすごすごと群れに戻り、頭を振っている。こうして勝者はごほうびにありつくのだ――最も序列の高い雄との交尾に。先ほどからの「武装」したアグレッシブな二頭は、雌をめぐって戦う雄ではない。最上位のトピの精子を懸けて決闘する雌たちなのだ。

ダーウィンが提唱した「闘争の法則」[1]においては、交尾を懸けて戦う雌のトピは蚊帳の外だった。彼が動物界を解釈するかぎり、雌が交尾のために戦う必要はなかったのだ。ダーウィンの性淘汰説ではごくわずかな例外を除き、雌と交わる権利のために雄のみ戦うとされた。「ほとんどすべての動物において、雌の所有をめぐって雄のあいだに絶え間ない闘争が存在することは間違いない」[2]。持ち味の緻密さでダーウィンは数十ページを、ありとあらゆるマッチョな争いの詳細な目撃談に割いている。モグラのような「内気な動物」から「嫉妬深い」マッコウクジラまで、誰も彼も「愛の季節には死闘を演じる」[3]。

雌をめぐる戦いは、日々のサバイバルには必要なさそうな派手な装飾が進化したことの説明になった。枝角のような負担の大きい武具、クジャクの尾羽のような飾りは、恋の競争と交尾の成功のために進化したと断定されたのだ。そこで「消極的な」雌におけるいわゆる「第二次性徴」の存在は、ダーウィンにとってある種の謎だった。枝角を生やすのは雌にとっても負担だ。ではなぜ、一部の種の雌にはそれがあるのだろうか。

枝角はほかの雌との争いに使われているのかもしれないという発想が、緻密な仮説を綴ったダーウィンの長い書物に登場することは一度もなかった。代わりにそのような武具はおそらく「活力の無駄」[4]だが、雌におけるその存在・非存在に「特別な意味はなく、ただの遺伝的形質なのだろう」という結論が導かれた。つまり雌の枝角は雄の装飾のなごりで、意味もなく雌の頭の上に陣取り、いずれ自然淘汰がそれを排除しにかかるというわけだ。

リヴァプール大学の進化生態学者ヤコブ・ブロ゠ヨルゲンセンは、そんな古い偏見は捨ててしまえという。「生物学者が『性別間の戦い』をもち出す場合[5]、だいたい交尾を求めてやまない執拗な雄とそれを望まない雌の戦いだと暗黙のうちに決めています」

ブロ゠ヨルゲンセンはトピの「性の政治学」についての世界屈指の（あるいは唯一の）専門家だ。過去十年間、毎年の発情期を観察し、ダーウィンは想像もしなかっただろう戦う雌たち、詐欺師、逃げ腰な雄などが織りなす複雑な空気を読み解いてきた。

三月の短い雨季のあと、雌のトピたちは大挙して移動し、交尾相手を物色するためレックに現れる。キジオライチョウの求愛の場所を思い出していただけるだろうか。トピの場合、レックは百頭ほどの雄が集まって隣接する小さな縄張りを主張している場所だ。なお区切りには自分たちの糞を使う。糞は驚くほど使い勝手のいい素材で、ライバルとのあいだに臭いによる境界線を作ってくれる。

繁殖期には張りつめた空気が満ちる。なんといっても雌たちが一年にたった一日だけ、いっせいに発情するのだ。この短い妊娠可能な時間には、熱に浮かされたような性行動がノンストップで繰り広げられる。ブロ＝ヨルゲンセンの計算では雌一頭につき平均四頭と交尾するが、なかにはかぎられた時間内で十二頭とコトに及んだ個体もいたという。

雌が相手を探すいっぽう、拒絶された雄は注意を惹くためあまり感心しない手段に打って出る。交尾しないまま雌が自分の縄張りを出ようとすると、しばしば警戒をうながすような声を出すのだ。ハイエナやライオンが近くにいるのを知らせる大きなうなり声だ。フェイクの警報を耳にした雌は安全のため、鳴き真似の主の縄張りに留まろうとする。するとここを先途とばかり、詐欺師は雌にのしかかる。[6]

ブロ＝ヨルゲンセンの見立てでは全体の十パーセントにおいて、トピは偽のうなり声を使って交尾に成功する。ただし一部の雄がいんちきで雌を手に入れているいっぽう、雌を追い払おうとして疲労困憊している雄もいる。レックの中央に陣取る序列の高い雄たちをめぐり、雌どうしの争いが勃発する。「雌たちの要求が激しすぎて、こうした雄たちがくたびれ果てて倒れ込む[7]ような場面を目にするのも珍しくありません」

上位の雄は体力のみならず精子も使い果たす羽目になる。第3章で紹介したように、古参の進化生物学者たちの希望的観測とは裏腹に、精子の供給はけっしてたやすくも無限でもない。[8]ブロ＝ヨルゲンセンは、雌たちが最も人気ある雄の有限な精子をめぐって激しく争うのを目にしている。図々しい雌など、ほかの雌にマウントしている最上位の雄にアプローチ[9]しようとするくらいだ。こうした大胆な戦略がいつも報われるわけではない。邪魔をされた雄はうるさい雌に剣突を食らわすことも多く、激しい攻撃でやり返す。すでにその雌と交尾している場合はいっそう強烈だ。

ブロ＝ヨルゲンセンの観察では、「モテる」雄のトピもダーウィンの予想のように手当たりしだい交尾しているわけではなく、むしろ選り好みしている。それは伝統的に雌のものとされてきた振る舞いだが、貴重な精子をとっておくためだ。極力多くの個体と交尾するようにしているのは変わりないが、まだあまり交わっていない雌を選び[10]、精子競争に勝つ可能性を高めている。

限りある精子資源を懸けてにらみ合っている哺乳類はトピの雌だけではないと、ブロ＝ヨルゲンセンの直感は告げている。こうした役割の逆転、すなわち敵対的な雌と好みのうるさい雄は、実は幅広く存在するのかもしれない。とりわけ複数の雌が数少ない雄を狙う、乱婚の種においては。「性的対立の逆転が思ったより多く起きているという事実に、わたしたちは目をつぶっているだけかもしれません」[11]

ニシローランドゴリラ（*Gorilla gorilla gorilla*）に関する最近の研究も、ブロ＝ヨルゲンセンの直感を支持している。野生と飼育下の群れをともに研究したところ、ハーレムの雌たちは精子をめぐる戦いにおいて交尾そのものを武器にしている。ここまで見てきたように、ゴリラの雄は体格のわりに驚くほど精巣が小さく、したがって供給量もかぎられているはずだ。飼育下では上位の雌たちが発情期以外でも交尾するところが目撃されている。妊娠の可能性はない時期で、雄の精子の貯蔵庫を荒らし、下位の競争相手と交わっても空砲しか放たれないようにしているのだ。コンゴの野生の群れでは、上位の雌はさらに大胆だった。下位の雌が交尾しているあいだ嫌がらせをしたり、邪魔をしたり、ときには割り込んだりしていたのだ。研究者たちの結論では、受精の可能性がない戦略的な交尾はよくできた「いじわる作戦[12]」で、雄の精子を独占する手段だった[13]。

雌のアンテロープや類人猿が恋の季節の若者のように激しく交わりを求めているという事実が注目されるようになったのは、ここ十年ほどだ。ダーウィンは競争心の強い雌が「逆転した」性別役割を演じるという「ごく珍しい事例」の存在を認めていたが、それらは「正しくは雄に属する」[14]もので、取るに足らない例外として脇にやってしまっていた。

ダーウィンの一面的ながら非常に影響力の大きかった見解により、そののち百五十年に及ぶ同性間の競争の研究は交尾を求める雄の争いに偏ってしまい、雌の隠れた戦いの能力はほぼ科学界から無視されてきた。[15]結果として雌をめぐるデータに不足が生じ、それが知見として扱われるようになってしまった。雌は競争心を欠くものとされ、その理解にもとづいて仮説が組まれた。真実はといえば、誰も見るべきものを見てこなかっただけだ。

鳥たちがまさにそうだ。鳴禽類のさえずりは長らく性淘汰の古典的な例として扱われてきた。ライバルに競り勝って異性の関心を得るという目的のためどんどん華やかに進化した、雄の装飾品というわけだ。さえずりが鳥にとって負担だとは思えないかもしれないが、すべての歌を記憶するにはより大きな脳が必要で、空を飛ぶ小さな生きものにとってはエネルギー面でも身体面でも楽ではない。実のところ鳴禽類の雄の脳は、歌う必要がない冬のあいだは委縮することが知られている。

ダーウィンは『種の起源』に綴った。「ならば、雌鳥が自分たちの美の基準に従ってさえずりや羽色の最も美しい雄を何千世代もかけて選抜し、著しい結果をもたらす可能性を疑う理由は見当たらない」。晩餐会でのヴィクトリア朝の淑女たちとよく似て、雌の鳥には競争する理由がないとされた。ダーウィンの説によって蓋をされた結果、雌は雄のパフォーマンスに耳を傾け、気が進まなくても最もふさわしい雄に交尾という報酬を与えることがおもな役割になった。鳴くのを目撃された雌はおかしな個体として切り捨てられた。そのさえずりは科学者の耳には届かず、手垢のついた言い訳とともに脇にやられた。いわく、雌が鳴くのは「ホルモンバランスが悪いせい」[16]、またはアンテロープの枝角のように雄と遺伝子構造を共有していることによる、適応とは無関係なただの副産物だ。

「雌が鳴いているのを聞いたら、無意味な変異だとするのが定石でした。体内のテストステロンが過剰な年老いた雌だというわけです」。オーストラリア国立大学進化生態学教授のナオミ・ラングモアはいう。「教科書における鳴禽類の歌の定義は『繁殖期における雄の鳥の複雑な発声』[17]ですから。つまり雄の特技として定義されているのです」

いつまでたっても雄が定義を独占している状況に、ラングモアはすっかり「トサカにきている」。三十年にわたって雌の鳴禽類の複雑な発声を研究し、なんとかその声を届けようとしてきたのだ。この分野の草分けの科学者たちとともに男性中心的な鳥のさえずりの定義に反旗を翻して、入手可能な科学的データをとことん調べ尽くし、無言どころか七十一パーセントの鳴禽類の雌が歌っている[18]ことを証明しようとしている。

なおかつ雌の鳴き声には耳を傾けるだけの価値があるのだ。空飛ぶディーヴァたちの歌声は、ダーウィンの性淘汰説の根幹に疑問を投げかけるのだから。

ラングモアいわく、過去一世紀半にわたって雌が無視されてきたのは、古いタイプの性差別的バイアスの残念な一例ではない。この偏見の根はおおむね地理的なところにある。鳴禽類（またはスズメ目スズメ亜目）は鳥類最大の「目《もく》」で、既知の鳥の六十パーセントを占める[19]。六千を超える種を特徴づけるのは枝などにとまることを可能にする高度に発達した足先と、器用に歌うことを可能にする喉頭にも似た筋肉質な鳴管《めいかん》だ。さらに進化の神は優雅なシジュウカラ科、風を切って飛ぶツバメ科、楽園のにぎにぎしい鳥など、さまざまな鳥たちを自由に作った。合計百四十ほどの科は脊椎動物でも屈指の多様な分類群で、それがわかるのは近年スズメ目が世界中に広がったからだ。鳥の鳴き声が聞こえない大陸は南極だけだ。

世界に君臨しているにもかかわらず、鳴禽類は昔からヨーロッパと北米で研究されてきた。大半が渡り鳥であるこれらの種は最近再編されたスズメ科で、これらの雌はたしかに声を発することが少ない。それでも歌うヨーロッパコマドリなどは性的二形を欠く傾向が強く、騒がしい雄と間違われることが多い。[20]

ラングモアの暮らすオーストラリアや熱帯地方全般では話がまるで違う。ダーウィンがもし南半球に住んでいたら、チェーンソーの真似をするコトドリから華奢なルリオーストラリアムシクイまで、低木や裏庭で暮らす何十もの種が雄とおなじくらい鳴きたてるのを聞いていただろう。

「鳥のさえずりを研究するオーストラリア人としては、文献に含まれる誤解に敏感にならざるを得ません。男性が書いた鳥の歌についての論文を読み、それから出かけていってフィールドワークをすると、どこを向いても歌う雌だらけなのです。そのズレに気づかずにはいられません」[21]

鳴禽類はおよそ四千七百万年前、オーストラリアで進化したとされる。[22]この始まりの地での雌の鳴き具合からして、昔からずっと歌っていたのではないかという印象をラングモアらはもった。そこで鳥類の系図を作って祖先について再検討し、最初期の雌の鳴禽類はたしかに騒々しいディーヴァの一団[23]だったのだろうと推測した。

「やっと軌道修正されました。それまでずっと、歌う雌を含むオーストラリアの古代の鳴禽類は特異な例だろうとされてきたのです。今や北半球の鳴禽類こそ変わり者なのがわかりました」

ラングモアの発見は実に奥が深かった。歌う雌が最近の進化の「鬼っ子」で、熱帯だけで発見されるというのは誤りだったのだ。雌の鳴禽類はずっと歌っていた。何が変わったかというと、北のほうの気候の地域で、比較的最近になって進化した鳴禽類の科の雌がなんらかの理由で歌わなくなったのだ。ダーウィンが提唱した枠組みとは大きく異なる進化上のシナリオだ。

「本当に追究するべきはなぜ雄が歌うかではなく、なぜ一部の雌がいつの間にか歌わなくなったかです」

雄のさえずりに比べて、雌の歌の研究はまだよちよち歩きだ。それでも雌の鳴禽類が発声の能力を、もっぱらほかの雌との競争に使っているらしいことは判明している。雌たちは縄張りや繁殖の場所、交尾相手をほかの雌から守るのに歌声を使い、雄の気を引いてよその雌から引き離そうとするときにも歌う。オーストラリアのような暑い国ではそのほうがずっと筋がとおるだろう。繁殖期は長く、つがいは一年を通じて縄張りに留まるのだから。

「雌には縄張りを守る真剣な事情があります。雄に死なれる、捨てられる、近所の雌と浮気されるといったことが考えられますから。どんな状況でも外敵から縄張りを守れるようでなくてはいけませんし、歌を歌って新しい雄を惹きつける必要が生まれるかもしれないのです。つまりこうした熱帯の地域では、雌にとって歌えるのは非常に好都合です」

ほとんどの鳴禽類が冬になると南へ移動するヨーロッパや北米の庭では、話が大きく異なる。戻ってくるときはおおむね雄が先で、全力で歌い、縄張りを確保して交尾の相手を得ようとする。雌はしばらく「店先を冷やかして」から雄を選ぶ。その結果として、一部の種では性淘汰により雄の歌がより華やかになった。いっぽう繁殖期は短いので、雌は早めに本腰を入れて相手を選び、ふたたび南に向かう前に繁殖しなくてはいけない。そのせいでほかの雌と争う可能性は低く、雄の歌に対する評価もそこまで厳しくない。

雌にとっても歌声が進化適応なのは明らかだ。いくつかの巧みな実験によって、キイロアメリカムシクイのようにほとんど歌わない渡り鳥の雌も、ダミーの雌を縄張りに入れようとすると歌い出すことがわかっている。[24]

これら巣の場所や縄張りをめぐって歌声で戦う雌の鳥は、ダーウィンの性淘汰説と噛み合わせが悪い。この難問は進化生物学者のある種の壁になっている。

「ダーウィンが間違っていたわけではありません。ある程度まで、渡り鳥の雄の複雑な歌はやはり性淘汰をとおして進化しました。けれどそれは話のごく一部にすぎないのです。鳥の歌声のすべてを物語るわけではありません」と、ラングモアはいう。

「今わかってきているのは、歌にはもっと多彩な機能があるということです。交尾だけではなく、あらゆるものをめぐる戦いに関係しています。つまり歌は性淘汰だけによって進化したのではなく、社会淘汰を通じて進化したと今では考えられています」

社会淘汰という概念[25]は一九七九年、理論生物学者メアリー・ジェーン・ウェスト＝エバーハードによって提唱された。ダーウィンの性淘汰説では競争の結果として進化した装飾を説明しきれないと考えたためだ。競争の対象は交尾だけではなく縄張り、そして繁殖期以外の資源に及び、雄と雌の両方にかかわってくる。

ウェスト＝エバーハードはダーウィンを否定したかったわけではなく、その理念を拡大して、性淘汰を社会淘汰という一段と広い背景のもとに位置づけようとした。ダーウィン自身とおおむねおなじように、膨大な数の生きものを根拠に自説を展開した。派手な装飾や性的二形が性淘汰のみでは説明できず、季節や状況によって異なる社会的機能をもっているとさえ考えられる生きものたちだ。糞虫の角、クジャクの尾羽、オオハシのくちばし、鳥の歌、ハチ全般の支配的行動。すべては性淘汰ではなく社会淘汰という、より広いカテゴリで説明できるかもしれない。[26]

ただしこの概念はいまだに物議を醸し続けている。多くの動物学者は進化の宴席に新しい「淘汰」と名のつく客を招く必要はないという考えだ。[27] ダーウィン以外が（それもアメリカ人の女が）提唱したというのだから、なおさらだろう。だが雄の派手なパフォーマンスにとらわれない社会的競争の研究が進めば、ダーウィンの性淘汰の定義が雌の鳥の歌や鮮やかな羽毛、装飾を説明するには狭すぎるという理解も進むはずだ。[28] なおかつダーウィンの限定的な視野は「わたしたちの目を曇らせ[29]」、そのような装飾や性的二形はすべて交尾の成功にかかるものだという科学的偏見を養ってしまった。本当は別の形の社会競争とかかわっていることが多いというのに。

議論は今後もくすぶり続けるだろう。だがこれら派手な装飾を生み出している力をなんと名づけようと、雌が雄に負けず劣らず競争的なのは明らかになりつつある。努力の方向性が異なるだけだ。雄たちはもっぱら雌へのアクセスを懸けて争うが、雌はおおむね繁殖と子育てにかかわる資源のために戦っている[30]ようだ。その努力はより見えづらいかもしれないが、雌どうしの競争は進化の道すじに雄たちの戦いとおなじくらい影響を及ぼすのだ。もしかしたら雄以上かもしれない。

## アルファ鶏のお通り

社会的な種の場合、雌が生殖のために求める資源すべて——餌、安全な居場所、質のいい精子へのアクセスを決定するのは序列だ。つまり「女王さま」でいることには価値がある。雄は地位を賭けた血みどろの戦いでヒトの関心を独占しているかもしれないが、群れで暮らす雌もまたおおむねある種のヒエラルキーのもと生きていて、それは雄の序列とは関係ないことが多い。実際のところ初めて十全に記録された上下関係の構造は、野生の雌のものだったのだ。トルライフ・シェルデラップ＝エッベという名の若いノルウェー人科学者が、科学界に史上初の「アルファ」（訳注：群れにおけるリーダーを指す動物行動学の用語）を紹介したわけだが、それはたまたま雌のニワトリだった。

シェルデラップ＝エッベは六歳のときからニワトリに執拗なまでの関心をもっていたという。当時は二十世紀への変わり目で、まだ子どもの心もＴｉｋＴｏｋやポケモンに占領されておらず、幼いシェルデラップ＝エッベは両親の夏の別荘で雌鶏の観察に没頭した。熱心になるあまり冬も別荘を訪れ、社会生活にどんな変化があったか確かめたという。

群れのなかで雌たちが一対一の小競り合いを始め、片方がもう片方をつつくことがあった。つつくほうはだいたい年上で、巣作りに向いた場所や餌をめぐって優先的なアクセス権を得た。つつきあいの大会が何ラウンドか終わると総合チャンピオンが生まれ、群れのざわつきは収まり、それぞれの雌が結果として生まれたヒエラルキーにおける自身の立ち位置を受け入れるのだった。ただしシェルデラップ＝エッベが「独裁者」と名づけた最上位の雌は、自分より先に餌にありつこうとする下位の雌を繰り返し強くつついては、社会的地位を忘れないようにさせていた。

未来の学者は「ペッキング・オーダー」（訳注：「序列」を意味する英語表現。「ペック」はつつく意）の原型を目にしていた。

「雌鶏における防御と攻撃はくちばしを通じて行なわれている」[31]と、シェルデラップ＝エッベは一九二一年に発表した画期的な論文「ニワトリの日常」に記した。

彼はつつきあう雌鶏の群れよりもっと大きなものをつかみかけていた。若き科学者は正確に、この種の専制主義が動物の社会の根本的な原理のひとつだと見抜いていたのだ。しかし残念ながらより力の強い女性研究者と対立した[32]せいで、受けて当然の賛辞が受けられなくなってしまった。ヒエラルキーの調査は得意だが、実社会でそれに従って行動するのはそうでもなかったのだろう。

シェルデラップ＝エッベは雌のヒエラルキーが取るに足らないものなどではないと気づいた。「ニワトリどうしの争いは通常たいして真剣なものではないとされるが、実はけっしてそうではなく、ほんの気まぐれから行なわれるものでもない」と、彼は述べている。「雌はその争いに多くを懸けている。[33]とき には自分の命さえもだ」

それは鳥からハチに至るまで、動物の社会全般で真実だ。社会的なはしごを苦労してでも登り、「アルファ雌」の地位を得られたら大きな生殖上のアドバンテージになるので、戦う価値がある。雄の場合、優位を懸けた戦いは血みどろで騒がしく、いやでも目に留まる。雌の権力争いは苛烈なことに変わりはないが、おおむねより静かだ。だからこそ、おそらく何十年も無視されてきたのだろう。「雌は生来的に、ヒエラルキーに属しようとしない[34]……霊長類の雄こそ『政治的な動物』の原型だろう」というのが、『雌のヒエラルキー』（未訳）の残念すぎる結論だ。雌の支配関係に特化した初の教科書だったのだが。

その結論はみごとに間違っている。雌の戦略的競争こそ霊長類の社会構造の中心だ。雌の霊長類の社会のほとんどには強力な母権の集団が複数あって、互いに心理的な圧力や戦略的同盟を駆使し、権力をめぐって激しくやり合い、敗者には残忍な罰を与えているのだ。

前章で紹介したサバンナヒヒを思い出していただきたい。序列の高い雌はすべてをもっていた。まっさきに餌を口にする権利、自分と子どもたちのための用心棒。立場の弱い母親と子どもたちは、格上の相手からいじめられ続ける。そのせいで溜まったストレスは生殖能力に影響する。序列の低い雌は出産が遅く、発情も間遠で、上位の相手から嫌がらせを受け続けた結果としてときに流産を選ぶことさえある。

サラ・ブラファー・ハーディが述べているとおり、霊長類の種全般において「地位の高い個体はさらに上位の雌によるハラスメントや搾取を受けずにすみ、なおかつほかの雌の生殖に介入するという後ろ暗い特権を有する」[35]。

こういった卑劣なやり口で生殖能力が打撃を受けると、影響は深刻だ。雄どうしの歯を剝き出しにした激しいマッチアップの何倍も深刻といえるだろう。大切な遺伝的遺産を次世代にわたすという、最も重要なところを狙われるのだから。繁殖の妨害は考えられるかぎり最も残忍な仕打ちだ。四六時中こぶしが乱れ飛んでいないからといって、雌の霊長類に雄ほどの闘争心が備わっていないと考えるのは甘い。彼女たちはより巧妙かつ狡猾に戦っているだけだ。

序列の低いヒヒの雌がなんとか生き延びようとするなら、巧緻な政治的ゲームに参加して、自身と子どもを守る戦略的な同盟を組んで社会的なはしごを登っていくことだ。雌の霊長類は「地位の差や相手を軽んじるような行為に執着する」[36]とも表現されている。ただ雄ほど露骨にやらないだけだ。

午後の日陰で休み、植物の種を食べてはお互いの毛のダニをとっている雌のヒヒの集団は、一見して和やかな女の園というところだろう。だが一皮むけばグルーミング、餌のシェアリング、ベビーシッターといった手段をとおして複雑な関係が展開され、駆け引きが繰り広げられている。ヒヒたちが協力して攻撃的な雄を撃退したり、お互いの赤ちゃんの面倒を見たりするのは、自身の繁殖の可能性を守りたいという自己中心的な理由からなのだ。そういった政治的な振る舞いには絶大な認知の力が必要で、だからこそ社会的な霊長類はヒトも含め、脳のサイズ[37]と知性が拡大したのだろう。

### 生殖貴族万歳！

動物の母系社会はフェミニストのエデンの園ではない。多くの場合そこには生殖をめぐる圧政という不快な流れが渦巻いていて、チームワークと搾取の危うい綱引きを支配している。愛すべきTVの人気者ミーアキャット（*Suricata suricatta*）の集団生活ほど、それが露骨な場所はないだろう。暴力的な全体主義社会は、ＴＶ画面の純真無垢なイメージとはどうにも結びつかない。

たしかにミーアキャットには抗いがたい魅力がある。わたしはおおむね世間一般の「カワイイ」には免疫があって、惹きつけられるのは異世界のような暮らしをしている奇妙なぬめぬめした生きものたちだ。それなのに数年前、南アフリカのカラハリ・ミーアキャット・プログラムのお招きにあずかったときは、この小さくて社会的なジャコウネコ科の生きものにメロメロになってしまった。漫画の変てこなキャラクターのようだ。そして後ろ足で立とうとする習性のせいで、つい擬人化したくなる。ミーアキャットの仕事は掘ることで、動きを止めたと思うや猛然と掘り始めるが、たいていあまり成果はない。獰猛なサソリと小競り合いをしたり、日なたでうとうとして転んだりというあたりも、よくできた道化ぶりを強調している。だがドタバタ喜劇とは裏腹に、ミーアキャットの社会はチャップリンではなくスターリンに近い。

ミーアキャットは三〜五十匹の群れで暮らし、一匹の支配的な雌が生殖の八割を独占している[38]。残りの「脇役」たち、つまり親戚や子孫、数匹の流れ者の雄は縄張りの警備、見張り、巣穴のメンテナンス、ベビーシッター役を引き受け、支配的な雌の子どもたちにお乳を与えたりもする。数少ない個体だけが繁殖し、群れの残りはサポートに回るというこの種の労働の分担は科学的には「協同繁殖[39]」という。やけに婉曲な言い回しではないだろうか。ミーアキャットの一見した仲間意識は心地よい「協同」によってではなく、露骨な圧政によって実現しているのだから。

ミーアキャットの社会は、血のつながりが濃い雌どうしの容赦ない生殖競争を前提にしている。この雌たちは妊娠すると、お互いの赤ちゃんを殺して食べようとするのだ。共食いを陰で操っているのは、序列の低いものたちの生殖を断じて許さない[40]支配的な雌だ。目標は自身の在位期間中、雌の親戚に一匹たりとも子を産ませず、自身の赤ちゃんの世話を引き受けさせること。そうやって赤ちゃんを不要な競争から守りつつ、食べられてしまわないようにするのだ。おまけに支配的な雌自身はより多くの赤ちゃんを産むことに全力投球できる。汚い手段を使ってでも守るに値する地位だ。群れのなかで最も体格がよく、攻撃的な個体である雌は搾取、身体的虐待、罠、殺しを用いて目的を達成しようとする。

支配者の座が空位になることはめったにない。変動が起きるのはタカの襲撃やライバル関係にある群れとの抗争で、最上位の雌が命を落としたときだけだ。そうした場合、最高権力者の仕事は最年長で最も体格のよい雌に引き継がれる。おそらく前任者の娘たちの一匹だろう。

最高権力者の地位を継ぐやいなや、雌はさらに体格がよくなり、テストステロンの量も増し、ほかの雌たちに対して攻撃的に振る舞うようになる。とりわけ酷な仕打ちをするのは年齢と体格が似通っている雌たち、おそらくは自分の姉妹で、生殖競争の最大のライバルとなるものたちだ。

「雌のミーアキャットにとって最も望ましいのは、誰かが自分の母親を食べてくれることです」。ケンブリッジ大学の行動生態学教授にしてカラハリ・ミーアキャット・プロジェクトの創始者ティム・クラットン＝ブロックは、洗練されていてかつ親しみやすい口調で電話越しに教えてくれた。「ただしせっかく食べてくれても、タイミングが悪ければ意味はありません。自分が群れのナンバーツーであるときにこそ餌食になってほしいのです。さもなければ憎らしい姉妹の一匹が昇格して、自分は追い出されてしまうでしょう」

クラットン＝ブロックはミーアキャットの一族の、血で血を洗うホームドラマを二十五年にわたって観察している。彼いわく、追放の憂き目に遭うのは女王の娘たちだけではない。在位期間中、性的に成熟して母親になろうかという雌たちは、挑戦の機会さえ手に入る前にそろって群れから追い出されてしまう。

「支配的なミーアキャットが年上の娘たちを追放する場面はよく見られます。残酷なものですよ。すぐさま逃げ出さない娘たちは殺してしまいます。ミーアキャットの群れを観察していると、順位が下の雌たちに一定以上の年齢の個体は基本的にいません。支配的な雌が、二歳から四歳になるまでに追い払ってしまうからです。みんないなくなってしまうのです」

追放に先立つのはよく練られた段階的な虐待プログラムだ。入門編のいじめは順位が下の雌の口もとから餌をかすめとることから始まる。TVで観たら愉快な一幕かもしれないが、実情は悪夢だ。カラハリ砂漠には口にできるものがろくにない。ミーアキャットの餌になり得るほとんどの生きものは、身を守る手段として苛烈なトラップを進化させている。致死的な神経毒を注入するサソリ、肛門から煮えたぎった酸を高速で噴出させる甲虫。どれも胃に収める前にトラップを解除しなくてはいけない。それより前に、まず見つけなくてはいけない。砂漠の灼熱の大地はコンクリートとおなじくらい固い。わたしはサソリの巣を発見したが、試しに巣の主をツルハシで掘り出すのにまる十分かかった。ミーアキャットは柔らかい砂しか掘ることができず、食べられるものが見つかるまで砂山を散々掘らなくてはいけない。そんな苦心の証の餌を奪われるのは屈辱ではすまず、貴重なエネルギーの致命的な損失だ。

続いて身体的な虐待が始まる。尻をぶつける、尾や首すじ、生殖器を噛むといった行為は、権力を振るおうとしている支配的な雌の常套手段だ。身体的ないじめは権力を印象づける手段で、その結果生じるストレスは被害者の生殖能力を弱める。ただし主たる目的は被害者の毎日をひどく不愉快なものにして、群れを去るよう仕向けることだ。

「追放への第一歩はいじめから。尾のつけ根を咬むという手段がよく見られます。その場所が痛々しく禿げている個体がいたら、次はその雌だとわかるのです」と、クラットン＝ブロックは解説する。

絶え間なく餌を奪われたり生殖器を咬まれたりするのに比べたら追放のほうがはるかにマシだ、と思うかもしれない。だが支配的な雌のミーアキャットよりなお恐ろしいものが存在するとしたら、それはカラハリ砂漠そのものだ。この果てしなく広いステップ気候のサバンナほど過酷な環境はめったにない。雨は一年の大半をとおして数えるほどで、気温は日中四十五度まで上昇する。夏のピーク、昼間の気温は六十度に至るが、冬になると夜間は凍えそうなほどだ。共同の巣で温かい仲間の体に寄り添って眠れなければ、二度と目覚めは訪れないだろう。

さらに危険なのはよそのミーアキャットの群れの縄張りに入りこんでしまうことだ。それぞれの群れが二〜五平方キロメートルの縄張りをもっていて、熱心にパトロールと防衛を行なっている。適当な巣穴や餌が少ないせいで、隣近所は激しく競いあっていて、暴力的に衝突することも多い。クラットン＝ブロックが研究対象にしているエリアも、いがみあうギャングたちの縄張りがパッチワーク状になっている。つまり故郷を追われたミーアキャットはライバルの地所に入らざるを得ない。定住している集団に見つかるやいなや追い払われる。捕まったら、待っているのは死だ。

たとえ隣近所のミーアキャットの集団に殺されなくても、孤立したミーアキャットを夕食のおかずにしようとする視力のいい捕食者がごまんといる。ミーアキャットが採餌のために必要とする柔らかい砂のほとんどは、乾いた川底や草地、草一本生えているかどうかという砂丘などにしかない。つまり空腹の雌の姿は丸見えだ。周囲に身を隠すものもなく、頭を砂に突っ込んで掘るのだから。目を光らせ、捕食者の接近を知らせてくれる見張りがいなければ、孤立したミーアキャットはたちまち無数にいる空の捕食者やヤマネコ、ジャッカルに捕らえられてしまう。

カラハリ砂漠の過酷な環境があるからこそ、生殖における特権階級は全体主義を徹底するのに必要な手段が手に入る。単独でのサバイバルは専門的技能の必要なスポーツで、多くの動物にとっては「協力するか、死か」だ。なおかつカラハリ砂漠は約六千万年前から存在する古い砂漠で、本気でねじれた「協力関係」が進化してきた。アリ、シロアリ、コロニーを作るシロクロヤブチメドリのような鳥、巨大な巣穴を築いて社会性の暮らしを営むダマラデバネズミ。これらもすべて生殖全体主義とでもいうべきものを軸にしていて、「協力」は生存と表裏一体だ。

紀行作家A・A・ギルはこんなふうに記している。「この地にロマンスはない。カラハリ砂漠は道徳観念も規律もない市場原理の地で、純粋かつ苛烈な資本主義が展開している」[41]

若い雌のミーアキャットがホルモンをもて余し、適当な雄と交わるという暴挙に出ようものなら、すぐさま鉄槌が下される。妊娠した序列の低い雌は情け容赦なく追放だ。その後のストレスによって、だいたいの場合流産という結果に至る。周囲に気づかれず月満ちて巣で出産しても、望まれない赤ちゃんたちは女王が殺して食べ（自分自身の孫の場合がほとんどなのだが）、母親を群れから叩き出す。

もう十分残酷だが、子どもを失ったばかりの娘たちの追放にはおまけの「協力」という要素がついてくる。ある条件において、そっと群れに戻ることが許されるかもしれないのだ――手を汚した母親の赤ちゃんたちの乳母を務めることで[42]。

授乳は下位の雌にエネルギー面で深刻な負担を与えるが、奴隷と化した雌たちにはほかに追放か野垂れ死にという選択肢しかない。その脅威が、本来は自己中心的である個体の奇妙な利他主義を誘発する。支配的な雌の赤ちゃんの世話をするのは罰の一種、または無軌道な振る舞いの「みそぎ[43]」行為なのだ。群れの雌どうしの血縁が近いことを考えると、母親の子育てを手伝うのは少なくとも遺伝子の大部分を共有する相手のケアということになる。遺伝子的なつながりは下位の雌が奴隷を志願する動機を強め、協力という作業にいくらかのメリットを生む。女王のご機嫌とりに成功し、群れに長いあいだ留まっていられたら、いつの日か王位を継いで子どもを産める可能性があるのだから。

「若い雌にとって最も避けたいのは、母親に群れから追われることです。そのためある程度、母親のゲームに参加しなくてはいけないのです。母親は自分より大きく、権力をもっています。誰かが母親を食べてくれるのを期待するしかありません」と、クラットン＝ブロックは語る。

ひとつありそうでないのは、序列が下の雌たちが結託して女王を追い落とすという事態だ。「霊長類ならばそうするでしょう。手を組んで、支配者の寝首を掻くのです。ミーアキャットは手を組みません。非常に愚かなのですよ――投資の運用を任せたいと思う相手ではありませんね」

下剋上が起きるのは支配が揺らいでいるときだけだ。たとえば力のない雌が最年長というだけで女王の座を継ぎ、体格面で最も優れているとはいえない場合。または強力な支配者だった雌が病気や怪我に見舞われた場合。こうなるとシステムがダウンし、血みどろの争いが始まる。力の拮抗した雌たちが上位の座を賭けて死闘を繰り広げるのだ。互いへの攻撃性がエスカレートするのに加えて、多くの場合いっせいに妊娠する。結果は赤ちゃんを食べるという惨劇だ。最初に生まれた赤ちゃんたちは別の妊娠中の雌に食べられ、それが繰り返される。虐殺は延々と続き、最後に生まれた赤ちゃんたちだけが、母親が誰であるかにかかわらず生き残る。ある研究では確認されていた二百四十八匹の赤ちゃんのうち、百六匹が巣穴から姿を現わさなかった。[44] おそらく全員殺されたのだろう。

ミーアキャットの世界は緊張感に満ち、殺しが横行している。数千種を超える哺乳類の死に至る暴力を調べた研究では、ミーアキャットこそ地球上で最も血に飢えた哺乳類だとされた。ヒトさえ抑えて、恐るべき表彰台の頂点に立ったのだ。ミーアキャットは五匹に一匹の確率で仲間に殺される。[45] 下手人として最も可能性が高いのは雌、それも自分自身の母親だ。

あれやこれや考えるとミーアキャットが健全な家族向けエンタメだったり、英国やオーストラリアのCMに登場したりするのは妙な話だ。一見してキュートでコミカル、「協力的な」社会を営んでいるかもしれないが、個々のミーアキャットは自己中心的だ。どんな神も、これほど不完全で血みどろのシステムを作るとは思えない。だが進化はそれを作り、どういうわけか機能しているだけでなく、非常に効果的だ。このサイズの動物なら年に一回出産するくらいだと思われそうだが、支配的な雌は一年に三、四回している。「マビリ」と名づけられた伝説の女王は、十年にわたる在位期間中に八十一匹の赤ちゃんを産んだ。

うまく生殖に至るミーアキャットが六、七匹に一匹[46] だと考えると、雌の繁殖成功率の分散は平均的なアルファ雄よりはるかに広い。クラットン＝ブロックによると、彼の観察対象で最も生産的だったアカシカの雄でも生涯に二十五頭の子どもをもつくらいだった。巨大な枝角を生やし、ライバルを蹴散らし、大きなハーレムを維持するというエネルギーを費やしたのに。

## 女王陛下万歳！

協同繁殖する雌にとっては、そんな数字など目ではない。共同生活の女王はもちろん社会的昆虫で（具体的にはシロアリとアリの全種、スズメバチとミツバチの一部）、彼女たちの社会はよくできた生殖全体主義だ。母親になる機会を得るのは何万という雌の一匹だけ。その機会を得たものたちは卵を産むことだけに集中するので、恐ろしく多産だ。産卵は安全な居室で、生殖能力をもたない働きバチにかしずかれながら行なう。

このシステムを最も極端な形にしたのがシロアリで、恐竜が闊歩していた約一億五千万年前のジュラ紀初頭から共同生活を営んでいる。オオキノコシロアリ（*Macrotermes bellicosus*）の仲間は菌類を育てるだけでなく、湿度と温度の管理が行き届いた高さ九メートルにもなる塔を西アフリカのサバンナに築く。塔の中心部には玉座の間がある。アリやハチと違い、この部屋を使うのは女王と王の両方で、ふたりは生涯添い遂げる。多くの種において女王は恐るべき産卵マシンになり、腹部は何千回も膨張しては、巨大でつや光りする全長約十センチメートルの白っぽいソーセージと化す。頭部と胸郭、脚は小さいままなので哀れっぽくじたばたすることしかできない。それ以外の動きはグロテスクに脈打つ胴回りに邪魔されてしまうのだ。女王は働きバチの群れから食事を与えられ、巨大なウジのような体をきれいにしてもらい、エネルギーのすべてを新しい卵をひり出すことに費やす。およそ三秒に一個、毎日朝から晩まで、長くて二十年間。一日二万個超産むと、理論上は生涯に一億四千六百万匹ほどのシロアリを送り出すことになり、これは地上性の生きものとして世界で最も繁殖成功度が高い[47]。

こうした協同繁殖の極端な手法、すなわち産むものと産まない働き手のあいだに再生産労働をめぐって明らかな区分が存在するものを「真社会性《ユーソシアリティ》」という。「ユー」はギリシャ語の「よい」という意味だ。ただしこれまた非常に主観的な用語で、なぜなら実際のところ本当に「よい」のは一匹の個体——女王陛下のみだからだ。コロニーの残り数百万匹のシロアリは王を除けば不妊のままで、高貴なる肛門から分泌されるフェロモンを摂取することで下位のカーストに固定され続ける[48]。英国王室が突然まともな場所に見えてこないだろうか。

真社会性とは奇妙な形態で、個という哲学的な概念に逆行するため、数限りないディストピアSFの想像力のみなもとになってきた。オルダス・ハクスリーは『すばらしい新世界』の統制された世界を、ヒトを社会性昆虫になぞらえつつ五つの階級を与えることで作ったとされている。SFめいた真社会性がヒトと縁遠い無脊椎動物において進化したのは幸いだった。だがしかし、真社会性と分類される哺乳類の社会がひとつある[49]。すばらしく妙ちきりんなハダカデバネズミだ。

今も昔も、ハダカデバネズミ（*Heterocephalus glaber*）に出会うのはわたしの「死ぬまでにしたいこと」の動物版リストのトップだ。けれどこの世界で唯一の真社会性の哺乳類には、簡単には出会えない。まず彼らは一生を土のなかですごす。シロアリのように三百匹ほどのコロニーを築き、エチオピア、ソマリア、ケニアの乾燥した草原の地中に、数キロメートルにわたるトンネルを掘るのだ。暗く閉所恐怖症を誘発しそうな生き方で、そのために進化の過程では視覚や体毛といった不要な品を手ばなしている。食べられる植物の塊茎を求めて絶え間なく土を掘るという、目の前のタスクをこなすのには邪魔なのだ。塊茎が東アフリカの砂漠の地中では見つけにくいことが、ハダカデバネズミが集団で生きていく原動力になっている。ひとつのコロニーは餌を求めて、年間およそ四・四トンの土を掘ることがある。

　ハダカデバネズミはめったに（あるいはまったく）地上に現れないが、おそらくそれは賢明だ。カラハリ砂漠と同様に、サブサハラアフリカの一角であるこの地はおよそ居住者にやさしくない。赤道直下の苛烈な太陽は、ものの数分でハダカデバネズミを丸焼きにしてしまうだろう。またここは山賊とテロ組織の温床だ――ハダカデバネズミというより研究者にとっての問題だが。モグラネズミの研究者が少なくとも一名、野外で「ふっつりと消え」[50]、いまだに見つかっていないという。

　わたしはケニアを訪れるたびに、灼熱の赤い大地に火山のような形のモグラ塚がないか探している。神秘の迷宮の存在を示す地上唯一の証拠だが、見つけられたためしがない。ようやくコロニーに出会ったのはアフリカの地ではなく、ロンドン東部の高温に保たれた棚だった。ハダカデバネズミの権威クリス・フォークス博士はロンドン大学クイーン・メアリー・カレッジで研究用のコロニーを世話している。なんと彼らは三十年近く、動物学部の最上階にいたのだった。わたしの住まいの目と鼻の先だ。

　待ち望んだハダカデバネズミとの対面は、今までていちばんシュールな動物との遭遇だった。当時ロンドンでは新型コロナウイルス感染症が猛威を振るっていて、博士はネズミ柄のマスク姿のわたしを出迎え、七階分の階段をすたすたと上って、甘ったるいイーストの匂いがする小さな部屋にとおしてくれた。その場所にハダカデバネズミの砂漠の地中生活を模したものが作られていた。プラスチックの箱と透明な筒を粘着テープでつないだものが六、七段の広い棚の上に置かれている。挿絵画家ウィリアム・ヒース・ロビンソンの作品顔負けで、こうするのが極秘の生きものの社会生活を観察し、解明するのに有効だという。

ある種の工場の生産ラインのように、筒のなかを足のある何百本もの生っ白いソーセージもどきがせかせか移動している。ハダカデバネズミはなんとも特異な外見のもち主で、「醜い動物」リストの上位の常連だ。ラテン語の学名は「だぶついた皮膚」と「奇妙な形の頭」を意味するが、それらは異様な姿の一部を指しているにすぎない。「歯の生えたペニスみたいでしょ」と、おなじネズミ柄のマスクをつけた博士はあっさりいってのけた。「とてもかわいいと思いますよ」

ハダカデバネズミの顔を愛でられるのは母親くらいだろう。母親が喧嘩っ早く独裁的な女王で、何に対しても愛情をもたないのであればそれすら不可能だが。皺の寄った薄いピンクの体はたしかにペニスそっくりで、頭部はヘルメットのよう、ぎょっとするほど長い黄色の歯が伸びている。土を掘っているとき窒息しないように、口は絶えず伸び続ける歯の奥にあり、おかげで歯はいっそう目立っている。機能をもたない目は小さな黒いふたつの点にすぎず、外から見える耳はなし。全体的な印象はやはりペニスで、雌が権力を握る種としては皮肉なものだ。

フォークスはプラスチックの箱のひとつに手を入れ、短い禿げた尻尾をつまんで歯の生えたソーセージをもち上げ、わたしにわたしてくれた。皮膚にはハリがあって、びっくりするほど柔らかかった。フォークスいわく、おかげでトンネル生活につきものの摩耗というダメージが和らげられる。ハダカデバネズミは新種のヒアルロン酸の生産者だ——高価な顔用クリームに入っていて永遠の若さを約束する、あの間質性のねばつく物質。おかげで皮膚はぷるぷるの弾力性を保っているし、がんにならないのもそれが理由かもしれない。[51]

ハダカデバネズミは科学にとって大いなる謎だ。世界唯一の変温動物の哺乳類で、どうやらがんに対して免疫があり、酸素なしで十八分も耐えることができ、痛みを感じない。ほとんど無敵といってよく、三十年以上生きられる。これくらいの大きさの動物に予想される寿命の八倍だ。これらのおかげで、若さの源泉を求めるシリコンバレーの研究者たちの熱い視線を集めるようになったが、[52]実際のところは過酷な地中生活にやむなく適応した結果なのだ。

フォークスは三十年をハダカデバネズミの真社会性の研究に費やしてきた。コロニーを仕切るのは一匹の女王で、一～三匹の選ばれた雄と交わって繁殖を一手に担う。年に四、五回、都度十数匹の赤ちゃんを出産するが、本当はもっと産むこともできる。なんと一度に二十七匹という記録もあるのだ。[53]赤ちゃんたちは透明な「ゼラチン肌」[54]の真っ赤なゼリービーンズという、胎児そのものの状態で生まれてくるが、それでも母親には大きな負担となっている。これだけの赤ちゃんを出産するには、女王の体はシロアリ同様ひどくいびつにならざるを得ないのだ。社会性昆虫の女王とおなじく、ハダカデバネズミの女王もコロニーの働き手の十倍ほど長生きするが、加齢にともなって生殖能力が落ちることもなく、常識外れの長い生殖寿命をとおして驚くべき遺伝的遺産を残していく。ある伝説の女王は、二十四年の観察期間のうちに九百匹超の赤ちゃんを産んだ。[55]

女王に選ばれた交尾相手を除き、コロニーの残りは作業員や兵隊を務める。ただしフォークスいわく、社会性昆虫と違って序列が低いものたちの役割はあらかじめ決まっていなく、流動的だ。体格のいい個体は侵入してくる外来種のデバネズミやヘビのような捕食者から兵隊として巣穴を守り、小さな個体は作業を担う。日々トンネルを掘り、頑丈な小さい後ろ足で土を掻き出し、赤ちゃんの面倒を見て、トイレ用の穴を清掃するのだ。どうやらデバネズミは排泄物の処理にうるさいらしい。フォークスの話ではそれぞれに個性があり、特定の作業を好むものたちもいるという。それはよいことだろう。女王あるいは交尾相手の雄という立場に昇格しないかぎり、一生をコロニーの維持に捧げるのだから。

「コロニーの九十九・九九パーセントはけっして生殖しません」と、フォークス。ミーアキャットと違って、下位のハダカデバネズミはこっそり交尾して生殖禁止ルールを破るような真似はしない。できないのだ。女王に性的な発達を抑えられ、親になる可能性を封じられているのだから。序列が下の個体は雄雌どちらも、性的な成熟に至る前の状態から逃れられない。おとなの生殖器さえ発達しない。つまり真社会性というシステムでは、下位の者たちのセックスは排除されている。結果として繁殖しない層は雄雌の見分けがまったくつかない。みんな女王の世話をこなしつつ、ユニセックスな姿でコロニーを駆け回っている。

　女王はいかにして性的な成熟を阻止しているのか、フォークスは研究者人生を懸けて調べ続けている。もともとは社会的昆虫とおなじくフェロモンが答えだとされていた。兵士の飲みものに鎮静剤を入れるように、女王は尿に含まれるそれをコロニー内に振り撒いているというわけだ。[56] フォークスはそうではないと証明した。下位のものたちは女王が化学物質を配合した糞を食べて操られているという説もあった。たしかにデバネズミは熱心に食糞をするし、赤ちゃんも世話係にしきりと糞をねだる。なんといっても糞を食べると貴重な腸内細菌や栄養、水分が得られるのだ。だがフォークスの考えでは、女王が糞を使って広大なコロニーを操作するには「マシンガンのように排便しなければ」ならず、そのような場面はまだ見たことがないという。

フォークスの見解では、女王が下位のものたちを性的に未熟な状態に留めておく手段は軽い身体的ないじめだ。女王はよく働き手を「押しのけ」、自分が引き続き強く有能なリーダーであると印象づけている。こうした攻撃を避けるには、働き手や兵士たちは下手に出なくてはいけない。コロニーに張りめぐらされたトンネルのどこかで序列が下のものと女王が鉢合わせした場合、女王はまたいでいき、下のものは体を縮めて待つことになる。[57]

生理的抑圧の正確なメカニズムはいまだ解明の途上だが、非常にざっくりとした話としてフォークスは女王の高圧的な振る舞いが「ストレス」となって下のものの脳内の化学物質を変え、生殖を司る視床下部と呼ばれる脳のエリアに影響を与えると考えている。鍵を握るのはプロラクチンというホルモンだ。「今までにわかっているのは、繁殖しない雄雌のデバネズミはプロラクチンの量が非常に多いということで、ヒトの場合は不妊に直結します」。プロラクチンは妊娠中や出産直後の女性において量が多い。乳房を刺激して母乳を作り、そのときの赤ちゃんが離乳するまで妊娠する能力を弱めるのだ。子育てともかかわりがあるとされる。つまりデバネズミにおけるプロラクチンにはふたつの役割の可能性が考えられる。まず繁殖を阻止し、なおかつコロニーの幼いものたちのよりよい世話係に仕立てるのだ。

ただしコロニー全体の支配を維持するために、女王は足を棒にしなくてはいけない。

「女王はコロニーの巡回に莫大なエネルギーを費やすと判明しています。二番目に活動的な個体の二倍以上も動き回っていて、約十八か月のうちに移動した距離は三倍にもなりました」

フォークスの見立てでは、絶え間ない「行幸」はコロニーの性的な抑圧状態を維持するために不可欠だ。[58]「女王は怠惰な王族などではありません。居室でぐうたらすごし、（社会性の昆虫のように）餌を食べさせてもらうわけではないのです」と、彼は語る。「とてもたいへんな立場ですよ。常に権力を維持しなければいけないのですから」

女王が健在で行幸を続けられるかぎり、コロニーは何年も、場合によっては何十年も泰平の世を保つ。だが女王が弱ったり、なんらかの理由で排除されたりすると一大事だ。その不在によって直近の階級の雌たちは一週間以内に性的な成熟を迎え、たちまち『ゲーム・オブ・スローンズ』式の世界が始まる。「『王座争奪戦では、勝つか死ぬかよ』という有名な台詞がありますが、それはそのままハダカデバネズミにあてはまるのです。彼女たちは王座を懸けて争っていて、その過程では殺るか、殺られるかなのですから。壮絶な戦いです」

これら穴掘り職人たちは、進化の過程で強力な顎の力を手に入れている。全身の筋肉組織の四分の一は、固い大地を顎の力で砕くことに費やされているのだ。そして剣のような歯。これら工業用掘削ツールが武器に変わると、たちまち血の雨が降る。フォークスいわく透明な筒は血まみれになり、研究仲間の力を借りて争う雌どうしを引き離さなければならないという。「死の牙がぶつかりあっているときは、細心の注意を払わなくては。指をなくしますからね」

皺だらけのピンクのペニスたちが、長い黄色い歯を使って互いの息の根を止めようとする光景は、見ていて気分のいいものではない。「無力感を覚えて、落ちこんでしまいますよ。特に土曜の朝、週末の実験室の当番から電話がかかってきて『喧嘩しています、どうしたらいいですか』と訊かれるとげっそりします」

　これだけの暴力沙汰になるのは当事者の雌たちにとって、女王が弱ったり消えたりしてもたらされる空白が一生に一度の繁殖の機会だからだ。この地下世界においては、一匹で反旗を翻すのは単純に不可能だ。ただ犠牲的な集団として存在していくしかない。ネズミたちはどこよりも過酷な環境で力を合わせ、サバイバルという困難な仕事を分かちあい、それぞれ仕事を負担することで生き残ってきた。協力することの強さをよく知っているが、同時に生殖における独裁主義も知り尽くしている。

　ふだんは穏やかでうまく機能している社会において、雌どうしの派手な暴力が噴き出すのは、生殖が強いモチベーションとなっている証拠だ。また真社会性の陰には生殖をめぐる競争が渦巻いていて、そのため動物界でも最も強権的なリーダーが必要とされるのだ。

　フォークスは語る。「ハダカデバネズミの社会はある種のユートピアのみごとな例で、共産主義社会といえるかもしれませんが、もちろんその裏ではありとあらゆる企みがうごめいているのです」

第 8 章

# 霊長類の政治学
## ——シスターフッドの威力

アニメ映画『マダガスカル』では、この巨大なアフリカの島は早口のワオキツネザル、キング・ジュリアンに支配されている。この大ヒットアニメの売りはリアリズムではないが、ワオキツネザルは実際にマダガスカルを故郷にしている種なので、映画内ではそれなりに信頼できるキャラクターだと思っても無理はないだろう。だが実際は、場違いなペンギンズとおなじくらいあり得ない。現実のマダガスカルにはワオキツネザルが大勢いるが、リーダーは王ではなく女王だ。製作者たちは雄の支配という設定にするほうが自然だと思ったのかもしれないが、ワオキツネザルの社会で権力を握っている性は完全に雌だ。

キツネザルの大半の種が同様だ。マダガスカル島のみに生息するこの奇妙な霊長類の仲間は、だいたい雌が優位だ。不可思議な歌うインドリ（*Indri indri*）のように単婚だろうと、先ほどご紹介したクロシロエリマキキツネザルのように乱婚だろうと、百十一種の九十パーセントにおいて性、社会、政治を手中に収めているのは雌だ。マダガスカル島は女の園、雌の霊長類が仕切っている島なのだ。

こうした雌の権勢ぶりと対照的に、霊長類の暮らしはもっぱら雄が中心にいるものとして語られ、好戦的な雄のチンパンジーが胸を叩き、力で群れを抑圧するような場面が強調される。ヒトの祖先の社会モデルとされることも多い。そのような雄の支配は、ダーウィンの性淘汰説からも予測できるといわれる。雌をめぐる雄どうしの争いの副産物で、雌はより体格がよくアグレッシブで武器を備えた雄を好む。すると雄は身体的な優位を生かして、小さく受け身な雌を支配するというのだ。

その結果、雌の支配は哺乳類においては稀だと長いこと考えられてきた。これまでに紹介したブチハイエナとハダカデバネズミの雌は体格において雄を大きく上回るので、ダーウィンの「自然秩序」を覆して雄を圧倒できる。だがキツネザルは性的二形においてほとんど差がない。ではどうやって弱いほうの性が支配層となったのか。そしてキツネザルの世界はほかの霊長類における支配の力学とその原点について、何を教えてくれるのか。そこにはヒトについても学ぶことがあるだろう。わたしは答えを求めて、マダガスカル島南部の灼熱の地へと巡礼の旅に出た。

マダガスカル共和国は地球上で二番目に大きな島国で、豊かな天然資源にもかかわらず最貧国のひとつだ。人口の四分の三は一日二ドル以下で生きている。その事実をもってすると、この地を旅しようという考えはたちまち不吉な色を帯びてくる。地図上では海辺の街モロンダバから人里離れた南西部の乾燥地帯、キリンディ・ミテア国立公園内のアンコーツファカ研究所に向かうわたしの旅はたかが四十キロメートルにすぎない。アフリカの旅に慣れている身としては、二時間くらいで着くだろうと思っていた。それは希望的観測もいいところだった。のんびりした海辺の街を離れるやいなや、車の旅は自動車番組『トップギア』の過激な回並みになった。

運転手のランズィは、道の代わりにどこまでも続く白い砂地の川底を淡々と進んでいった。ときに理由も告げず四駆を離れることがあった（どのみちわたしたちのやりとりは片言のフランス語で、訛りが強くてろくに伝わらなかったのだが）。何をするかというと目もくらむような太陽のもと、砂が沈んでいるところを確かめてくるのだった。ほかに車両といえばときおり現れるおんぼろの木製の馬車くらいで、さんざん叩かれて気が立っているコブウシ二頭が引いていた。こちらの四駆はセカンドギア以上では走れなかった。そもそも遅いのに加えて、無数の「料金所」に引っかかったのだ。砂岩のバリケードの持ち主は商魂たくましい地元のベゾ族の人びとで、通過のために小銭を要求するのだった。女性たちの顔には強烈な日光を避けるため白っぽい樹液が塗られていた。

移動は遅々としたものだったが、わたしは冒険に胸を高鳴らせていた。ただし道に迷ったときは、浮かれ気分も一瞬どこかへいってしまったが。夜間は車で移動しないようにいわれていて、理由は危なっかしい「道路」ではなく山賊だった。このあたりでは家畜泥棒が仕事として成り立っている。人口の少ない砂漠もどきのこの地において、山賊は食べていくためのなけなしの手段なのだった。携帯電話は圏外で、地図はもたず、道を尋ねられる人影もなく、行き先はとんでもなく辺鄙な場所。言語の問題のせいで、わたしにはランズィがちゃんと目的地をわかっているのかさえ自信がなかった。

水も尽き、緊急の水分補給のため涙を集めなければと思い始めたとき、長く赤い砂の道の果てに研究所が見えた。塵にまみれ、枯れた木々に囲まれている。たいした設備ではない——台所として小さな木の小屋、そのほかあらゆる目的に使われる差し掛け小屋。それでも数時間ぶりに見る人間らしい場所だった。おまけに四十すぎの素敵な女性が、野外研究者そのものの実用的な服装で待っていた。わたしを招待してくれたレベッカ・ルイス博士、テキサス大学オースティン校の生物人類学准教授にして、キツネザルの雌の支配に関する第一人者だ。

博士はちょっとした空き地にわたしがテントを設営するのを手伝ってくれたあと、研究対象たちが寝てしまう前にひと目見られるようにと、森の奥へ案内してくれた。道に散乱した枯れ葉を踏みながら歩いていると、高揚感が湧いてきた。ルイスが研究しているベローシファカ（*Propithecus verreauxi*）は、なぜひとも見たいと思っていたトップテンの種のひとつだ。雌が支配的だと知るずっと前から、このぎょろ目で雪のように白い原猿類には会ってみたかった。理由は「動作」だ。シファカは歩く代わりにダンスするのだ。

ベローシファカの住みかである迷宮のような森は地球上でも屈指のしぶとい植生からなっているが、数か月雨の降らないような気候に痛めつけられ、豊かに茂る熱帯雨林とは別世界だ。この森の灰色の塊のような痩せた木々の枝は、シファカの体重にも耐えられない（せいぜいネコくらいなのだが）。こうなると近縁種のサルのように四肢を使って枝から枝へ飛び移ったり、反動をつけて別の木に移動したりするのは不可能だ。

ベローシファカは木の幹にしがみつくための大きな手足と、ジャンプするための長い脚を発達させるという方法で問題を克服した。みごとなもので、跳ねる姿はさながらピンボールマシンの球。強靭な長い腿が、一本の木の幹から別の幹へ、約九メートルの跳躍を可能にしている。そんな運動能力が弱点を露呈するのは唯一、地上に降りなければいけなくなったときで、長い脚と短い腕、滑稽なほど大きな足では四つんばいで歩くことはできない。代わりに腕を伸ばし、バランスをとりながら横っ飛びする羽目になる。進化という力がたしかに存在するのを感じさせる鮮やかな例だ。こんなクレイジーな移動の手段を考えつくには、心底ひねくれたユーモアのセンスを持ち合わせているのだろうが。

「まるで『ワンダーウーマン』のように見えます。一流のジャンパーで、力もしっかり備えているのです」と、ルイスはいう。

わたしたちが群れを発見したとき、シファカは一日の跳躍とダンスを終えてすっかり寛いでいた。ただしその状況でも雌の優位は感じられた。シファカは二〜十二匹からなる小さな家族のグループですごし、そのなかにはおおむね女王、その子どもたち、一、二匹のおとなの雄がいる。わたしが出会った集団の女王はルイスによってエミリーと名づけられた個体で、木のてっぺんで子どもとしっかり抱きあい、まもなく訪れる寒い夜に備えていた。いっぽうマフィアという名のおとなの雄はその下に座り（よく見られる物理的な序列の表れだ）、自分以外に抱きしめる相手もいなかった。気温は夜になると摂氏十℃まで落ちたりするが、ルイスはよくこうして寒さにさらされる雄を見るという。

雄のシファカは二級市民なので、アルファ雌に最も居心地がよく日当たりのいい寝床と最上の餌を差し出さなければいけない。反抗しようものなら、きつくお灸を据えられる。ルイスいわく、わたしは雌がその手の権力を振るうのを目撃するのに一年でもベストの時期に居合わせた。乾燥した冬のあいだ、ほとんどの木は葉を落としてしまい、キリンディは木の骸骨が並んだ荒涼たる砂漠になり果てる。これほど生命力を欠く熱帯雨林など見たこともなく、おまけに不気味なほど静かだった。虫は鳴かず、鳥は歌わず、ただ枯れ葉を踏む足音だけが静寂を破る。葉っぱを食べるキツネザルにも、それどころかどんな動物にも、ほとんど餌はなかった。「シファカは冬のうちに体重の十五〜二十パーセントを失います。この上なく厳しい時期なのです」

シファカが生命をつなぐ拠りどころとなるのはバオバブの木だ。この樹木の世界の巨人は太い木の幹に水を溜めておき、まわりの木々が総崩れになったあとも実をつけ続ける。オレンジほどの大きさの緑色のすべすべした球体で、脂質に富む高カロリーな種を含み、ずんぐりした枝からクリスマスツリーの装飾のようにぶら下がっている。唯一の問題は殻が硬く、シファカの歯はそこまで頑丈でないことだ。糸切り歯は木を噛み砕くという役割を失い、柔らかい毛をグルーミングするための目の細かい櫛になってしまっている。

「雄たちは指分たっぷりの種にありつこうと、延々と硬い殻を削り続けます。やがて繊細な歯を痛めてしまうのですが、ようやく種に到達したと思うと雌がぴしゃりと頭を叩いて『お疲れさま、ちょうだい』といわんばかりにもっていってしまうのです」

翌朝、そんなやりとりを垣間見た。朝九時ごろ、まだシファカたちが木の上で眠っているところを狙って森に入っていったときだ。驚くほど悠長なスタートだった。ほかの霊長類を観察するときは、夜明けにパトロールに臨むものだ。森で寒い夜をすごしたあとのシファカは立ち上がりが遅い。しばらく日なたぼっこしてからようやく、エミリーに率いられて朝食を探しに痩せた森の奥へと跳んでいく。もつれあった木々のあいまをわたしたちよりずっと早く移動するので、やっとバオバブの木の上にいるところに追いついたときには、枝のあたりから大きな諍《いさか》いの声と、雄の服従を意味するあの取り違えようのない音が聞こえてきた。ふと見るとおとなの雄のマフィアが地上を跳ね回り、落ち葉をまさぐって、種がついたままの鮮やかなオレンジ色のバオバブの実の切れ端を探していた。頭上の宴会のおこぼれだ。ルイスの話ではよくあることらしい。雄はバオバブの実を何個も奪われ、散々叩かれ、勘がいい個体は地上に降りて残りにありつくのだった。

「なぜ雄が我慢しているのか、正直なところわかりません。好き放題にひっぱたかれ、まともな餌ももらえないのですよ。楽な暮らしではないです」

雌のキツネザルの攻撃的な支配は一九六〇年代、若きアメリカ人科学者アリソン・ジョリーによって最初に報告され、それ以来ずっと科学者たちを悩ませてきた。二〇一四年に英国で七十六歳で亡くなったジョリーは、比較的知名度は低いが卓越した女性の霊長類学者のひとりだ。環境運動の新しい流れを作ってマダガスカル島独自の野生動物の多くを守り、霊長類の高い知能は道具を作るためではなく複雑な社会的関係を築くために進化したという見解を定着させた。当時の思想とは真っ向から対立したが、現在では常識だ。

ジョリーは百本を超す科学論文を執筆したが、これほどの学問的功績にもかかわらず同世代のダイアン・フォッシーとジェーン・グドールの陰に隠れ、科学への貢献は十分に評価されていない。ジョリーの研究の時流にそぐわない性質もあったのかもしれない。フォッシーとグドールが支配的なゴリラや雄のチンパンジーの序列をアフリカ大陸から報告するかたわら、ジョリーはマダガスカル島に拠点を置き、まったく異なるものを淡々と記録していた。すなわち好戦的なアルファ雌だ。

ジョリーがマダガスカル島に足を踏み入れたのは一九六二年、二十五歳のときで、イェール大学で博士号をとったばかり、ふんだんにあった「スプートニク時代の研究助成費が自慢だった」[1]。彼女は人里離れた西部のベレンティに拠点を置き、この島独特の知られざる霊長類の生態の観察という仕事にとりかかった。おもな関心は不可解なカリスマ性にあふれ、のちに広く知られるようになるワオキツネザル(*Lemur catta*)だ。その縞模様のスーパースターたちの雌は、それまで雄の特権だと考えられていた驚くべき行動をとっていた。

手始めに、縄張りの防御のほとんどを担うのは雌たちだ。臭腺がよく発達していて、雄より多く化学的シグナルを分泌できる。おおかたの予想とは逆だろう。雌は雄よりも同性の臭いに関心があるようで、それは繁殖中の雌においていっそう顕著だ。いちばん健康状態のいい雌たちは脂肪酸エステルを大量に分泌し、それが丈夫でセクシーだというシグナルになる。これまた通常は雄だけがすることだ。臭いのシグナルはおそらくほかの雌との争いに関連しているのだろう。つまり雄はたいした脅威ではなく[2]、無視してもかまわない存在だということになる。

雌は相手との「中間地帯」に入ったとき、または群れどうしの衝突が起きたときにいっそう多くのシグナルを残す。近所の縄張りに入りこんだときは相手のシグナルをしつこく嗅ぐ[3]いっぽう、自分のものは残していかない。

この点が興味深いのは、雄のチンパンジーが「パトロール」に出たときの行動とよく似ているからだ。最初はやたらと興奮しているものの、いったん自分の縄張りを出て隣の地所に入りこむとふいに静かになる。捕まるのはごめんだ。もし地所の主に見つかったら相手は叫び声を上げて木の幹をドラミングし、ひと騒ぎ起こすだろう。雌のキツネザルたちも臭いという手段を使って、よく似たことをしているわけだ。ご近所に紛れ込んでそこの雌たちの臭いをチェックし、どの程度の競争相手か予測しつつ、その際自分自身の痕跡は残さないようにする。報復されないようにこっそり行なうのだ。万が一相手と遭遇した場合、一転して猛然とマーキングを始めて、相手を追い払おうとする。叫び声を上げて木の幹を叩くよりはずっと地味だが、実質的にはおなじだ。

雌のワオキツネザルも物理的な手段に及ぶことはあり、両方の性に対して「ひどく攻撃的に[4]」なるところが観察されている。格下の雌たちを脅しつけ、場合によっては群れから追放するのだ。集団で暮らす種にとっては死刑宣告に等しい。子連れの雌にも容赦なく、子どもたちはたいてい集中砲火を浴びるうちに死んでしまう。

序列をめぐって雌が敵意をあらわにするのは、霊長類のあいだでは珍しくない。すでに見てきたように、キイロヒヒの母権制社会にはいじめが存在する。ただし雄には攻撃をする。ワオキツネザルの雌の攻撃性をめぐる研究では、雄が深手を負う確率は雌の三倍だとされている。場合によっては雌の暴力が原因で命を落としさえする。[5]

マダガスカル島ではたしかに雄のワオキツネザルが咬む、押しのける、叩くといった身体的ハラスメントにたびたび遭っていた。餌や居心地のいい寝床、良質な日だまりを譲れということだ。シファカ同様、ワオキツネザルはひなたぼっこを大切にしている。足を突き出し、腕を伸ばし、恍惚の表情で、七〇年代にスペインの人気リゾート地ベニドルムに滞在していた英国人さながら遠慮なく快感に浸る。だが朝食前のひとときに雄が陽だまりを占領しようものなら、力で排除されるのはあっという間だ。

アリソン・ジョリーは「威圧的な」態度のせいで雄のワオキツネザルは「雌を恐れている」とした。雌は自分の利益のために力を行使するが、場合によっては秩序を保つためにもそうする。ジョリーの研究では、あるとき若い雄がおとなの雄にいじめられていると雌が介入して、雄に「お灸を据えた」。[6]すなわちワオキツネザルは野生の霊長類において唯一、「すべての雌がすべての雄に対して優位にあるといえる」生きものなのだ。

ジョリーの画期的な研究は一九六六年に『ワオキツネザルの行動――マダガスカル島の野外研究』（未訳）という飾りけのない題名のもと刊行された。雌の優位性に関する細かい観察結果を整理し、収録しているのに加えて、これら「じゃじゃ馬」のキツネザルの雌たちに「ヒトの歴史の非常に興味深い面が垣間見える」[7]とも述べている。

マダガスカル島のキツネザルは原猿類、すなわちヒトにとって最も原始的な霊長類の仲間だ。原猿類は霊長類の主たる進化の道すじから早いうちに分岐した。主たるグループからはのちに新世界ザル（南北アメリカ大陸に生息するサル）と旧世界ザル（アフリカとアジアに生息しヒトを含む類人猿の誕生を導いたサル）が登場している。およそ五千～六千万年前、現在のキツネザルの祖先たちはマダガスカル島で孤立した。どうしてそうなったのかわからないが、最もよく知られているのは植物の「いかだ」に乗って島に流れついたという説だ。この霊長類の草分けたちは以降、巨大かつ比較的空いているこの島で孤立したまま進化し、クリップ三十個ほどの体重もないベルテネズミキツネザル（*Microcebus berthae*、世界最小の霊長類）からゴリラほどの大きさのあるアルカエオインドリス（*Archaeoindris fontoynontii*、残念ながら絶滅してしまった）まで多様な種をもたらした。

ジョリーはキツネザル、新世界ザル、旧世界ザルの三つの進化の系統が交錯するところから、共通の祖先について貴重な洞察が得られると考えた。「あまりサルらしくなく[8]、初めて種のなかで社会的な絆を結んだものたちだ」。この獰猛で恐ろしい雌たちをジョリーが発見したことで、攻撃的な雄を中心にした社会こそすべての霊長類にとって自然な状態だという見方は消滅した。少なくとも消滅するべきだった。

だがその画期的な発見に、誰も耳を貸そうとしなかった。これほど誠実な研究でさえ「大半の霊長類の群れにおける秩序はヒエラルキーによって維持され、それは結局のところ雄の力しだいだ[9]」という既存の説を崩せなかったのだ。

六〇～七〇年代の霊長類学は、雄の派手派手しい支配のシステムにどこまでもとりつかれていた。この点への固執が始まったのは遠い昔、霊長類学が台頭した一九二〇年代だ。基調を決めたのは動物学者ゾリー・ズッカーマンの草分け的なヒヒの研究（旧世界ザルに属する）だった。「雌のヒヒは常に雄の支配のもとにあり[10]、多くの状況において雌は極度に受け身な態度をとる」と、ズッカーマンは一九三二年に記した。彼が観察したコロニーは飼育下の過密状態のもので、野生とはかけ離れていたが、その観察が霊長類学の主眼となる仮説へ発展する。雄による順位制こそ、霊長類の生態を決定づける原理なのだ。それによって資源（餌と「受け身な」雌）へのアクセスが定められ、順位は戦闘能力によって決まる。

第二次世界大戦後、ヒトの戦争行為の原点はどこにあるのかという強い関心が、新進の科学だった霊長類学を席巻した。手軽なモデルにされたのはヒヒ属の動物だ。サバンナで大規模な社会性かつ半地上性の集団生活をするというスタイルが、ヒトの先祖がそうであったという環境科学の研究者たちの見解とおおむね一致したからだ。ヒヒの荒っぽい生態は、ヒトの祖先における雄の支配と攻撃性を重要視する向きには大いに歓迎された。たしかに雄のヒヒはおっかない。雌の倍ほど体格があり、ヒョウとおなじくらい長く恐ろしげな犬歯を使ってハーレムの支配を懸けて争う。

七〇年代後半、ヒトの祖先のモデルはチンパンジーに取って代わった。ジェーン・グドールがその好戦的な性質を明らかにすると、ヒトの雄も暴力で優位に立つよう生まれつきプログラミングされているに違いないという考えが支持を集めた。そうした見解を巷に広めたのはハーバード大学の生物人類学教授リチャード・ランガムや、霊長類の祖先がチンパンジーと鏡写しの存在――すなわち男性中心主義で雄どうしの絆が固く、たいそう好戦的だったと知らしめたかった多くの著名な男性科学者たちだ。

「それどころか人間の祖先を探ってみると、そのイメージはわれわれがよく知っている、現代の世界にみられるもの——現代に生きて呼吸をしているチンパンジーにぞっとするほどよく似ていた。」(『男の凶暴性はどこからきたか』三田出版会、一九九八年、山下篤子訳)と、ランガムはわかりやすい書名を冠したベストセラー『男の凶暴性はどこからきたか』のなかで語った。

ごく少数の地上性かつ旧世界の種をヒトの進化のモデルにしようと頑張った結果、人類学者カレン・ストライアー呼ぶところの「『典型的な』霊長類という神話」[12]が生まれた。特異でマッチョなサルたちの社会が、すべての霊長類の青写真とされたのだ。だが後の系統学的な調査により、旧世界ザルは霊長類の原型としてふさわしくないことが明らかになる。彼らの行動は実のところ非常に特殊で[13]、かぎられた環境における課題に対応できるよう調節されており、代表例を務めるにはほど遠かった。霊長類の社会は全般として、よく知られているヒヒやチンパンジーの雄中心のものよりはるかに多様だ。だが自然界のこの多様性は見すごされた。

新世界ザルはおよそ四千万年前、旧世界ザルから枝分かれした。生息地は中南米で、キツネザル同様、攻撃的な雄による支配はあまり見られない。ほとんどの種は平和かつ平等主義で、第7章で紹介した雄雌の体格がおなじで育児を分担するヨザルと似ている。支配が実行されるときは小さくて超キュートなリスザル、マーモセット、タマリン同様、優位に立っているのは雌だ。

ある晩、研究所での夕食後にルイスがいったとおりだ。「キツネザルは変わっているとみんないうけ

* C・H・サウスウィックとR・B・スミスの一九八六年の論文によると、一九三一年から八一年の五十年間で霊長類の野外研究の六十パーセントはわずか十の属に注目している。これら十のうち旧世界出身は一種のみだ。

れど、新世界ザルだって変わっているんですよ」

一九六〇年代当時、ジョリーの発見した血気盛んな雌のキツネザルは、テストステロンに駆り立てられたとされる旧世界の霊長類とはどう考えても相容れなかった。そこで雌の優位は霊長類の祖先の社会進化に貴重な洞察をもたらすはずだったのに、無視されるか、揚げ足をとるような議論に落とし込まれてしまった。雌の支配を認めることへの抵抗感のせいで、話は雄が戦略として「紳士的に振る舞っている」か、雌が単に「食事の優先権をもっている」という程度になっていった。

ルイスいわく、雌の支配についての研究は今でも「知の世界では孤立」[15]していて、よく「マダガスカル島のおかしなできごと」として一蹴される。どうにも検証不可能な仮説ということだ。けれどキツネザルにおいて雄が優位なのは十パーセントにすぎないのだから、その主張は明らかに非科学的で取り合うに値しないだろう。そしてまた肉食動物、げっ歯類、ハイラックスなど雌が優位とされる世界各地の哺乳類はどうなるのか。マダガスカル島のみの現象とはいえないだろう。

雌のキツネザルが興味深いのは、身体的な優位に頼らず支配を達成している点だ。雌がいくぶん大きいひと握りの種を除けば大半は雄雌で体格に差がなく、そのような状態はより平等主義な社会と結びつくと考えられている。では雌のキツネザルはどうやって、にらみを利かせるための屈強さもないのに群れを掌握しているのだろうか。

ルイスの考えでは、雌の力のみなもとは明白だ。未受精の卵子という、雄の求めるものを備えているのだから。「雌は卵子をもっているから、こういえるのです――卵子を受精させたいの？　ふうん、そうなの？　じゃあ、餌を食べるのはわたしが先ね」

キツネザルの繁殖期はとりわけ短い。ベローシファカの場合、一年にわずか三十分〜九十六時間で、ワオキツネザルは四〜二十四時間だ。「経済的観点からしても、排卵期の雌が一匹しかいなければそこには強大な力が生まれます。需要と供給の関係なのです」

ただし、進化はほかの可能性を引き出すこともある。かぎられた数の雌が発情すると、たちまち雄たちは貴重な資源を独占しようと争い始める。恋の相手を蹴散らすためにより大きな体と「武器」を手に入れ、結果的に雌を支配するための身体的な強さを身につけて、卵子という雌の資源の影響力を減じるのだ。つまり雌により強い支配をもたらすのとおなじ力が雄の性的二形を後押しし、それによって雌の力が物理的に抑えつけられることになる。

これはダーウィンの性淘汰の典型で、アカシカ（*Cervus elaphus*）などは教科書に載るような例だ。アカシカの雌は毎年、短い期間だけいっせいに発情して雄を誘う。雄は同性との戦いのため巨大な枝角といっそう厚みのある体を手に入れ、それによって雌を身体的に抑えつけられるようになっていく。

シファカの場合も雄はたしかに雌をめぐって物理的に衝突し、血なまぐさい争いにもなる。しかしなんらかの理由で、ダーウィンの予測に反して雄が雌を身体的に圧倒するような結果には至っていない。ルイスの見立てではおそらくマダガスカル島の特異な環境、そしてシファカの奇妙な身のこなしが関連している。最近の研究でわかったことだが、落葉した木しか生えていない枯れた森で暮らしていると、敏捷性が粗暴な力より優先されるようになる。競争相手に追われたとき、体が大きすぎればのろくて捕まってしまうし、小さすぎればいざ捕まったときに戦えない。つまり自然淘汰は中くらいの体格と強靭な長い足を求めたのであって[16]、競争心の強い雄たちがなぜより大きな体にならず、キツネザルの雌たちが社会的な優位性を保っているのか、説明がつくだろう。

それ以外にも進化の力は働いている。先ほどカモの生殖器で確認したように、性的対立もかかわっているのだ。キツネザルの雌は乱婚だが、雄は物理的に圧倒したり戦ったりすることなく貴重な卵子を独占する狡猾なトリックを身につけている。糊のように固まって「交尾栓」を形成する精子だ。雌が交尾に応じるのが短期間という場合、雄は凝固する精液を使って膣に栓をし、一時的に貞操を強要することがある。栓はものによっては相当大きく、ワオキツネザルの場合は五立方センチメートル以上だ。[17]* 二匹目以降の雄の交尾がまったくかなわないわけではないが、栓を取り除かなければいけないのは大きな障壁となる。雌の発情が一日かそれ以下の場合、影響は甚大だろう。

ライス大学の生態学および進化生物学准教授エイミー・ダナムは最近の研究で、交尾栓は発情期が短く(たとえばキツネザル)、また雄雌の体格の差がない種[18]により多く見られるとした。ダナムはこうした形での配偶者防衛が、雄のキツネザルが体格と武器で雌を物理的に抑えこむようには進化しなかった別の理由になると考えている。

この点こそ、ダナムにいわせれば雌の優位を理解する鍵かもしれない。いわゆるキツネザル研究の「聖杯」[19]だ。ゲーム理論によると、ふたりの競争者の力が拮抗しているとき、勝者となるのは賞品に最も価値を見出すほうの人間だ。雌は生殖のコストが大きいため栄養の必要性が雄より高く、より空腹に陥る危険が高い。栄養状態の悪い雌はおそらく質のいい卵子が作れず、妊娠や授乳にも耐えられないが、痩せた雄はそれでも有効な精子を放出し、次世代に遺伝子を受け渡すことができる。つまり雌は生殖適応度をめぐる賭けでより損をする可能性があり、そのため資源をめぐってより激しく戦うことが予想できるのだ。物理的な争いはコストも高いので、雄にとっては勝ち目のない争いにかかわって深手を負う危険を冒すより、雌に服従し、餌はよそで探すほうが理に適っている。大半のキツネザルは似たような体格で、なおかつこの島は暮らしにくく季節によって餌の有無が激しいのだから、雄のシファカはいつも頭を数回小突かれたくらいで貴重なバオバブの実を手ばなしてしまうのだろう。

なおかつ雌のキツネザルは生来、激しい競争を求める性質だ。第1章でブチハイエナの研究者として紹介したデューク大学教授クリスティン・ドリーは、キツネザルの多くも思わせぶりな器官を備えているという。すなわち「雄化した」生殖器だ[21]。

ブチハイエナ（*Crocuta crocuta*）は、地球上で最も支配的な雌の哺乳類といえるかもしれない。大半の場面でアグレッシブに雄を抑えつけ、形も位置もペニスとそっくりの二十センチメートル強のクリトリスを備えている。また精巣まがいの器官があり、膣には開口部がない。しかたがないので交尾と出産は「擬ペニス」を使って行なう。

雌のキツネザルはそこまで過激ではないが、やはりそれなりに奇抜なアソコを備えている。シファカとコビトキツネザルの膣は短い繁殖期のなかでも一日くらいしか開通せず、あとは一年中閉ざされている。一部のキツネザルは「雄のものと皮膚の組成がそっくりな[22]」偽の精巣と、一見してペニスと変わらないクリトリスを備えている。長さがあり、垂れ下がっていて、勃起組織と中核骨によって硬くなるの

＊サンディエゴ動物園のアラン・ディクソンとマシュー・アンダーソンは霊長類の交尾栓の目録を作り、精子の凝固具合を四段階に分類した。一（凝固なし）から四（固い栓）までだ。すると興味深い傾向が見つかった。雌が乱倫なほど栓は固かったのだ。ご参考までにヒトは二だった。「精子がゼラチン状になり、半液体化するが明確な凝固はない」

だ。ワオキツネザルのクリトリスは厚みも長さもほぼペニスと変わらず、「竿」の内部には尿道があり、雄同様に先端から排尿できる。

ワオキツネザルの雌は「雪原に自分の名前が書ける」と、ドリーはスカイプの画面越しに冗談をいった。ただの愉快な一発芸ではなく、特定のホルモンが作用していることを明確に示すものだ。「とても変わっています。アンドロゲンに曝露したことの典型的な表れです」

案の定、妊娠したワオキツネザルはブチハイエナ同様にテストステロンの量が増え、いっぽうで知名度に乏しいアンドロゲン「アンドロステンジオン」（別名A4）が減る。ドリーらは最近、ワオキツネザルにおいては妊娠中のA4の量が生まれてくる娘たちの支配的な傾向を定めると気づいた。長期にわたる調査の一環として最近、妊娠した雌たちのA4の濃度を測定し、のちに子どもたちのじゃれあいの度合いを観察するという研究が行なわれている。[23]「母親のA4が多いと、娘はあまり周囲から攻撃を受けません。基本的には支配する側になるのです」

ならば出生前にアンドロゲンを浴びると胎児の雌は攻撃的になり、おとなになってから競争で有利になるのだろうか。だが進化の目的が遺伝子を後世に残す可能性を最大限にすることだとしたら、攻撃性というアドバンテージもある種の諸刃の剣だ。ブチハイエナにとって攻撃的な気質は、仲間と競って獲物を口にしようとするとき、自分自身と子どもたちがライバルを蹴散らすのに役に立つかもしれない。だがその代償はクリトリスをとおした出産で、そこには困難がともなう。初産の母親にとってはメロンをホースにとおそうとするくらいの無理難題で、おかげで六十パーセントは死産、[24]十パーセントの母親は命を落とす。

「雌がアンドロゲンを浴びることにはさまざまな負の影響があります」。ドリーの説明によると、こうした雌はおとなになってから生殖と子育てに苦心する場合がある。「つまり雌が優位の種においては、アンドロゲンの曝露のポジティブな面を生かしつつ、負の影響を最小限にしなくてはいけないのです」

それは紙一重だ。高濃度のアンドロゲンを浴びることの良し悪しは、ドリーが研究対象にしている雌が優位の種でも明らかだ。ブチハイエナ同様、ワオキツネザルの母子はマダガスカルの荒涼たる森で貴重な餌を強引に手に入れることに関しては有利かもしれない。だが攻撃性が強すぎるため[25]、母親はたびたびほかの雌と激しい喧嘩になり、子どもが巻きこまれて怪我をしたりする。理想的とはいえない。

ミーアキャットからモグラまで、幅広い哺乳類の雌がある程度の「雄化された」生殖器を備えている。ドリーが最も興味深いと考えているのは、それが原猿類全般にも見られることだ。原猿類はマダガスカル島のキツネザルを含む霊長類のグループで、アジアに生息するロリス、アフリカに生息するブッシュベイビーもその仲間だ。どれも新旧世界のサルから約七千四百万年前[26]に枝分かれした、最も原始的な霊長類の系譜に連なる。ドリーにしてみれば、アンドロゲンが媒介する雌の優位性はキツネザルのみならず、ヒトを含むすべての霊長類の祖先にあてはまったかもしれないのだ。

ルイスもおなじ結論に達している。これから発表する論文のなかで現存する種と絶滅した種の生理学的系図を描き、すべてのキツネザル、さらにいうならすべての霊長類に共通する祖先は性的単形だった可能性があると指摘するつもりだ。雄の支配性はより体が大きい場合のみ発現する。すなわちわたしたちの共通の祖先は優位を分かちあっていたか、完全に雌が優位だったかどちらかだ。

この革新的な推論は、攻撃的な雄による群れの支配という形が霊長類のふつうの状態だという思い込みに冷や水を浴びせる。ドリーにいわせれば理の当然だ。ボスとして振る舞う雌という「謎」を、人間は間違ったレンズ越しに眺めていたのだから。

「『なぜ雌が仕切ろうとするのですか』と皆から訊かれますが、そうしてはいけない理由がありますか」。ドリーはスカイプの画面越しに、もう飽き飽きしているというような大きな声でいった。「たとえば有袋類の場合、生殖のコストを引き受けているのは雌です。その雌が雄に対して優位に立っていてもおかしくないはずです」。ドリーの見解では支配性がアンドロゲンの曝露による攻撃性の増強に頼っている場合、そこにはけっして軽くない副作用がともなう。ごく一部の種だけがそれに耐えられるよう進化し、生殖適応度を維持できるようになっていった。そうではない雌たちは力を振るう別の方法を見出していったが、幸いにもそれはクリトリスを使って出産するというものではなかった。

## 女たちよ、団結せよ！

「人間は力といえば争いだと考えるでしょう」マダガスカル島でのある晩、キャンプ地でお米と魚の干物の夕食をとっているときにレベッカ・ルイスが話してくれた。「けれど力がすべて争いから生まれるわけではありません」

動物の社会における「力」は昔から、物理的な威圧による支配と定義されてきた。なんとも男性的な見方だ。小柄ながら強力な雌による支配に注目を集めるため、権力構造を新しい形でカテゴライズする道を見つけなければいけないとルイスは考えている。

「わたしは南部のミシシッピ州の出身です。女が支配的などと誰もいわないような土地柄でしょう。でも女性はしっかり力をもっていて、母親、姉妹、妻、娘、誰であれ軽んじるような真似は許さないのです。おかげでわたしは、別の形の『力』があるのだと学びながら育ちました」

ルイスの視点では、力は体格的な差だけでなく「経済的な作用」からも生まれる。たとえばいい果物が実る木について詳しく知っている、未受精の卵子へのアクセスを管理している、戦略的に同盟を結ぶなど。

ジョージア州アトランタのエモリー大学霊長類行動学教授にして著名なオランダ人の動物行動学者フランス・ドゥ・ヴァールも、雌の力が過小評価されているという点に同意する。ロンドンに滞在していたところを訪ねていくと、「ママ」の幅広い影響力について教えてくれた。それはオランダのアーネムで研究対象にしていた、飼育下のチンパンジーのコロニーで最上位だった雌だ。

「ママはキングメーカーでした」

チンパンジーの場合、表向きはアルファ雄が支配者としての政治的存在だ。だが実はママの支えなしではコロニーを支配できず、そのことがママに莫大な権力を与えていた。どれだけ雄たちが叫んだり喧嘩したりして注目を集めようと、「ボス」[27]は間違いなくママだった。

ドゥ・ヴァールが初めてママと会ったのは若手研究者だった一九七〇年代だ。アーネムに招聘され、できたばかりの実験的な飼育下のチンパンジーのコロニーの序列を観察するよう求められたという。群れの中心が一頭の雌のチンパンジーなのはすぐわかった。経験豊富で、馬鹿げた真似は許さないという空気をまとう老いた雌だった。「彼女の名前はママ、その凝視には偉大な力がある」(『チンパンジーの政

治学　猿の権力と性』、産経新聞出版、二〇〇六年、西田利貞訳）[28]と、ドゥ・ヴァールは著書に記している。

ママはドゥ・ヴァール自身を含め、周囲のすべてのサルの敬意を集めていた。初めて対面したとき、身長一八〇センチメートル超の動物行動学者は「自分を小さく感じた」[30]という。ママは堂々たる体軀で、物理的に相手を怯えさせることもできたが、ユーモアのセンスもあった。雄雌を問わずあらゆるチンパンジーと無理なく関係を結び、ほかの個体にはできない方法で助け合いのネットワークを築いていた。

ママは群れの最上位の雌、すなわちアルファ雌で、その地位を死ぬまで四十年以上にわたって維持した。ドゥ・ヴァールの見立てでは、ママの立ち位置は独自のカリスマ性と社会的スキルに支えられていた。チンパンジーの場合、雌の序列は年齢と個性で決まる。たとえば動物園で雌がひとつところに集められると、序列はおおむね迅速に揉めごとなく決まる。一匹の雌が別の雌に服従の意を示すだけで、安定感があってめったに揺るがない。ドゥ・ヴァールいわく、それは「上からの圧力というより下からの敬意で」[31]維持されていて、「従属的ヒエラルキー」と表現するのがより正しいのではないかという。*

雄のチンパンジーの場合、話はだいぶ異なる。序列は腕力で決まる部分もあるが、ものをいうのは仲間との戦略的な同盟だ。アルファ雄の地位はしょっちゅう脅かされ、ひどく不安定だ。権力闘争にはおおむね複雑かつ流動的な同盟関係がからんでいて、ドゥ・ヴァールはそれをヒトの政治的な振る舞いに例えている。

アーネムではコロニーが一触即発の状態になると、競争に参加している個体はいつもドゥ・ヴァールが呼ぶところの「天性の外交官」[33]であるママを頼った。ママはためらわず争う雄たちのあいだに割って入り、あえて弱い雄たちをグルーミングし、緊張感を雲散霧消させるのだった。

その力は雌たちを掌握しているところからきていた。アーネムの雄たちは全員、ママを味方につけておく必要性を知っていた。ママはすべての雌の代弁者だったからだ。つまり味方にすると強かったが、公平とはほど遠かった。雄たちが揉めているとママはどちらかの側につき、誰かの肩をもった。群れの雌の一匹が間違った雄をかばおうとすると、態度を変えてママのお気に入りの側につくまで冷遇されるのだった。

「要するにママは政治的な鞭で、全員の統制をとっていたのです」

雄たちは皆、ママの機嫌をとっておいたほうがいいと知っていた。そこでグルーミングをしたり、赤ちゃんをくすぐったりするのだった。ママに食べ物をかすめとられても、取り返すような真似はしなかったし、文句もいわなかった。ただママに味方してもらうために、何をされても我慢した。

「支配というものを特別視する発想からは離れるべきでしょう。必要なのは区別です。まず身体的な支配があり、それを行なうのは多くの場合明らかに雄です。次に序列があり、それに関しては異性どうしではなく雄は雄、雌は雌のなかで決められていくのです」

＊この用語は一九七〇年代に優れた霊長類学者セルマ・ローウェルが作った。支配への注目度がすぎていて、服従という役割の大切さが見逃されているという思いからだ。その傾向をローウェルは男性の研究者たちによる霊長類の「無意識の擬人化」のせいだとした。アリソン・ジョリー同様、ローウェルも知られざる偉人でときに挑発的なまでに常識を問うた。ローウェルが論文の発表に際して「T・E・ローウェル」と名乗って性別を隠したのは何事かを物語っているが、それでも問題は起きた。一九六一年、彼女はロンドン動物学会の機関誌に論文を寄せた。非常によくできていたためケンブリッジまできて講義をするよう求められたが、T・E・ローウェルが実は女性だと発覚すると気まずい事態になった。講義こそできたものの性別を理由に晩餐の席にはつかないようといわれた。妥協案としてカーテンの後ろに隠れて食事をすることを打診された。むろん彼女は断った。

序列は誰が誰に服従するかで測られ、チンパンジーの場合は頭を下げたり「ホッホッ」と声を上げたりする。これら目に見えるサインはドゥ・ヴァールがいうところの「公式なヒエラルキー」[34]の反映で、軍服の肩章のようなものだ。

「最後に『力』というものがあります。群れのなかでの社会的なプロセスにどれくらい影響力があるかを意味し、定義はより複雑です」

ドゥ・ヴァールの考えでは、力は公式なヒエラルキーの背後に隠されている。チンパンジーの群れにおける社会的なやりとりは、誰が家族や集団のネットワークの中心にいるかという点で決まってくる。優れた社会的ネットワークと仲裁のスキルを備えたママは、ずば抜けて影響力があった。成体の雄はどれも公式にはママより序列が上だったが、全員ママを必要とし、敬意を表していた。「ママの意思はコロニーの意思でした」[35]

アルファ雌がキングメーカーになるという状況は、ほかの古典的な「男性支配の」霊長類でも見られる。ミシガン大学の人類学特別教授バーバラ・スマッツは、アカゲザルとベルベットモンキーにおいて、雄が権力を勝ち取って維持しようとする際に序列の高い雌のサポートが強く影響する[36]のを観察している。

雌のベルベットモンキーは生まれたときの群れに留まり、親類と生涯にわたる固い絆を結ぶが、雄は外へ出ていって血のつながりのない群れに加わる。それによって雌には強大な力が生まれる。血縁関係のある雌たちは安定した核を形成し、協力して雄の支配に対抗するのだ。特定の雄が群れに加わるのを阻止し[37]、別の雄を追い出し、ときにはその過程で怪我を負わせたり死なせたりもする。

「あれは基本的に雌の集団です。雄は出たり入ったりしますが、アルファ雌は中心的な存在で強い力を有しています」

群れの安定した核として、雌たちは頭脳の役割を果たすことも多い。生きていくために必要な素材はどこにいちばんあるか、安全に眠れる場所はどこなのかといった、大切な環境面での知識を管理しているのだ。雄より長生きすることが多いのが、知識の増強につながっている。そうした知恵によって雌は群れを率いるための権威を手にする。[38]たとえばオマキザルの場合、採餌や群れでの行動において頻繁にリーダーシップを発揮するのは小柄な雌で、アルファ雄ではない。支配とリーダーシップを同一とみなす昔からの視点が揺さぶられるだろう。[39]

しかし雌たちの社会的な影響力は何十年も見すごされ、研究者たちはアルファ雄と順位制という派手な政治学にばかり惹かれていた。雌の霊長類は育児で手いっぱいで、どんな形にせよ権力構造を築く力などないと思われていたのだ。「霊長類の雌は政治的システムを掌握するようには生物学的なプログラミングをされていないのだろう」[40]。一九七〇年、「雄どうしの仲間意識」という用語を作ったことで知られるカナダ人の著名な人類学者ライオネル・タイガーは記した。

こうしたステレオタイプも少しずつ解消されつつある。雌の母権制社会の研究が進むにつれて、群れにおける権威もより注目されるようになってきた。かつては物理的な支配というプリズムをとおして観察することで過小評価されてきたが、社会的な成り行きに影響力をもつと認められ、アルファ雄が自立した存在だという見方も少しずつ変わってきているのだ。[41]

ママのエピソードが興味深いのは、血縁関係のない雌を含む社会的ネットワークの力を引き出していた点だ。アーネムのコロニーは極力自然の状態になるよう工夫されていたが、関係の遠い雌どうしを近くに置いたという点でやはり人工的だった。さらに餌もふんだんに与えられていたので、資源をめぐって争う必要がなく、雌たちは絆を結ぶ機会を手にした。

この実験的な状況は、チンパンジーの社会的役割が流動的で、異なる環境への適応が巧みだと示している。野生のチンパンジーの雌はそんな連携を要する権威にはなじまない。ベルベットモンキーの雌と異なり、チンパンジーの雌はひとたび成熟すると生まれたときの集団を離れ、流浪の日々を送りながら、ひとり森林で採餌する。途中で出会う雌は競争相手とみなすので、友好的な関係は結ばない。仮にどこかの集団に加わったとしても、そこに見知った血縁関係のある個体はいないので、重要なのは自分の子どもとのつながりだけだ。

対照的に雄は群れを離れず、家族に囲まれて生きていく。集団の核の部分は雄のチンパンジーで、生涯にわたって複雑な関係を築き、より優れた社会的腕力を身につけていく。

つまり群れを離れるというパターンは、社会的な霊長類における権力の力学を予測するうえでちょうどいい素材だ。著名なハーバード大学人類学者リチャード・ランガムはその観察をもとに、生まれたときの集団に留まるほうの性が常に仲間と最も固い絆を結ぶという、よく引用される説を作り上げた。[42] ランガムの仮説は、雌が流浪の生き方をする一部の霊長類をもとに組まれている。無力で孤独なライフスタイルを余儀なくされた雌の霊長類は、フェミニストにとって悪夢だろう。ランガムの観察では、彼女たちは残らず体格で優る雄に服従させられ、「無意味で替えの利く」関係のもとに置かれ、仲間と手を組む様子もなく、自身のヒエラルキーにおいても力がない。

チンパンジー以外にも、仲間をもたない雌の霊長類にはゴリラ、コロブスモンキー、マントヒヒなどがいる。雌たちは群れのなかで最も自由に乏しく、サラ・ブラファー・ハーディから「ヒトを除く霊長類において最も哀れかつ従属的[43]」というありがたくない栄誉を授けられている。

生まれ変わってもマントヒヒの雌になるのはやめたほうがいいだろう。これら社会的な旧世界ザルは大きな群れで暮らし、ソマリアやスーダン、エチオピアの半砂漠の悪地で植物の種や芽を探しながらほそぼそと命をつないでいる。性的二形は著しい。屈強な雄は雌の倍ほど体格があり、おっかない犬歯と雪のように白いたてがみを備えている。対照的に雌はおどおどした感じの、貧相な茶色い生きものだ。

これら堂々とした雄は十〜二十頭の雌のハーレムを維持するが、そのやり方はいささか気色が悪い。雌が性的に成熟する前に、家族のもとから誘拐してくるのだ。未熟な雌は初日から監禁者に、絶え間ないドメスティック・バイオレンス式の手段で無条件の服従を叩き込まれる。水をひと口飲もうと思い立って数メートルでも移動しようものなら、監禁者に怒鳴られて攻撃される。勢いあまって宙を舞うこともあるくらいだ。ただしこれらの「過剰に父権主義的な[44]」雄も、囚人に深手を負わせるような真似はめったにしない。乱暴な力は威圧し、管理するため巧妙に行使されるのであって、貴重な生殖投資に再起不能なダメージを与えないようにしているのだ。

ここにはヒトの社会との露骨な類似点がある。女性が自分自身の人生に対してわずかな権限しかもたず、かつ男性からの暴力というリスクにさらされるのは、早いうちに親族と引き離され、ほとんど味方がいないという状態にある場合だ。

絆を欠いた雌というランガムの仮説は、ヒトと最も近い種の一部では雄の優位が自然な状態だというエビデンスを求めている人類学者にとっては朗報だろう。さらに気が滅入るのは父方居住（男が留まり、女が移動する）がおそらくヒト以前の定型で、雌の祖先はやはり孤立し、脆くて抑圧されていたとランガムが推測している点だ。

しかし霊長類には一種、ランガムの法則を破る者がいて、ヒトの過去と未来をめぐってより女性の力に希望を抱かせてくれる。そう、ボノボだ。

フランス・ドゥ・ヴァールはボノボを「フェミニズム運動への贈りもの」[45]と呼ぶ。チンパンジーは家父長制で戦闘的だが、ボノボは母権制で平和主義だ。ヒトはどちらにも等しくつながりがある。これらの知られざる類人猿が送る型破りな一生は、アグレッシブな雄の支配が霊長類の生き方に根づいているという見解を蹴散らしてくれる。

ボノボは五種の大型類人猿のなかで最も希少な種だ。生息しているのはコンゴ民主共和国のコンゴ川南側の豊かな熱帯雨林のみで、個体数も少ない。五十万平方キロメートル弱のテリトリーに五万頭もいないのだ。

故郷が僻地で政治的に不安定だったこと、また個体数の少なさが相まって、二十世紀に入ってもボノボは匿名性を保つ結果となった。実のところ、科学が捕捉した最後の大型哺乳類のひとつだ。当初は分類学者の手によって、ベルギーの植民地博物館の埃をかぶった資料のなかから発見された。時は一九二九年、エルンスト・シュヴァルツという名のドイツ人の解剖学者がある頭蓋骨を調べていた。その小さなサイズから、幼いチンパンジーのものだとされていた。だがささやかながら明らかにそぐわない点があり、シュヴァルツは違和感を覚えていた。その頭蓋骨が成体のものだと気づき、彼はチンパンジーの新しい亜種を発見したと世界に告げた。

　当初は小型のチンパンジー（*Pan paniscus*）として分類されていたが、今では独立した種として扱われている。近縁のチンパンジーとよく似ているのは確かだ。ひとまわり小さく、より俊敏で、体毛は少ないにしても。チンパンジー同様、雌の大きさは雄の三分の二ほどで、生まれたときの群れを離れる。だが両者の社会生活はこれ以上なく異なる。成長してからの日々を味方もない孤独なディアスポラとして生きる代わりに、ボノボの雌はグループに加わり、血のつながりのない雌と手を組む。こうして形成されたシスターフッドのおかげで、体格でかなわない雄を支配できるようになるのだ。仲間意識は喧嘩と体格差による威圧ではなく、科学者の呼ぶところの「GGラビング」（訳注：GGは性器《genito-genital》どうしの頭文字）、すなわち正対して互いの性器をこすり合わせる行為を通じて育まれる。言い換えるなら雌のボノボたちは快感を与えあうという技術を磨きあげ、家父長制を覆すようになったのだ。

　よそのコミュニティに加入するにあたって、若いボノボの雌は一、二匹の年長の雌を選んで関心を惹こうとする。GGラビングとグルーミングを繰り返し、関係を築くのだ。先住の雌たちが反応することで密な関係が築かれ、若い雌はしだいにグループの一員として定着する。そののち交尾相手を見つけて第一子を産むと、[46]その地位はより盤石かつ中心的なものになる。

　こうした形の性行為は、ほかの野生の霊長類では観察されていない。だが雌のボノボは何よりも頻繁にGGにふける。それは社会的な通行手形で、地位を高めつつ助け合いを強める役割があり、とりわけ餌をめぐる状況で血縁関係のない雌どうしの緊張を和らげる役割があるのだ。そして明らかに楽しんでいる。GGにふける雌たちはある種の笑い顔になり、すばらしい時間をすごしていることを示す鳴き声を上げる。

「間違いなくオルガスムですね」と、エイミー・パリッシュはいう。「実際、クリトリスはこの種の性行為で最大限の刺激を得られるような位置にあるのです」

パリッシュはボノボの雌の驚くべき連帯の秘密を最初に突き止めた科学者だ。わたしはある暑い夏の日、この発見に導いてくれたというボノボの群れが暮らすサンディエゴ動物園で彼女と会った。自他ともに認めるフェミニスト／ダーウィニストのパリッシュは存命の最高の霊長類学者たちに薫陶を受けていて、驚くべき経歴を誇る。恐ろしいほど頭が切れる人だが、待ち合わせ場所にはハート形のピンクのサングラスをかけてきて、たちまちわたしは魅了された。

パリッシュは博士過程の研究にボノボを選び、以来三十年にわたってその社会生活を観察している。当時この小さな類人猿については、およそ何も知られていなかった。パリッシュはサンディエゴ野生動物公園で観察を始め、ランガムの法則に逆行する雌たちの独特な友情に注意を惹かれていった。

「わたしが魅了されたのは、雌どうしの距離の近さです。一緒に行動し、遊び、お互いの赤ちゃんをかわいがるのです」と、パリッシュ。「雌は血縁関係というメリットがあるとき仲良くし、血縁関係のない哺乳類はそうした振る舞いをしないとされています。お互いを避けるか、敵対するか、真っ向から対立するのです」

食事の時間はとりわけ緊張感が高い。だがボノボは違う。サンディエゴ動物園の観察台から夕食の様子を眺めていると、この群れのアルファ雌であるロレッタが餌に目を配っているとパリッシュが教えてくれた。餌へのアクセスはしばしば性行為と引き換えになる。雄も雌も性行為と引き換えに、仲良く座って一緒に食事をする。この点はまず雄が食べ、雌は彼らが満腹するまで安全な離れた場所に座っているチンパンジーとは対照的だ。

「性行為はあらゆる緊張感を排除するのに役立つのでしょう。緊張感は長期的な絆を深めるのに邪魔ですから」

血縁関係のない雌どうしはグルーミングと性行為をとおして、長期的かつ安定した関係を築いている。パリッシュいわく、彼女たちは互いの味方をし、連帯している。雄のチンパンジーと違い、互いに争うのではなく、力を合わせてアグレッシブな雄を追い落とすのだ。

パリッシュの観察によると、雌たちは雄に流血沙汰の重傷を負わせていた。深いひっかき傷、咬みちぎられた手足の指などに加えて、潰れた精巣も見たことがあるという。指導教官のフランス・ドゥ・ヴァールは、サンディエゴでボノボを観察しているあいだに記録した二十五件の負傷例のリストを送ってくれた。ほぼすべてが雌の雄に対する攻撃だった。パリッシュは観察の範囲を広げ、世界各国の動物園のショッキングな逸話を知るようになった。たとえばドイツのシュツットガルトにあるヴィルヘルマ動物園では、二頭の雌が一頭の雄を襲い、ペニスを半分に咬み切ってしまった（微細手術の専門医が治療にあたり、雄はふたたび生殖に臨めるようになった）。

それぞれの動物園には「ふつうと違った雄たち」という民話めいた説明があった。この種の攻撃性は「自然」だと思われていなかったからだ。パリッシュは異なるレンズをとおしてデータを見つめ、画期的な気づきにたどり着いた。ボノボは雌が優位な種なのだ。「こうした説明は一度もされていませんでした」

わたしはサンディエゴ動物園の群れでそうした状況を垣間見た。リーダーの座を狙う雌のリーサが、序列の低い雄のマカシをいびって力を見せつけようとしていた。マカシは指を咬まれ、何度も血を流す羽目になり、二頭はこれ以上の怪我を防止するため別々の群れに入れられている。

「雌たちはけっしてふざけてなどいません。どこまでも本気です。雄にとっては危険な状況で、雌たちをひどく恐れているのです」

その結果、雄のボノボはチンパンジーよりはるかに攻撃性が低い。「おそらく長年かけて教訓を学んできたのでしょう」

雄のボノボは母親と密接な関係にあり、母親の地位と権力がほかの雌たちのいじめから息子を守る。マカシは母親がサンディエゴ動物園にいなかったので、攻撃にさらされる羽目になった。野生でも、雄たちはおそらく群れのなかで母親に密着している。おかげで雌の攻撃が大きな問題であるいっぽう、ボノボたちは実のところ近縁のチンパンジーよりずっと平和的なのだ。

チンパンジーは縄張り意識の強さで知られる。隣近所の群れが対面すると、ひどく険悪な空気が生まれる。雄たちは毛を逆立てて暴れ回り、ボディランゲージで威圧の意を示す。金切り声を上げ、木の幹を叩き、殺し合いに発展することさえある。対照的にボノボの集団は鉢合わせしても、争いの兆候がない。

「最初はちょっと声を出すかもしれませんが、まもなく戦争ではなくピクニックという感じになります」と、ドゥ・ヴァールはいう。ただしこれは全員が性行為にふけるピクニックだ。

「性行為こそ抗争を避けるためのボノボの答えです」。この風変わりな類人猿たちが「戦争をしないで恋をしよう」式のヒッピーだとされてきた理由でもある。

ボノボのセックスライフは創造的かつ奔放だ。たとえば雄どうしは「ペニス・フェンシング」[47]と呼ばれる行為に及ぶ。枝にぶら下がった姿勢で互いの「剣」をこすりつけあうのだ（器用な真似だ）。雌にとって最も一般的かつ好まれるのはGGで、雄がいたとしても交尾より優先する。

「異性愛か同性愛、どちらかいっぽうのボノボはいません。全員バイセクシャルなのです」と、パリッシュはいう。

ヒト同様、ボノボにはセックスと生殖の部分的な区別があり、雌たちは発情期以外でもよく性行為に及んでいる。ただし平均的な交尾の時間はおよそ十三秒で、ボノボのセックスは迅速かつ頻繁、ヒトの握手のように気軽に行なわれているようだ。

そして非常に既視感がある。ボノボは互いの目を見つめあい、舌を使って情熱的なキスを交わし、オーラルセックスに及び、おもちゃを使うことさえある。オレゴン大学の生物人類学者フランセス・ホワイトはあるとき、雌のボノボが棒を凹凸のあるマッサージ器にして、快楽にふける場面を目撃している。

だがボノボの性のレパートリーのなかで最大の波紋を呼んだのは、その最も保守的な一面だ。ボノボは雄雌で行為に及ぶとき、しばしば正常位で行なうのだ。この点はほかの霊長類にはあまり見られない。チンパンジーはおよそそういった姿勢で交尾することがないが、ボノボは野生における交尾の三回に一回はそうしている。[48]

ボノボの性的な行動がある面においてヒトと似通っているという最初の指摘は一九五〇年代にさかの

ぼるが、その件にかかわった科学者たちは物議を醸すことを予想して、ラテン語で報告した。エドゥアード・トラッツとハインツ・ヘックは一九五四年、ヘラブルン動物園のチンパンジーは「モーレ・カヌム」（イヌのように）交尾し、ボノボは「モーレ・ホミヌム」（ヒトのように）交尾すると記したのだ。当時、正常位での行為はヒト特有で、文化的な産物であり、教育を受けていない人びとに教えられるべきだと考えられていた（正常位が英語で「宣教師の立場」と表現されるのはそれが理由だ）。当時その研究は国際的な科学の学会において断固として無視され続けた。一九七〇年代に性の解放が訪れてやっと、ボノボの輝かしいセックスライフの全貌が知られるようになったのだ。

調和とヒエラルキーを保つボノボ独自のアプローチは動物園という人工的な社会状況のみならず、野生でも観察されている。コンゴのルイコタル森林に生息する雌のボノボたちなど、GGを求めるための専用のジェスチャーやパントマイムがあるのだ。誘う側の雌は足先で自分の膨張した性器を指し、マッサージを模倣するように腰を振る。すると相手のボノボが実際の行為で求めに応える。論文の著者たちは、言語が進化するうえでのそのようなジェスチャーの重要性に言及している。[49]特定の部位を指す能力も、協力をうながし、体を使うという意味でヒトと関連づけられている。

チンパンジー同様、ボノボも遺伝子構成のおよそ九十九パーセントがヒトと共通だ。どちらもヒトに最も近い種を名乗る資格をもっている。チンパンジーとボノボの祖先がヒトの系譜から分岐したのはたかが八百万年前だ。ふたつのチンパンジー属が枝分かれしたのはずいぶん後になってからで、だからこそヒトより互いに似ているのだ。

フランス・ドゥ・ヴァールいわく、この生態系における進化の継続性が事実なら、ボノボはヒトやチンパンジーより変化の程度が少ないのかもしれない。三つの現代の種のなかで最も共通の祖先に近いかもしれないというわけだ。実のところ一九三〇年代に、のちにボノボに分類学上の立場を与えるアメリカ人解剖学者ハロルド・J・クーリッジが、ボノボはわたしたち共通の始祖に最も似ているのではないかと述べている。チンパンジーは解剖学的には、進化を通じて独自の形になったという根拠がより多くあるのだ。

ボノボの体型はヒト以前の一形態であるアウストラロピテクス属と比較されている。サンディエゴ動物園のボノボたちを観察していると、立ったり直立歩行をしたりしているとき、画家が描いた初期のヒト科の動物そのままであることに驚きを禁じ得なかった。とりわけ賢く、驚くほど剝き出しの権威を発散していた女王ロレッタは。

近くの囲いで暮らす霊長類のアルファ雄——長い茶色のドレッドヘアをなびかせ、巨大なフランジで威圧する大型のオランウータンや、怖くなるほど筋骨隆々のゴリラに比べると、たしかにロレッタは体格的には物足りなかった。実のところパリッシュの言葉を借りるなら、突き出した耳と禿げた体は「ちょっとシュレックみたい」なのだった。だがわたしの目には気の毒な脱毛症に映ったそれは、実は女王の位の高さの証だった。グルーミングを受けると毛が薄くなるので、地位が高いほど毛は少なくなる。結果としてほぼ毛のなくなった皮膚は、ロレッタをどんな毛深いチンパンジーよりヒトらしく見せていた。

けれどヒトとの遺伝的な差異を埋め、わたしに鳥肌が立つような経験をさせてくれたのは、パリッシュに対するロレッタの反応だった。にぎやかな餌の時間が終わって落ち着いたボノボたちは、ガラス窓越しに凝視しているヒトたちに気づき始めた。ボノボの飼育係の話では、ロレッタがうなずいてくれるといつも特別な気分になるという。年老いた女王は、パリッシュの登場をどう受け止めるのだろうか。

ふたりの「雌」たちの初対面は一九八九年で、パリッシュは博士課程の学生、ロレッタは若き女王だった。パリッシュは一週間に七日、昼間の時間をすべて費やして、数年かけてロレッタと群れの観察を行なった。その研究以降も定期的に訪問していたという。霊長類と霊長類学者は互いの成長を観察し、それぞれ若き母親になり、経験豊富な年長者になった。そこでわたしはある種の「久しぶり」を期待していたのだが、実際の成り行きに仰天した。

ロレッタはパリッシュの姿を認めるや、すっ飛んできた。ガラス窓の反対側に直立し、愁いを帯びた褐色の瞳でまじまじと見つめ、軽い会釈のようなしぐさをする。パリッシュもおなじ軽い会釈で応えた。するとロレッタはガラスに張りつき、頭を押しつけた。パリッシュもおなじようにして、ふたりは二十分以上もガラス越しにグルーミングの真似をしていた。ある時点でロレッタは自分の手をガラスに置き、パリッシュもその手のひらに合わせた。ガラスなどないかのようだった。

深く心打たれる場面だった。熱いものがこみあげてきた。わたしだけではなかった。動物園の来園者も、旧友どうしが互いへの愛を確かめるのを食い入るように見つめていた。誰もが敬意に満ちた静けさに圧倒され、わたしの体は震えていた。あとでパリッシュが話してくれたところによると、やはり特別な場面だったという。ロレッタとは数か月ぶりの再会だった。ふだんはこれほど深い感情にあふれた長いあいさつはしないという。

パリッシュがそんな関係を保ち、ヒトとごく近いながらヒトではない生きものと長い年月を共有してきたのは羨ましいかぎりだ。深く特別な関係だった。老いた賢明な雌はパリッシュが平和的な母権制社会の秘密を解明するのを助け、父権制と暴力が必ずしもわたしたちのDNAに刻印されていないと、決然として教えてくれたのだ。

根本的に異なるいっぽうで最もわたしたちに近いボノボという生きものは、ヒトの祖先に関するモデルを見直し、血のつながりのない雌どうしの意義ある関係について考え直させてくれる。生まれ故郷を離れることが必ずしも女性どうしの絆の可能性を阻害しない、柔軟な社会システムについても教えてくれるだろう。雄が身体的に優位な性でありつつ、雌がシステム的な権威を保つ可能性についてもだ。

ボノボは人類学が、父権制をヒトの祖先の普遍的な状態としない新たなモデルを構築する可能性を開いてくれた。実のところ、霊長類全般を眺めてもどうやらそれが少数派であるらしく、どのように、なぜ父権制が発展し、多くのヒトの社会を席巻したのかという興味深い問いが導かれる。

パリッシュの元指導教官で優れた研究者のバーバラ・スマッツも、ボノボを新しい仮説に取り込んでいる。ヒトの進化の道すじにおいて、はなはだしいジェンダー不均衡がどのようにして発生したのか説明するものだ。スマッツはヒトの祖先が狩猟採集から集中的な農耕と家畜へ移行していったことに注目する。狩猟における協力体制は男性に食料資源のコントロールを可能にしたいっぽう、女性の採餌への貢献はそのコントロールを弱めた。だが農耕および家畜に使われる小規模な土地は女性の動きを制限し、男性により資源をコントロールする力を与え、ほかの男性たちと政治的同盟を結ぶインセンティブを与えた。ライバルと戦い、女性を管理するためだ。

採餌というライフスタイルの場合、女性が自分で資源を手に入れられるので、男性が女性の行動範囲と資源へのアクセスを制限するのは非常に難しい。しかし女性が行動範囲を制限され、いっぽうで男性が肉のような良質な食料を管理するようになると、女性は自由を失って性的な所有物になった。所有物が継承されるにつれて父系社会が台頭し、男性中心主義が台頭した。言語能力の発達によって男性は女性のコントロールを強めた。男性の支配／女性の服従、男性の優位／女性の劣位というイデオロギー[50]を生み出し、広めることが可能になったからだ。

「男性中心主義の根は人類出現以前の過去に眠っています[51]」と、スマッツはいう。「ですがその形態の多くは、ヒトの行動に独自の形で反映されているのです」

ただし人類学者が全員、ボノボを受け入れ、ヒトの歴史を積極的に見直そうとしているわけではない。「チンパンジーを研究する同僚の一部は、あまり喜んでいませんでした」と、パリッシュ。「四十年にわたって『ヒトの近縁種』として市場を占めていたのですから。ヒトの進化のモデルはすべて、アグレッシブな雄どうしが結託して支配するチンパンジーとされていたのです」

アカデミズムの世界は競争とエゴの温床で、研究者たちは自分の専門の動物と研究が最も意義を認められるようしのぎを削っている。ヒトの男性中心主義社会の根がチンパンジーの文化やその周辺からきているという研究でキャリアを築いてきたとしたら、生涯にわたるデータを手ばなして一から始めるのは容易ではない。

「ショックだったでしょう。この世界の『自然』とされる状態とはかけ離れていますからね」と、パリッシュはいう。「皆の反応には性差別が色濃く表れていました。男の研究仲間の一部は、ボノボの社会が女性優位だと認めたがりませんでした」

フランス・ドゥ・ヴァールも同意見だ。ボノボを周縁化しようとした霊長類学者たちはけっして女性ではなかった。「ひとり残らず男です」。この点を補強するおかしな物語も聞かせてくれた。ある著名な男性の生物学者が、ドゥ・ヴァールのボノボについての講義を聞いていて怒ってしまったという。「この年配のドイツ人教授は立ち上がっていいました」。ドゥ・ヴァールは腹立たしげな口調の真似をしてみせた。「『この雄たちはどこか変なのだろう』。どこも変ではない、とわたしは説明しました。毎日を楽しく生きているのですよ。交尾もたくさんしますし、変なところがあるようには見えません。ところがその教授は心の底から憂いていたのです」

アリソン・ジョリーのキツネザルをめぐる発見が脇にやられたのとおなじように、ボノボの雌の優位は一笑に付され、多くの霊長類学者によって「雄の騎士道精神」または「雄の社会的支配にともなう雌の餌をめぐる特権[52]」と定義を上書きされた。

南カリフォルニア大学の著名なチンパンジー研究者、クレイグ・スタンフォードはとりわけ声高だった。「雌の支配ではなく、戦略的な雄の敬意で、より多く交尾するための手段だと述べたのです」と、パリッシュ。「頑としてその考えを捨てず、今でも自分の教科書に載せています。相当イライラさせられますよ。的外れもいいところですから」

ヒト科の進化を伝統的な男性中心主義的モデルにもとづいて解釈したいがために、雌の影響を頭から否定し、「フェミニズムに焚きつけられた政治的な妄想[53]」とする向きもあった。

現在はそこまで頑迷な論者はほぼいない。大半が、飼育下の雌のボノボは常に雄より上位にあると認めている。ドゥ・ヴァールいわく、野生ではよりヒエラルキーが複雑だが、最上位はたいてい雌が一、二匹で、その次に雄がくる場合もある。ほとんどの雄は序列が下だ。

「わたしたちがチンパンジーやヒヒについてあいにく無知で、最初にボノボを知っていたとしよう」と、ドゥ・ヴァールは皮肉っぽく記した。[54]「おそらく初期のヒト科は雌中心の社会で暮らし、そこではセックスが重要な社会的機能を果たし、戦いは稀または存在しないと考えていたのではないか」

つまるところ、ヒトの歴史を最も適切に再構成するなら、チンパンジーとボノボの性質を足して二で割ったあたりになるのだろう。ボノボ色がチンパンジーより強いかどうか、これまでもこれからも議論に決着はつかないはずだ。だがわたしにとっていちばん意味があるのはそこではない。過去は過去、変えられはしない。けれど未来は変えられる。だからわたしはボノボに惹かれるのだ。ボノボの物語は、雄たちがアグレッシブに雌を支配するよう遺伝的に定められているわけではないと教えてくれる。そうするか否かは、環境や社会的な要素によるのだ。雌のエンパワメントの鍵を握るのは家族から知人まで、シスターフッドの強度で、抑圧的な男性中心主義を覆してより平等主義的な社会を築くことができる。

パリッシュもいう。「ボノボの雌からは学ぶべきことが多々あります。フェミニズム運動では、血縁関係のない女性たちと姉妹のように付きあうことができれば大きな力になると説きます。ボノボがそれは本当だと示してくれています。希望に満ちていますよね」

そのとおりだ。

第 9 章

# 母権制社会と閉経

## ——シャチとヒトの絆

シアトル中心部の近未来的な空は、世界屈指の強力な捕食者との初めての出会いの背景には似つかわしくなかった。けれど、そこに相手はいた――湧き上がる白い霧、見間違いようのない長くスレンダーな黒い背びれ。たぶん二メートル弱あるだろう。シアトルことエメラルドシティのピュージェット湾の銀の水面を切り裂いて進んでくる。

シャチとの出会いは、まさしくロックスターと同席しているような気分だった。シアトル港は全米でも三番目に栄えている工業港で、カーフェリーが耳障りな音を立てながら行き交い、巨大な貨物船が汽笛を鳴らしていたが、シャチたちは体重六トンの殺し屋だけに備わった無頓着さでもってラッシュアワーをすり抜けていった。

映画『レザボア・ドッグス』のサウンドトラックがわたしの脳内をループするなか、子どもを含む約二十五頭が忙しい港を移動していく。途中で巨大な貨物船がとりわけ近くをとおっていったが、海中に姿を消そうとはしなかった。代わりにここぞとばかり船首の立てた波に乗って、並はずれたカリスマ性を見せつけていた。

一級品のショーだった。跳躍したり回転したり、シャチたちは心からその時間を楽しんでいた。見ているとぞくぞくしてきた。わたしだけではない。観光船のデッキには目を丸くしたホエールウォッチャーたちが詰めかけ、カメラを高く掲げ、ブリーチングのたびに息を呑んでいた。この種の動物の観光業界では「オルカスム」(訳注：オルカはラテン語でクジラの一種を指す言葉)として知られる、鮮烈な驚きのしるしだ。

「大当たりでしたね」と、地元のベテランホエールウォッチャーのアリエル・イェスがわたしにいった。

「『サザンレジデント』たちは、何か月もこんなふうに顔を合わせていなかったのですよ」

どうやら特別な機会に恵まれたようだ。そう、シャチのパーティだ。シャチ（*Orcinus orca*）はマイルカ科で最も屈強で、もっと小型でキューキュー鳴く近縁種とおなじ非常に社会的な動物で頭も冴えている。脳の重量はなんと七キログラム、言語や社会的認知、知覚認知といった複雑な思考プロセスのための表面積の大きさは、[1]地球上のどんな動物にも勝る。

シャチは「ポッド」と呼ばれる範囲の広い家族グループで暮らし、個体数は五〜三十頭ほどで、よく知っているポッドどうしが出会うと「あいさつの儀式」をする。それぞれのグループが向き合って横並びになり、水面を漂いながら数分間探り合いをし、そののち唐突にじゃれ合いを始めるのだ。「サザンレジデント」とはそのような三つのポッドのことで（J、K、Lと呼ばれている）、とりわけ遊び好きとして知られている。宙返りしたりブリーチングしたり、わたしの目の前で繰り広げられていた喜びの光景は、JとKのポッドが十一か月ぶりに再会した瞬間だった。

TV局のヘリコプターが頭上を飛んでいる。「このところシャチは注目のニュースなんです」と、イェス。

過去数年、サザンレジデントは絶滅危惧種だった。唯一の餌である野生のサケが急激に減少したのがおもな原因だ。シャチの脂肪組織に蓄積される有害物質や、数少ない獲物を音波で探し出すのを邪魔する海上交通の騒音といった「汚染」も関係している。

このあたりをときおり訪れるだけのポッドと対照的に、サザンレジデントは夏のあいだセイリッシュ海で毎日必ず見られるものだったが、その出現は急激に予測不能になりつつある。

「グラニー（おばあちゃん）が死んで、何もかも変わってしまいました」と、イェスはいう。

正式にはJ―2として知られるグラニーは、Jポッドの最年長の「おばあちゃん」だった。このシャチの老嬢はサザンレジデントのリーダーでもあり、七十頭強の群れを統率する手腕はヒトの観察者の目にも明らかだった。方向を変えてついてきてほしいとき、グラニーは体をもたげ、幅二メートルほどの尾びれを水面に叩きつける。そうすると全員がついていくのだった。「おばあちゃんが『みんな、来るんだよ』といっていたようなものです」

グラニーは二〇一六年十月に姿を消した。年齢は七十五〜百五歳と推定され、史上最も長命なシャチとなった。だがこの老いた女王について特筆すべきは年齢ではない。四十歳ごろ出産をやめておきながらその後数十年生きたことだ。生殖していた期間か、それ以上に匹敵する。

動物界において閉経はきわめて珍しく、理論上は完全にあり得ないはずだ。自然淘汰は生殖能力の喪失にはかなり冷酷なのだ。ちゃんとした理由もある。もし生きることの目的が生殖なら、次世代に対して遺伝子をパッケージにして受け渡すことができなくなった時点で、命を永らえる意味はないのだ。ガラパゴスゾウガメ、コンゴウインコ、アフリカゾウといった長命で知られる動物たちは盛りをすぎても生殖を続ける。

こうした理由のため、わたしたちヒトの閉経は長いこと特異な現象としてとらえられてきた。つい最近まで、生殖が終わっても死なない既知の哺乳類は飼育下のものだけだったのだ。真の閉経は生殖器官の老化が体の老化から分離するときに起きる。つまり性に関する器官が、体のほかの部分より早く老いていくのだ。動物園で暮らすゴリラのような動物の閉経では、寿命は黙っていても出てくる餌とヘルスケアによって人工的に引き伸ばされている。野生では雌のゴリラの寿命は三十五～四十歳だが、飼育下では六十歳を超えることさえあるのだ。つまり肉体と脳が卵巣より長生きする。哺乳類五千種のうち、野生で自然に閉経するとされるのはハクジラ類の四種、そしてヒトだけだ。*

シャチとの絆を感じるとは奇妙なものではないか。

ある年代の女性として生殖能力の減退、それにともなう無目的感と存在感の薄さに怯えていたわたしとしては、グラニーの閉経後の権勢ぶりは聞き捨てならなかった。閉経したシャチと出会って、何がこのような不可解なシンクロニシティをもたらしたのか調べなくては、という強い衝動に駆られた。

一見したところ、ヒトとシャチに相通じる点は少ない。共通の祖先（クジラ、ヒト、コウモリ、ウマを含む幅広い哺乳類を生み出した小さなトガリネズミ似の生きもの）がいたのも約九千五百万年前までだ。このシャチのおばあちゃんはどうやって自然淘汰を拒絶し、サザンレジデントのリーダーの座についたのだろうか。リーダーシップとヒトの閉経について何を教えてくれるのだろうか。より差し迫った問いとして、生態系の破壊が進むなか、女王を失うとはどういったことを意味するのだろうか。

シャチの生態についての知識の大半はサザンレジデントがもたらしてくれている。観察は四十年以上にわたっているが、初期の研究者たちはそれが母権制社会であるとなかなか気づかなかった。センター・フォア・ホエール・リサーチ（CWR）創設者にして初期からのサザンレジデントの研究者、ケ

＊ 閉経を経験する四種のハクジラ類はシャチ、ヒレナガゴンドウ、イッカク、シロイルカだ。

ン・バルコムはこう語る。「雌はハーレムとみなされていたのです」

一九七〇年代にサザンレジデントの研究が始まったとき、研究者たちはよく数頭の雄からなるグループに出会った。ガタイのよさ（雄は体長九メートルにもなる）と丈高い背びれを見れば、はっきり雄だとわかった。彼らは五頭ほどの小さめの個体を引き連れていることが多く（体長の差は一～二メートル）、背びれはやや寸詰まりで、雌だろうとされた。

八〇年代初頭にCWRで働き、現在はオルカ・ネットワークに所属するハワード・ガレットによると、アシカのような群れで暮らす海の哺乳類の研究をもとに、雄たちは体格差を生かして強引に雌のハーレムを築くとされていたのだ。大柄な雄たちが支配権を懸けて争い、雌を無理やり交尾に応じさせる場面が見られるだろうと考えられていた。

しかし数年にわたる綿密な観察を経ても、そのような敵対的な行動は一度として見られなかった。代わりにまったく予想外のことが起きた。雌だと思われていた個体が背びれを高々ともたげ、雄へと「明らかな変身を遂げた」のだ[*]。さらに意外なことに、雄たちはその後もポッドを離れず、仲間と一緒に行動し続けた。

「『雌』の多くが実は若い雄で、おとなになったあとも母親のそばを離れないという理解が徐々に広まっていきました[3]」と、ガレットはいう。当初はそんな社会の形を認めることに抵抗する人びともいたそうだ。既知の哺乳類に一生、母親と子どもたち（雄雌を問わず）が寄り添って生きるものなどいなかった。いっぽうの性がやがて離れていくという見方が優勢で、社会的な哺乳類の場合、それは息子たちなのだった。シャチの母系の集団は、場合によっては四世代もの雄と雌を含む。そんな独自の構成は、雌が生殖を終えても異例なほど長生きすることと関係があるのだろうか。

エクセター大学の動物行動学教授ダレン・クロフトはそう考えている。クロフトはここ十年、閉経の謎とその素地になる社会システムを熱心に研究してきた。「進化の観点からすると、明らかに閉経は適応進化に反しています。だからこそその存在に惹かれるのです」

ヒトの閉経というパズルは、何十という回答例と数十年に及ぶ議論を生み出してきた。広く知られているのは動物園で暮らすゴリラ同様、閉経後の女性は現代医学の力で卵巣の寿命を上回っているにすぎないという説だ。つまり閉経は真に自然の状態ではなく、女性は五十歳に差しかかったら生殖能力とともにそっと姿を消しているべきというわけだ。

幸いなことに、狩猟採集社会に更年期が存在するという事実がそんな仮説に蓋をしている。「閉経は寿命が延びたことによる人工物ではなく、進化の歴史に深く根差しているという証拠が大量にあります」と、クロフトは語る。

閉経についての進化の観点からの分析には右から左まで膨大なものがあり、いっぽうの端には晩年も多くの女性をはべらせていたプレイボーイ誌の創刊者にちなみ「ヒュー・ヘフナー仮説」とでも呼びたくなるものがある。ヘフナー自身が提唱した説ではないが、かつてのバニーガール好きならピンとくる

＊シャチの貞操観念はゆるい。「ほとんど誰とでも寝ているのですよ」と、ワイルド・オルカのジャイルズ博士は教えてくれた。若い雄が母親や老いた女王と初体験するのも珍しくない。そして雄どうしは「剣の闘い」をすることでも知られる。彼らがそうやって二メートル弱の器官を操り、四次元の巧妙なセックスの方法を学んでいるのか、単に快楽を得ているのかは不明だ。だが明白なのは相手が雌ではないことだ。

だろう。

この仮説によると女性の閉経は、ヒトの雄が若い雌を好むことへの進化上の成り行きだった。[4] オンタリオのマクマスター大学の男性研究者トリオがこのひどく不穏な仮説をもち出したのは二〇一三年で、若い女性という男性の嗜好が有害な突然変異を誘発し、年長の女性の卵巣（と、もしかしたら夢と希望）を萎《しお》れさせ、ほかの臓器より早く終わりを迎えさせるという内容が洒落た数学的モデルで説明されていた。

もういっぽうの端にはより穏当で、フェミニズムともはるかに相性のいい「おばあさん仮説」がある。一九九八年に提唱された[5]この説によると、中年期に生殖競争から降りた女性たちはエネルギーをさらなる出産のためでなく子ども（と孫）の世話に注ぐようになり、そのことが子孫の生存の可能性を大きく高め、本人は遺伝的遺産の受け渡しをより確かなものにできるのだった。

この仮説を提唱した人類学者クリステン・ホークスは、根拠を抽象的な数学モデルではなく実際の狩猟採集社会の観察に求めた。タンザニアのハヅァ族の女性たちはイモの類を集めてくるという肉体的に過酷な仕事か、新生児の世話かという選択を迫られる場面があった。もしそこでおばあさんが穴掘りやイモまたは木の実の分配を手伝うなら、より早く乳離れする健康な孫たちが手に入るだろう。

CWRが収集した綿密かつ数十年にわたるサザンレジデントの生態と家族の絆に関する記録によって、クロフトは新たな閉経モデルとなり得る生きものと、さまざまな仮説を実証するのに必要な一連のデータを手に入れた。

ヒュー・ヘフナー仮説について訊いてみると、シャチの雄が若い雌とのセックスを好むというエビデンスはないという返事があった。「雄のシャチにとってそれが適応的だというシナリオが思い浮かびません」。実際、その正反対なのだという。閉経後の雌のシャチには年頃の若い雄を誘う姿が見られるそうで、いわばクーガー式の性生活を送っているのだ。

四十年超の水中の映像、野外ノート、背びれの写真を調べているうちに、クロフトらは閉経後の雌がポッドの先頭を泳いでいることが多く、家族を採餌に最も適した場所に連れていくと気づいた。餌が足りないときは特にそうだ。

ヒトを除けば、シャチは地球上に最も広く分布している捕食者だ。高度に専門化された狩りのスキルにより、これら国境をまたぐ殺し屋たちは北極から南極まで、一定のタイプの獲物を狙うことができる。たとえばニュージーランド沖に生息するシャチは、スティングレイ（アカエイ）を掘り出して仕留める名手だ。アルゼンチンでは海岸まで泳いでいき、浜辺のアシカの赤ちゃんをさらっていく。アラスカのウニマク島では五月になると集団で若いハイイロクジラを襲い、南極大陸ではいっせいに泳いで波を起こし、安全な氷山からアザラシが落っこちるように仕向ける。あとは口のなかに一直線だ。これら特定のシャチの種は、生態学者には「生態種」と呼ばれている。おなじ種ながら異なる決まった地域に暮らし、互いに交わらないという種だ。なおかつそれぞれ「方言」と狩りのテクニックがあり、世代から世代へと引き継がれているとされ、文化とも比較されている。

サザンレジデントが狩るのは太平洋サケで、できればチヌーク（別名キングサーモン）がよく、おとなのシャチは体を維持するには一日二十〜三十四食べる必要がある。アメリカとカナダの国境をなすセイリッシュ海は昔からの餌場で、シャチは丸々太った魚をむさぼるのだった。そこで大量に食べられつつも、サケは太平洋北西部の支流をさかのぼりながら産卵に向かう。

　こうしたサケの穴場を見つけるには賢明で機動力のあるハンターが必要だ。年、季節、潮流によって場所が変わるからだ。シャチはサケを追って川を上ることにエネルギーを賭すか、深海の「サケ食堂」にて新たな食材が到着するのを待つか選ばなくてはいけない。複雑な認知的課題で、今ではサケが産卵場に旅するにあたって巨大なコンクリート製の水力ダムという障害物を迂回しなければいけないため、いっそう難しくなっている。加えて水温の上昇と数十年にわたる乱獲のせいで、サケの数は激減している。このような場合、穴場を見つけられるのは経験豊富なシャチだけだ。そしてそれが最年長の女王なのだ。

「都会のようなものです。テイクアウトの店が一か月に一晩しか開かないので、どの店がいつ営業しているのか把握していなくてはいけないのです」[6]と、ダレン・クロフトはスカイプ越しにいった。

　飼育下のシャチは驚異的な写真並みの記憶力をもつことで知られている。二十五年たってもテストに使われたパターンを覚えているのだ。また生態と文化的知識の生き字引である賢明な老女というだけでなく、驚くほど利他的だ。「六十歳の雌がサケを捕まえて、半分に折って三十歳の息子に与えるような場面を目にします。びっくりしますよ」

「殺し屋のクジラ《キラー・ホエール》」という恐ろしげな英語名と裏腹に、専門家にいわせれば雄のシャチは「とんでもないお母さん子」だ。生涯の大半を母親のすぐそばで泳いですごすだけでなく、狩りの分け前で命をつないでいるのだ。

　クロフトらの発見では、シャチの母親が息子の三十歳の誕生日より前に死んでしまった場合、息子が翌年命を落とす確率は三倍になる。それより後に死んだ場合、翌年この世を去る確率は八倍だ。さらに母親が閉経をすぎて死ぬと、確率は十四倍にもなる。データは動かしようがない。母親が長生きするほど息子はサバイバルという点で有利になり、母子ともに老いるにつれてその点はさらに顕著になるのだ。これら閉経後のシャチはホークスのおばあさん仮説を裏づけている。

ただしクロフトいわく、この仮説にはまだ課題がある。なぜ雌が生涯の半ばで繁殖をやめてしまうのか、説明がつかないのだ。「ゾウを見てください。年老いた雌たちは環境や社会的な知識の源泉として振る舞っていますが、閉経はないのですよ」

ゾウの女王は地上で最も強力な雌の一角だ。家族グループの首領で、ライオンをも負かす知恵を備え、ほかの雌と政治的な同盟を組み、干ばつのときには大昔の水源を思い出す。こうしたカリスマ性に富む巨人はシャチと（そしてヒトと）共通点が多い――寿命の長さ、大きな脳、高度なコミュニケーション能力、大規模で流動性のある社会的ネットワーク。

サセックス大学の動物行動学および認知学教授カレン・マコームは、これら堂々たる淑女たちの社会的知識と決断スキルを測る巧みな方法を考案している。まず向かったのはケニアのアンボセリ・ゾウ研究プロジェクト、すなわち一九七二年からゾウの群れを観察している団体だ。ゾウの観察としては最長で、サザンレジデントにもほぼ引けを取らない。マコームはラウドスピーカーとテープデッキを積んで車を走らせ、よその群れの音声をゾウの家族に聞かせて[7]反応をうかがった。

一部のゾウは緊張してそれまでやっていたことを中断し、身を守るように集まって、鼻から侵入者の情報が得られないかと空気の匂いを嗅いだ。年長の雌がいる家族はリスクの評価がより的確で、知らないゾウの鳴き声を流したときだけこうした行動をとった。若い女王のいる家族はあわてて防御の姿勢をとり、マコームの表現では「右往左往していた」。

年長の雌は敵味方を区別しているだけでなく、雄と雌のライオンの咆哮も識別できるようだ。これは非常に重要なスキルで、音声はほぼおなじでも脅威の程度は天と地ほど違う。通常狩りを行なうのはもっぱら雌のライオンだが、ゾウの子どものようなサイズの獲物に手が出せるのは体格が一・五倍の雄だけなのだ。

年老いた女王の識別の力によって、家族は安全な状態のまま、落ち着いていつものやるべきこと、すなわち食事に集中できる。マコームの研究では年長の雌の迅速な判断かつ安定したリーダーシップによって子どもの数が増えるとされ、この点もおばあさん仮説を支えている。

こうなると老女たちは子作りというトレッドミルから降り、エネルギーを目の前の生殖投資に注いでいると思うかもしれない。とりわけ二十二か月かかるゾウの出産は肉体的に負担が厳しく、子どもは完全に乳離れするのに五〜六年要するのだから。ところが意外や意外、アンボセリの女王たちは六十代での出産が記録されている。生殖率はたしかに下がるが、シャチやヒトのような急激な減少は起こらない。研究によると雌のゾウの卵巣は七十代でもまだ機能していて、[8] 理論上は死の直前まで産み続けられるのだ。

おばあさん仮説が成立するには、生涯後半での出産に大きな代償があるはずだ。さもなければシャチやどんな動物でも出産をやめる理由がない。クロフトらはシャチの閉経の謎は独特な社会構造と、協力ではなく対立にひそむと考えている。

子どもをもつのはコストが大きいが、シャチの場合は息子と娘のあいだに興味深いコストの差がある。若い雌が十五歳あたりで生殖を始めると、子どもに与える濃厚なお乳を作るためサケが四十パーセント多く必要になる。そこで「娘」が成熟すると、ポッドの採餌に大きな負担がかかるようになるのだ。

息子は話が異なる。ポッドが混ざりあった場合、雄は自分の女系家族とは別の雌と交わることになり、それでもまだ驚くほど母親と近しい関係を保ついっぽう子どもたちは異なる女系ポッドの母親が育てる。つまり母親にとって、息子を育てればいずれ別のポッドが負担を引きとってくれることになり、娘をもつよりはるかに安上がりだ。すなわち進化の仮説では母親は成熟した娘より息子をかまうはずで、それは十二年にわたるシャチの餌の共有の観察[9]でも確認されている。反対に母と娘は、後者が性的な成熟状態に達したら対立する。ユニークな家族の力学だ。

雌のシャチは誕生に際して父親が別のポッドにいることになり、自分自身のポッドの雄とのつながりは弱い。いっぽう年を重ねるうちに、ポッドとのつながりは息子や孫息子の誕生によって強化されていく。つまり母親は必ず、娘や孫娘より自分のポッドとの結びつきが強くなるのだ。この関係性の非対称性が、同時に出産する複数の世代の雌たちの対立を呼ぶ。かぎられた資源をめぐって激しく競いあうグループ全体の命運に影響しないという理由で、自然淘汰は若い雌を好むようだ。この予測のもとはシャチの母と娘が同時に出産した際の観察記録で、母のほうに生まれた子が十五年以内に死ぬ確率は娘のほうに生まれた子の二倍[10]近くあった。

遅くに母親になることの社会的コストは、雌のシャチが中年期に繁殖をやめる進化的動機となり得る。息子や孫息子に投資しつつ、娘や孫娘との争いを避けられるからだ。そのインセンティブはゾウには存在しない。なぜなら息子は社会的な哺乳類の大半とおなじく、やがて生まれた群れを離れるからだ。つまりゾウの雌は時間とともにグループとの結びつきが弱くなる（少なくとも「さらに」強まることはない）。ならばゾウの女王にとっての最適解は、死ぬまで出産するということになる。

クロフトの見解ではこの「生殖対立仮説[11]」が、おばあさん仮説がヒトのような閉経のある存在においても機能する進化的な動機と考えられる。

第8章で紹介したとおり、ヒトの祖先においては娘たちが故郷を離れて新しい家族に合流したと考えられている。当初、若い女性の闖入者はグループと縁がない。だが子どもを産み始めると一気に関係性が深まる。年老いてからは娘や孫娘の子育てを手伝うことが遺伝子的な利益となる。とりわけ、それ以上に子どもを産むことは新たな子孫と資源をめぐる直接的な競争を招くのだから。「つまりヒトにおける関係性の非対称性を考えるなら、進化は若いとき競いあい、年老いたとき助けとなる女性を優遇するのです」と、クロフトはいう。

ヒトにおける家族間の対立のエビデンスは曖昧だ。産業化前のフィンランド人の二百年にわたる膨大なデータをもとにした研究ではイエスと出たが、規模の小さいノルウェー人の女性の研究ではノーだった。「進化的な時間をさかのぼることができないので、ヒトを検証するのは困難です。だからこそシャチのシステムはこうした仮説を確かめる方法として魅力的なのです」と、クロフトはいう。「海のハクジラ類を眺めていて、ヒト自身の進化についてこれだけわかるとは誰が思ったでしょう」

歯の生えた六トンの「泳ぐ魚雷」の閉経を研究するのには、困難がないわけではない。初歩的なハードルのひとつとして、いったいどうしたらシャチの生殖老化を示す性ホルモンが観察できるのだろうか。血液を採取するのは科学者にとっては命がけ、シャチにとっては迷惑きわまりない。少々臭うがより穏やかな代替案は糞を採集することだ。こうしてわたしは晴れた九月の午後、シャチの糞を求めてセイリッシュ海に出ることになった。一緒にいたのはNPO法人ワイルド・オルカの研究および科学部門主任にして、サザンレジデントの公式糞集め隊のデボラ・A・ジャイルズ博士。ジャイルズのサザンレジデントの研究は十年にわたり、それぞれの個体をよく知っていて、わたしがシャチの女王の謁見を賜る際に頼る相手として最適だった。

ジャイルズの本拠地はサンフアン島、カナダとアメリカの太平洋岸北西部に広がるフィヨルドに氷河期の氷山が残していった何百という荒々しい大地のひとつだ。シアトルから船で一時間ほど、美しい景観が楽しめる旅で、息を呑むような冷たい水の流れと、セイリッシュ海を生命の揺りかごにしている昆布の茂みを上から見せてくれた。島のメインの街、フライデー・ハーバーには至るところにシャチがいた。街灯からは木彫りのシャチが身を躍らせ、壁画ではブリーチングを見せ、土産物屋のショーウィンドウにはシャチの形のオーブンミトン。

小さな島を車で移動してジャイルズとの待ち合わせの場所に到着するには、二十分あればよかった。場所はスナッグ・ハーバーといい、彼女の小型の高速ボートが停泊されていた。ジャイルズいわく人員不足により、わたしは即座に偵察および回収係に昇格した。無数の質問が脳裏を駆けめぐった。愛犬がいる身としては糞拾いに慣れていたが、今回の仕事にはどれくらい大きな袋が必要なのだろう。モスグリーンの海は深く、冷たそうだ。もちろん水中には頂点捕食者が泳いでいる。潜水するようといわれるのだろうか。ジャイルズは大きな網を差し出し、心配しないようにいってくれた。シャチのそれは水面に浮かび、巨大だという。

「糞は金の鉱脈そのものです」糞便のサンプルがあればシャチのエストロゲンのレベルに留まらず、ストレスの程度と妊娠ホルモンも観察できる。相手が食べているもの、寄生虫や細菌、真菌、マイクロプラスチックの有無も確認できる。糞のサンプルはセイリッシュ海のクジラ目の健康チェックの機会になるだけでなく、生態系全般の状態を確認できるのだ。

まずは糞を探さなくてはいけない。海の広大さを考えると、シャチくらい大きな動物の排泄物でさえ見つけるのは困難だ。幸いジャイルズにはエバという名の相棒がいる。サクラメントで保護されて新しい家を与えられ、シャチの糞を嗅ぎつけるよう訓練された元野良犬だ。

エバのぴくつく鼻には約三十億個の嗅覚受容体があり、わたしのわずか六百万個と比較して糞を嗅ぎつける能力は四十倍ほど高い。一海里（一・八五二キロメートル）先のシャチの落としものを察知することができ、糞便ハンティングの相棒としては理想的だ。元保護犬の小さな白い雑種はエネルギーの塊で、生態保護を担当するイヌとしての新たな役割を明らかに楽しんでいた。「イヌを共同作業者にしていると、仕事をするのは格段に楽になりますよ。おまけにこの仕事場を見てください」。ジャイルズは低い秋の太陽に照らされ、銀と青にきらめく周囲を指した。

最初に現れたのはサンフアン海峡を泳ぐザトウクジラ二頭だった。幅四メートルの尾びれがゆったりと水面に出ては消え、三十トンの巨体の存在を匂わせる。これら想像を絶するサイズの獣は、ある種の環境保護のサクセスストーリーだ。二十世紀前半の商業捕鯨のせいで激減しながら、一九六六年の捕鯨禁止を機に劇的な回復を遂げている。昨年、この地域のザトウクジラの尾びれカタログには百点の写真が掲載されていた（尾びれはヒトでいう指紋にあたる）。今年は四百点載っている。

ジャイルズは出たり引っこんだりする尾びれのおよそ五十メートル後方に待機し、「遠隔糞便追跡」の準備を整えた。ザトウクジラは餌になる小魚のほかにキングサーモンも食べるので、排泄物はサザンレジデントの健康状態とも関連する何かを語ってくれるはずだ。相手に接近するうちに、わたしは新しい学びを得た。みごとなほどに息が臭い。臭気のなごりの雲に包まれたときは、夏場にごみ箱の蓋を開けたときのようで、糞の収穫場はすぐ近くにあるのだと思った。けれどジャイルズに訂正された。「ただの息です。臭いと思っているのでしょうが、ミンククジラの息を嗅いでごらんなさい。オエッとしたくなりますから」

自分の幸運に感謝しながら、エバと一緒に船首の「事務所」に入れてもらった。ジャイルズには海中のゼラチン質のものに目を配るよういわれていた。最初はコティロリーザ・ツベルクラータという名の目玉焼きのようなクラゲや、腐りかけのアマモの茂みに騙された。そのあとお皿くらいの大きさのねばついた塊や、海面を漂う茶色いものが目についた。ジャイルズに報告して、詳しく観察してもらった。「残念、あれは船の汚水ね」。たしかに糞便だったが、クジラではなくヒトのものだった。

正しい種類の糞便を求めて海上をさまようのは誰もが羨む仕事ではないだろうが、ジャイルズにとっては天職だという。六歳のとき、サザンレジデントを救う鮮明な夢を見たそうだ。一九七〇年代当時、シャチを脅かしていたのは飢餓でも汚染でもなく拉致だった。この地のシャチは水族館によって乱暴に連れ去られていたのだ。サザンレジデントの四十パーセント近くがセイリッシュ海から拉致され、人間の娯楽のために水族館に閉じこめられた。

「これらの動物の個体数を減らそうと、あらゆる手を尽くしてしまったというわけです。悲しくてたまらなくなるのと同時に、猛烈に腹が立ちますよ」。ジャイルズは感情もあらわにいった。

ジャイルズに同行していたこのときが暗い時期だったのは、わたしもよく知っていた。グラニーが死んで十八か月のあいだにサザンレジデントがもう七頭死に、そのうち二頭は閉経後の雌だったという。群れの一部は明らかに瘦せていた。シャチは飢餓が進行すると後頭部の脂肪組織を失い、ピーナッツのような外見になるとされる。どっしりとしていた肉の塊が、そんな萎れた姿になっていたのだ。個体数は三十年間で最低の七十三頭、死んだ者に代わる個体の台頭が間に合わず、数が増えない。ジャイルズが糞に含まれるホルモンを調べたところ、七十パーセントの妊娠が栄養不足のせいで失敗に終わりつつあり、妊娠後期では二十三パーセントに問題が起きていた。

最も切ないのは新しく生まれた赤ちゃんの死で、母親のタレクゥアが死んだ赤ちゃんを十七日間抱えて泳ぎ続けたのは世界的なニュースになった。この若い母親は死を悼んでいるのかどうか、各国のメディアが推測合戦を繰り広げた。ジャイルズにいわせるなら、当たり前だ。「シャチはヒトによく似ていますが、本音をいうならヒトより優れていると思います。ヒトにはない脳の部位さえあるのですよ」

シャチの脳には最大級の形容詞を使いたくなる。遠大かつなんともいえず複雑、それに比べて限りある灰色の脳細胞でヒトが理解するのは容易ではない。重量は約七キログラムと地球上で最も重く、巨大だ。ヒトの脳がたっぷり五つ収まる大きさがあり、この体格の哺乳類として予想される二・六倍だ。類人猿より大きい。体に対する脳のサイズは（いわゆる脳化指数〔ＥＱ〕）、おおよその知性を表すものと考えられている。ヒトのEQは七・四〜七・八、チンパンジーは二・二〜二・五だ。雌のシャチのEQはおよそ二・七でチンパンジーより高く、仲間の雄も上回っている。雄のシャチは体が大きいのでEQは二・三程度だ。性別による差はダーウィンが主張した雄の知的優位に冷や水を浴びせるもので、雌の社会的スキルおよびリーダーシップが関係すると考えられている[12]。これらは雄よりも高い認知能力を要求するのだ*。

もちろん大きさがすべてではないが、シャチの思考に関する脳の分野はヒトより明らかに進化している。ヒトの大脳が全体の容積の七十二・六パーセントであるいっぽう、シャチは八十一・五パーセント[13]だ。計算能力は大脳新皮質（込み入った思考を司る部位）のサイズと表面積で測られるが、シャチのものは地球上でいちばん複雑だ。まだ劣等感を覚えないようなら、シャチは巨大かつ複雑な大脳新皮質と大脳辺縁系（感情を司る部位）のあいだに挟み込むような形で神秘的な組織の層をもっている、といったらどうだろうか。

これら不可解な事実が結局何を意味しているのか理解するため、わたしはロリ・マリーノ博士に会ってきた。マリーノは三十年間をクジラ目の神経解剖学の研究に費やし、浜に打ち上げられたシャチの脳にMRIを行なっている。博士の話では例の神秘的な組織の層、すなわち「傍辺縁葉《ぼうへんえんよう》」はイルカとクジ

＊マッコウクジラは雄雌の間でよりEQに差がある。雌は雄の二倍以上だ（雄のわずか〇・五六に対して一・二八）。この極端な性的二形は哺乳類では珍しい。そしてシャチ同様、雌の社会的スキルの必要性と関連づけられている。雄のマッコウクジラは単独で行動するが雌は大きな家族集団で暮らし、社会的なやりとりや個別のコミュニケーションが欠かせない。求愛になると雌が雄との会話に苦心するのは想像に難くないだろう。

ラにしか備わっていない。ふたつの隣接する脳の部位を密に結びつけるもので、シャチはわたしたちの理解の及ばない方法で感情を処理している可能性があるという。

「シャチはあなたが（シアトルで）目撃した歓喜から絶望まで、幅広い感情を味わっているのではないかと思います。一連の感情のなかにはおそらくヒトには備わっていなく、理解が難しいものも含まれるのでしょう」

マリーノの話では、シャチには社会性とコミュニケーションにかかわる脳の部位がほかにもあり、それらは非常に入り組んでいる。「何がおもしろいかというと、大脳新皮質の多くの部分が霊長類より複雑で、非常に興味深い仕事をこなしている点です。社会的認知、問題解決など。つまり問われるべきは『シャチの心はどうなっているのか』でしょう」

シャチは高度な感情と素早い思考力の持ち主で、ヒトより「コミュニケーションに多くの次元がある」とマリーノはみなしている。よく知られる「ミラーテスト」、すなわち鏡のなかの自分の姿に注意を払うか否かによって自己の認識の有無を確かめるという試験にとおっている、数少ない動物のひとつでもある。ただしシャチはジコチューとはほど遠い。マリーノはこれら「高度な社会性を備えた頭脳派」[15]には独自の自己認識があり、集団のなかでの自分と個としての自分をそれぞれ認識しているのではないかと考えている。そうするとときに不幸な結果さえ招くほど、社会的一体性が生まれる理由が説明できる。サザンレジデントが水族館の手で大量に捕獲された理由は、一頭が捕らえられると家族がついてきたためだ。痛ましいほどやすやすと捕虜に加わってしまったのだ。「その場から逃げるのはごく簡単です。けれど家族のもとを離れるというのは、彼らにとってあり得ない選択なのです」

センター・フォア・ホエール・リサーチによるドローンを使った調査でも、こうした社会的絆の確かさに新たな光があてられつつある。過去四十年、シャチの研究者が観察できたのはひれやときおり見られる体の一部くらいだったが、今では水面下で何が起きているのか調べられる。「魚の水槽の蓋を開けて、初めてなかを覗きこむようなものです」と、ダレン・クロフトは語る。「シャチは広々とした海を泳げるのに、わざわざ隣どうしを泳いでいるだけでなく、お互いに触れ合っているのですよ」

海のような広大で輪郭のない三次元の空間ですごし、毎日深く広く移動している場合、一日の終わりに戻れる「家」のような場所はなく、愛する者たちと顔を合わせて安心感を得ることもできない。家族集団こそ家であり、安全な居場所で、サバイバルの鍵を握っているのだ。つまりシャチにとって互いに寄り添い結びついているのには、ヒトの感覚ではわからないような意味があるのかもしれない。

シャチは間違いなく、社会的な助け合いを驚くほど細やかに行なっている。互いの子どものベビーシッターを務める、ハンデを負った仲間のケアをするなどだ。ジャイルズの話では、サザンレジデントとは別の流浪のポッドに側弯症を患う雄のシャチがいて、群れの一員として生き長らえているという。「仲間が餌を運んできてくれますから。まわりとおなじペースでは泳げないのですが、仲間が戻ってきてはアザラシの肉や狩ったばかりの獲物を分けてくれるのです。ヒトの社会の多くでは、ああした個体は置き去りにされるでしょう」

ヒトの指導者がみんな傍辺縁葉の移植手術を受けてくれないだろうか、とつい考えてしまう。賢明で思いやりのあるシャチの女王に倣い、感情の奥深さや、サポートが充実した誰も取り残されない社会を学んでほしい。

ただしシャチの雌がそろって偉大なリーダーというわけではない。ジャイルズいわく、シャチにもヒトのように個性があり、なかには意志薄弱な個体もいる。「『家族集団の女王』でありながらリーダーとしては不満がある個体もいます。群れの残りが向かう先についていくだけなのです。そうではなく自分の意思があり、ポッドを率いる個体もいます」

個性とリーダーシップの関係は、アンボセリのゾウにおいてよりはっきりと解明されている。すばしこい海中の哺乳類よりゾウのほうがいくぶん観察しやすいからだ。ただしアンボセリ所属のヴィッキー・フィッシュロック博士は、個性の違いがゾウの女王のあり方に大きく作用するものの、定量化は難しいという。自信家、好奇心旺盛、心配性、食わず嫌いなど、家族はある種の特徴を代々引き継ぐものだからだ。フィッシュロックの先輩でアンボセリ・ゾウ研究プロジェクト創始者のシンシア・モスと、スコットランドのスターリング大学心理学教授フィリス・リー[16]は女王たちを分析し、群れを率いるとは（たとえばチンパンジーのアルファ雄のように）高圧的に振る舞って権力を行使することではなく、高い影響力や知識、視点によってほかのゾウの敬意を獲得し、安心してついていこうと思わせることだと指摘している。

ゾウはシャチ同様（そしてヒトのような類人猿同様）、いわゆる離合集散社会を築いている。グループの大きさは固定されておらずダイナミックで、メンバーの離脱や帰還にともなって刻々と変動する。「誰も行き先を指示されていませんが、リーダーがいるところが求心力ある社会の中心です」と、フィッシュロックは語る。「女王は皆をつなぎ止めておく『糊』なのです」

老いた賢明な雌という重心が失われると、社会はばらばらになってしまう。二〇〇九年にアンボセリが極度の干ばつに見舞われた際、フィッシュロックらはそれを悟った。数十年来の干ばつで、川は蒸発し、草地は萎れて塵になった。アンボセリ・ゾウ研究プロジェクトは研究対象の二十パーセントを失った。年老いたゾウはとりわけ日照りに弱い。歯が衰えていて、水なしでも育つ硬い植物が食べられないからだ。その結果、二〇〇九年には五十歳以上の雌の八十パーセントが命を落とした。そのうちの一頭が、過去四十年ほど群れを率いていた伝説の六十四歳の雌エコーだった。サザンレジデントがグラニーを失ったのに匹敵する痛手だ。

「女王を失うと誰もが影響を受けます」と、フィッシュロックは語る。最もわかりやすい点として、群れは環境と社会に関する知識の宝庫を失う。それこそ厳しい時期を乗り切るため最も必要だというのに。迅速かつ落ち着いた判断が必要なとき誰に頼ればいいかわからず、グループ全体に混乱が起きる。ただしおなじくらい深刻なのが、喪失のもたらす社会面と感情面への影響だ。

「ある種のトリクルダウン効果と考えられそうです」と、フィッシュロックは語る。「悲しみのなかにいる動物は、ほかの個体への反応が鈍くなります。すると連鎖的に、それまで密接だった関係が揺らぐのです。落ちこんでいる個体は食事に時間をかけず、グループの要求もないがしろにしてしまいます」。タンザニアのミズミサファリパークで暮らすゾウの密猟の影響を調べた研究では、老いた女王を失った群れのストレスホルモンが最も高かったという。

フィッシュロックの見解ではこのような社交的な動物の場合、喪失の打撃によって、女王を失った直後に家族が分裂する危険が高まる。アンボセリの研究チームはエコーの死の直後にそれを目の当たりにした。
エコーの妹で四十四歳のエラがグループ二番目の長老で、姉の跡を継ぐこともできたが「まわりに気を配っていられず、ただ家族と一緒に引きこもってしまいました」。その結果、二頭の雌が女王候補になった。三十七歳のユードラと二十七歳のイーニッドだ。一般には年齢とそれにともなう賢さが、ゾウの女王の選出を左右する。けれどユードラの気質はリーダーには不向きだった（「ちょっと気弱で、性格的に右往左往するところがあります」）。そこでエコーの長女イーニッドが、ユードラより十歳若いにもかかわらず後継者となった。「とても珍しいことです」

アンボセリのゾウたちが新しい社会構成を理解し、干ばつから立ち直るには二年かかったが、今ではなんとかやっている。「立ち直ってくれたのはすばらしいことです」と、フィッシュロック。「どうやら偏りのない年齢構成が、こうした変化を可能にする鍵のようです。新世代のリーダーがごく自然に登場するのです」

いっぽうサザンレジデントはまだ危機の渦中にある。「老いた雌を失うのが何を意味するのか、時間が明らかにするでしょう。考えると恐ろしくなります」と、ジャイルズはいう。

シャチたちは明らかに断絶を深めつつある。ジャイルズとわたしが群れに追いついたとき、サンフアン島の西海岸沖で採餌をしていたのは二十三頭中わずか二頭だった。ここは昔からのサケがたらふく食べられる場所で、かつてならポッド全体が押し寄せていた。最初わたしの目についたのは十九歳の雄ロボの漆黒の背びれで、船の間近に上がってきていたので心臓が止まるかと思った。そのあと近くを泳ぐ母親リーの姿を見つけた。四十二歳のリーはおそらく生殖能力を失う寸前で、わたしとおなじように中年期のホルモン変化のジェットコースターを経験しているのかもしれない。思わずジャイルズに、更年期のシャチもいら立ったりホットフラッシュを経験したりするのか、と訊いてしまった。

シャチは基本的に「絶縁体で覆われたソーセージ」で体温を観測するのが難しい、とジャイルズはいった。それでも長年のあいだに三度、年長の雌が家族を離れて一頭でどこかへいくのを目撃しているという。「もしかしたら機嫌が悪かったり、ひとりの時間がほしかったりしたのかもしれませんが、よくわかりません」。ホルモンレベルを比較したらもっと手がかりが得られるだろう。発汗や気分の乱高下はエストロゲンの減少と関連づけられている。エストロゲンは幸福感と関連する神経伝達物質セロトニンの量を左右するのだ。だがシャチの糞を使った検証は、まだ行なわれていない。

それでもこのシャチとは強い絆を感じた。リーは（わたし同様）生涯の次の段階に向かおうとしている社会的な生きものだ。彼女にとって卵巣の死は再生を意味している。社会からフェードアウトするのではなく、舞台の中央に進み出るのだ。年齢にともなう洞察は群れの敬意を集め、仲間を前に向かわせるだろう。サザンレジデントに残る閉経後の八頭の雌の一頭として、リーが新たな女王になる可能性はあるのだろうか。

「誰が跡を継ぐのかとしょっちゅう訊かれますが、今ではそんな問題に対処している余裕もないはずです」と、ジャイルズ。単純にグループが一丸となって生きていくだけのキングサーモンの数が足りず、その点が昔ながらの暮らしのあり方を変えつつあるのだ。「彼らの文化そのものがほつれかけているように見えます」

その文化が問題の一部をなしている。セイリッシュ海にはシャチの餌となり得る獲物がたくさんいるが、サザンレジデントはサーモン狩りの専門家で、飢え死にしようとしていてもほかの獲物には目もくれない。おなじ水域に住み、海の哺乳類を標的にする別の生態種もいて、そちらの頭数は急激に増えている。サザンレジデントにもアザラシの赤ちゃんに近づこうとする個体がいるが、保護活動家にとってはもどかしいことに、まだ餌として認識していないようだ。

たいていの場合、文化は大きな利点をもたらすものとしてとらえられるが、サザンレジデントは文化的保守主義のリスクを教えてくれている。めまぐるしく変化する世界では臨機応変が求められ、それができなければ袋小路だ。待ったなしで求められているのは次の女王がイノベーターとなり、思いきってアザラシを大きく齧ってみることだ。そうやって彼らの文化は何千年も前に始まったはずなのだから。

そうした行動面での柔軟性がシャチを救うのに間に合うのかは、まったくわからない。つまりわたしたちヒトが、これらの変化の元凶として、傍辺縁葉をもたない脳の思いやりをかき集めて行動を変えなければいけないということだ。手遅れになる前に。

「わたしたちヒトが生き方をすっかり変えなければ、この群れは助からないでしょう。輸送から漁業、海に有害物質を捨てることまで。彼らをこんな状態に追い込んだという倫理的な責めを負っているのです」。ジャイルズの声は震え、泣き出す手前だった。「サザンレジデントは、この地域の炭鉱のカナリアです。環境に問題があると教えてくれているのです。これらのシャチを救うことには、大きな意味があるでしょう」

第 10 章

# わたしたちは自力でやる

## ——雄のいない雌たち

コアホウドリはステロイド摂取が完全に癖になったカモメのように見える。アホウドリ科の二十二種のなかでは最も体が小さいが、翼を広げると米バスケットボール界の巨人レブロン・ジェームスがすっかり小さく映るだろう。コアホウドリの特異な体格は力強く飛翔するための適応の結果で、最小限の努力で地球をわたるという目的に特化された姿だ。ほとんど翼を動かさないまま、海の上昇気流に乗って何千キロメートルも旅してしまうのだ。アホウドリは何年でも海上で、水かきのついた足を地面につけずすごすことができ、水夫や詩人、神話の作り手に崇拝されている。

けれどこの詩的で縛られない生き方も生殖の必要性にはかなわず、鳥たちは集団で騒ぎたてながら人里離れた岩だらけの土地ですごす。コアホウドリの好みはハワイの太平洋諸島で、六か月のあいだ単独ですごしたあと十一月になると集結し、交尾して赤ちゃんを一羽だけ育てる。ひとりでできる仕事ではない。アホウドリの雛《ひな》は特別に成長が遅く、巣を離れて空ですごすようになるまで六か月ほどかかるのだ。そのあいだ両親はタッグを組んで、はるかアラスカまで採餌にいかなければいけない。一羽は何週間もイカを探しながら海上ですごし、空腹を満たしつつますます高まる雛の要求に応え、もう一羽は巣に根を下ろしてやかましいながら可愛い雛を守る。

こうしたチームワークには神話のヘラクレス並みの信頼、理解、献身が必要だ。だからこそアホウドリは、もうひとつの長期にわたる忍耐の象徴になったのだろう。単婚だ。アホウドリは六十～七十年生き、おおむね死ぬまでおなじ相手と毎年交尾する。生物学的な意味合いでの「離婚率」は鳥類で最も低い。長期間の貞節と家族の絆は各方面から称賛されている。二〇〇六年にハワイを訪れた当時の共和党ファーストレディのローラ・ブッシュは、アホウドリのつがいが生涯添い遂げることを褒め称えている。

彼女を始め当時誰も知らなかったのは、これら生涯添い遂げるつがいの三分の一以上が、ヒトになぞらえていうならレズビアンだったことだ。

「つがいだからといって雌と雄とは決めつけられません」。ハワイにあるコアホウドリのコロニーを散策しながら、リンジー・ヤングはいった。

ヤングはハワイやその周辺の鳥の保護を目的とするパシフィック・リム・コンサベーション代表で、二〇〇三年からコアホウドリを研究している。これらの鳥について彼女より詳しい人間はおらず、オアフ島最西端カエナ・ポイントのコロニーの毎週の調査に同行できて幸運だった。ゆるやかにうねる砂を在来種のつる植物が覆い、ドラゴンの背を思わせる荒々しい火山脈が影を落としている。猛々しく、風が強く、ティキバーや摩天楼が並ぶホノルルとは別世界だ。おかげでこの地はアホウドリ、カツオドリ、ミズナギドリなど絶滅危惧種の海鳥たちの貴重な保護区となっている。周囲にはドナルド・トランプが喜びそうな金属のフェンスが張りめぐらされ、地上に巣を作る鳥たちを野良猫やネズミ、無軌道バイカーから二十年近く守ってきた。安全なフェンスの内側で海鳥たちは楽園を築き、ついでにヤングがいうところの「世界最大の『ホモセクシャルな動物』の居場所」[1]を作り上げている。

ハワイのアホウドリは生物学者が一世紀超にわたって観察を続けているが、思いがけない取り合わせは二〇〇八年まで見すごされてきた。[2]理由は簡単だ。ヤングのあとからおぼつかない足どりでついていって出会ったのは——ブービートラップのごとくコロニーに点在する、ミズナギドリの見えにくい巣穴に足をとられたのだ——およそ個体の区別がつかないガチョウほどの大きさの鳥たちだった。どれも顔の羽毛のせいか、不服そうなこわばった表情を浮かべているように見える。体もしぐさも、性別の手がかりにはならなかった。

鳥たちは儀式的なダンスを踊りながら熱心に求愛していた。ヤングの研究仲間の表現を借りるなら「婚活ディスコ」のような光景だ。十羽ほどのアホウドリが集まり、無音の店内で一心に楽しんでいる客さながらに頭を大きく上下に振っている。やがて波長が合いそうな相手が見つかると次の段階に進み、儀式の一環として互いの脇の下を嗅ぎ、くちばしを鳴らしては空中に振り立て、声を上げる。

独身の鳥は数年のあいだ、こうしたアホウドリ版のディスコを訪れ、さまざまなダンスパートナーの能力を見きわめて最終的に相手を決める。その後の道のりの長さと濃密さを考えるなら、賢いやり方だろう。アホウドリにはコミュニケーションがとれて協力できるパートナーが必要で、呼吸を合わせたダンスはいわば品定めの一環なのだ。アルゼンチンタンゴにも引けを取らない、情熱的な演技だ。どのペアがうまくいくか、見ているとはっきりわかった。呼吸の合うペアの場合、エネルギーが感じ取れるくらいだった。ただし目の前のカップルが異性愛か同性愛か、見きわめる手がかりはなかった。ヤングにしてもおなじらしく、尋ねても肩をすくめるだけだった。

ただしヤングと研究仲間の保全生物学者ブレンダ・ザーンは「大きな楕円形の手がかり」がきっかけで、これらの鳥には何か特別なところがあると考えるようになったという。コアホウドリは繁殖期一度につき一個しか卵を産めない。それ以上はエネルギー投資がすぎるのだ。ところがカエナ・ポイントの多くの巣には二個目の卵があるか、巣の外にもう一個転がっていた。

科学的には「スーパーノーマル・クラッチ」（過剰卵数）と呼ばれる現象で、ハワイでは一九一九年以降しばしば観察されている。鳥類学者たちは二個の卵を説明しようと、さまざまな屁理屈をこしらえてきた。いわく、一部の雌には実は二個卵を産むガッツがあった。いわく、ほかの雌がこれらの巣に卵を「捨てて」いった。後者の仮説は前世紀半ばのアホウドリ研究の権威ハーヴィー・フィッシャーのもので、「乱交、複婚、一妻多夫はこれらの種には見られない」[3]といささか勇み足かつ保守的な主張をしている。

こうした伝統主義者たちはスーパーノーマル・クラッチの主たちの性別を調べて、本当に異性愛か確かめるなど思いも寄らなかったようだ。だが合衆国魚類野生生物局所属の科学者で、カウアイ島付近の島のコアホウドリのコロニーを研究していたブレンダ・ザーンはそれをやった。ザーンの観察では、毎年卵が二個出現する巣は決まっていた。アホウドリはおなじ巣に戻ってくる習性があるので、偶然卵が捨てられていったということでは説明できない。おなじつがいに偶然が起きているとは考えにくいだろう。ピンときたザーンはスーパーノーマル・クラッチの主たちの羽根を収集し、リンジー・ヤングに送った。実験室でDNAを抽出し、遺伝子的に鳥たちの性別を調べてもらうのだ。

結果は両方とも雌で、ヤングは不手際があったかと思ったという。「最初は『大発見をした』ではなく『大失敗をしてしまった』と思いました」

そこでカエナ・ポイントのあらゆるスーパーノーマル・クラッチのつがいのサンプルを集めた。すべて雌という結果が出ると、フィールドワークのほうにミスがあったのではないかと思ったという。だがコロニーを再訪し、あらためて血液を採取しても結果はおなじだった。つがいはすべて雌どうしだったのだ。

次に考えたのは「百パーセント疑問の余地がなければ誰にも信じてもらえない」。そこで一年ほど実験結果を検証し、揺るぎないものにした。結果を公表する決心がつくまで、サンプルの採集と調査を少なくとも四度繰り返したという。最終的なデータはやはり驚くべきものだった。二〇〇四年以降、カエナ・ポイントの百二十五個の巣のうち三十九個は雌どうしのペアのもので、スーパーノーマル・クラッチではないと思われた二十個以上の巣も含まれていた。

データは二〇〇四年のカエナ・ポイントでの観察開始時から一貫していた。毎年、カップルの約三分の一は雌どうしだったのだ。ヤングはこれらの雌がなんらかの方法で雄と交尾する機会を見つけつつ、別の雌と同居して卵を孵《かえ》す選択をしているのだと考えた。

だが、理由はなんだろう。

これらの雌たちはあらゆる意味でパイオニアだったのだ。カエナ・ポイントのコロニーは比較的新しい。コアホウドリたちは一九八〇年代後半、外来の敵やオフロードのバイカーの危険がなくなってようやく、この島に住みつき始めている。レイサン島やミッドウェー島など、ハワイ周辺の無人かつ大規模で混雑したコロニー出身の個体たちだ。周辺のこれらの島には百万羽超のおとなの鳥たちがいる。

どちらかというと冒険心があるのは若い雌のアホウドリで、生まれ故郷を飛び立って新天地を求める。若い雄はもっぱら地元に留まり、慣れ親しんだコロニーで繁殖に取り組むことが多い。つまりカエナ・ポイントや近くのカウアイ島にある後発のコロニーには、雌にとってパートナーとなる雄が足りない。シングルで子育てするという選択肢はアホウドリにはないので、これら革新的な雌たちは既存のつがいの雄を精子提供者として誘惑しつつ、別の進取の気性に富む雌を子育てという大仕事のパートナーに選ぶ形で適応したのだ。

どちらの雌も受精した卵を産むはずだが、残るのは一個だけだ。鳥は腹部に「抱卵斑《ほうらんはん》」と呼ばれる毛の抜け落ちた部位があり、卵の温度の調節に使っているが、大きさは卵一個ぶんしかない。つまりいっぽうの卵は必ず放置される。その選択は完全にランダムといえそうだ。雌たちが競争心に駆られ、互いの卵を巣から押し出しあっているとは考えにくい。ヤングの見解では、どちらの卵が自分のものか雌たちもわかっていなく、本能のままに丸い何かの上に座っているのだ。「ある一羽などバレーボールを孵そうとしていました」

つまり雌のパートナーをもつ場合の繁殖成功率は、よくて雄がパートナーの場合の半分ということになる。だがまったく産まないよりははるかにましだ。革新的な雌どうしのカップルが直面する最大の問題は、産卵直後の数週間に起きる。異性のカップルの場合まず孵卵を担当するのは雄で、飢えていた雌は三週間ほど巣を離れてイカをたらふく食べ、産卵で失ったエネルギーを補充できる。だが両方の雌が卵を産んだ場合、片方は巣に残らなければならず、その雌は完全に痩せ衰えてしまう。こうしたわけで巣を放棄する確率は雌どうしのペアのほうが高い。だがいったんこのハードルを越えたら、雛が育つ確率は異性どうしのカップルに引けを取らないとヤングはいう。

「卵が孵化するまで我慢できれば、おなじくらい上手に雛の世話ができるのです」

こうした雌の一部は一〜二シーズンほど雌をパートナーに選び、そのあとは空いている雄に乗り換える。雌の多さを考えると、カエナ・ポイントでは雄のコアホウドリが選ぶほうの性になるはずだとヤングは見ている。データによると、雄はパートナーの性別にかかわらずすでにうまく雛を育て、よき母親だと証明されている雌に惹かれる。おもしろいのはこの「逆転した」性淘汰では雌の競争が増しそうなところそうはならず、雌はより互いに協力するようになる点だ。ダーウィンはさぞかし頭をかきむしったただろう。

一部の雌のカップルは雄に乗り換えようとせず、同性との関係を長年保ち、生涯添い遂げさえする。ヤングにもその理由はわからないそうだが、ともかくその組み合わせはうまく機能するようだ。カエナ・ポイントのコロニーをもうすぐ去るというとき、ヤングはそうしたカップルの片割れに引き合わせてくれた。ナンバー九十九、愛称「グレッツキー」だ。

「本来は雄の名前ですね」と、ヤングはちょっと気まずそうに笑った。動物に名前をつけることにいい顔をしない科学者もおり、性別を間違えたとなればなおさらだ。この鳥とパートナーに出会ったのは同性カップルについて知る前だったそうで、雄だと見当をつけてしまった。若き生物学者は名前をご贔屓《ひいき》にしていたカナダ人元アイスホッケー選手[4]から頂戴したという。史上最高の選手の呼び声が高いウェイン・グレッツキーだ。背番号は偶然にも九十九だった。

性別はさておき、そのチャンピオンの名前は不思議と合っているように思えた。グレッツキーと雌の伴侶はヤングが観察を始めた十七年前から、ひょっとしたらそれ以前から一緒にいると考えられそうだ。十七年間で二羽はみごと八羽の雛を育てあげ、孫が三羽いて、性別を問わずカエナ・ポイントの最も成功したカップルのランキング最上位に君臨している。

では長期にわたる繁殖の成功の秘訣はなんだったのだろうか。

まず目についたのは、二羽が一等地を選んで巣を作ったということだ。コロニーで最も高度があり、すばらしい夕焼けの見られる場所にグレッツキーは誇らしげに座り、眼下の巣の連なりと轟《とどろ》く太平洋を眺めていた。なおかつ二羽の巣は砂の表面に掘られたくぼみなどではなく、泥と植物を混ぜて作った立派なドーナツ状のもので、この地の固有種のナイオの葉陰にうまく隠されていた。ナイオは濃い緑の葉をつける低木で、雛にぜひとも必要な日除けとなってくれる。生まれたての雛は厚い灰色の羽毛に覆われ、汗をかけない状態なので、灼熱のハワイの太陽に焙《あぶ》られるのは危険きわまりないのだ。身を守る唯一の方法は巣にあおむけになり、大きくて扱いづらい足を日陰に差し入れてクールダウンを試みることだ。わたし自身も摂氏二十七度の午後の太陽のもと汗をかきながら思ったのだが、雛の姿については進化の神に一考を求めたい。

ナンバー九十九の雛はいつ生まれてもおかしくなかった。ヤングがそっとグレッツキーを立ち上がらせ、調査のため卵を見せるよううながすと、鳥は威嚇するようにくちばしを鳴らしてみせた。驚いたことに、まだ卵には一本のひびもなかった。通常、経験豊富な親たちはきっかり六十五日で孵化に至る。この雛は遅れが生じていたわけだが、この年のコロニーの雛はすべてそうだった。おそらく近年の気候変動の影響で、あまりいい予感はしない。

ヤングが後ろに下がってメモを取り始めると、グレッツキーは卵の上に座り、甲高い声を立てた。「雛に話しかけているのです」と、ヤング。早く殻を破って生まれてくるよう、うながしているのだろうか。たぶん間違っていないだろう。アホウドリはコミュニケーションを円滑にするための物音や動作をひとおり備えている。おしゃべりが始まるのは幼いころだ。まだ生まれていない段階でも、ナンバー九十九の雛は母親に答えが返せるかもしれない。

よきアホウドリの親であるためにはコミュニケーション、コーディネーション、協力が必須だ。グレツキーたちは明らかにその点を達成している。パートナーがアラスカ漁から戻ってきて、偉大なチャンピオンの名を冠された仲間を任務から解き、食事にいかせてやる前は、二羽は甘いダンスに浸るだろう。異性愛のアホウドリのカップルとまったくおなじように身を寄せ合い、羽づくろいするのだ。

「やることは異性のペアとまったく変わりません。行動に関してこちらにわかるような違いはないのですよ」

体を使った親密なやりとりは二羽の絆を強める。[5]「愛情ホルモン」ことオキシトシンやさまざまな快楽物質エンドルフィンが分泌され、キスや愛撫、セックスがヒトにもたらすのとおなじような効果を生むのだ。オキシトシンは愛情を深めると同時にストレスを緩和し、社会性を高める。数週間あるいは数か月を海上ですごしたあと、極度の飢餓のなか待っていたパートナーの心を癒してやるのにちょうどいいだろう。混雑した緊張感の高い土地で、隣近所との衝突を避けるのにももちろん便利だ。

鳥類においては科学者たちが「社会的羽づくろい」と呼ぶ行為があり、育児の分担や離婚率の低さと[6]かかわりがあると考えられている。グレッツキーとパートナーも身体的な距離が近く、それが二羽を長年強く結びつけているのかもしれない。

「アホウドリはとても人間くさいのです」ふだんはヒトになぞらえるのを避けようとするヤングが、珍しくそんな言い方をした。「大部分は一夫一婦で、おなじ相手と長い時間をすごします。いっぽうでパートナーの裏をかいたり別れたりする個体もいます……通り一遍ではないのです」

通り一遍ではないこれらの事象には、今や長期にわたる同性の関係も含まれる。次世代を得るには、相手のいる雄を精子提供者にする。そう考えるとヤングの研究は、異性愛の一夫一婦の象徴としてのアホウドリの立場を危うくするものかもしれない。だがそのイメージがそもそも非現実的な願望の反映で、西洋の信仰がよしとする不自然な倫理を押しつけただけだ。

代わりに示されている事実のほうがよほどおもしろい。自然界における性役割の柔軟性、そして異なる社会的・生態的環境において成功するために新たな行動を編み出す動物の能力だ。これから生態系の破壊がいっそう進むなか、この点はますます意味をもってくるだろう。ハワイの海鳥は六十五パーセント超が海抜の低いサンゴの島に巣を作るため、海面上昇の影響が心配されている。絶滅危惧種のカツオドリやミズナキドリと並んでコアホウドリの九十五パーセントが巣をかまえるミッドウェー島とレイサン島は、今世紀半ばまでにすっかり姿を消すだろうと予測されている。[7]つまりこれら新しい高地にコロニーを作っている革新的なレズビアンたちは、まぎれもなく種の保存に貢献しているのだ。

科学が異性愛というバイアスのかかったサングラスを一瞬でも外し、ほかにも雄雌の外見が酷似している種をまっさらな目で見ることができるなら、そしてそこに雄の頭数が少ないなら、協力して繁殖している革新的な雌の事例がまた見つかるかもしれない。一九七七年に発表された無名かつ引用回数の少ない論文が、カリフォルニア州サンタ・バーバラ島に生息するアメリカオオセグロカモメ（*Larus occidentalis*）の「スーパーノーマル・クラッチ」に着目し、雌―雌の「ホモセクシャルなつがい」について述べている。おそらく同性愛的な海鳥の親たちはもっといるのだろう。

論文の著者はカリフォルニア大学のジョージ・L・ハントとモリー・ワーナー・ハントで、一九四二年にクロワカモメのスーパーノーマル・クラッチの観察記録があることは認めつつ、自分たちの研究が鳥類におけるホモセクシャルなつがいの初の報告であると考えていた。論文で取り上げたアメリカオオセグロカモメの雌のペアは子育て中のつがいの十四パーセントを占め[8]、やはり島に雄が不足していることへの適応だとされた。それ以降マサチューセッツ州のバード・アイランドに生息するベニアジサシ（*Sterna dougallii*）でも似たような報告がされており[9]、まだ多くの実例があって、発見されるのを待っているだけだとヤングは考えている。

コアホウドリだけがハワイに生息する同性カップルのパイオニアではない。オアフ島滞在の最終日、もはや雄をすっかり排除してしまった生きものに会おうと、わたしは島を駆けずり回った。オガサワラヤモリ（*Lepidodactylus lugubris*）には雌しかいない。雄は存在しないのだ。それなのに大いに繁栄している種で、一切雄の手を借りることなくクローンという方法でこれらの島々を席巻してしまった。

みずからを複製する雌だけの爬虫類というＳＦそのままの存在を、ひと目見ずにはいられなかった。オアフ島にそういった種が生息していると聞くやいなや、ありったけの爬虫類学者に至急のＥメールを送りつけた。いくつか返信があったのち、島の反対側でデートの約束が成立した。力になってくれるというのはアンバーという女性だった。

アンバーの正体はハワイ大学の生態学准教授ライト博士だった。Ｅメールに書かれていたとおり、大学の農業調査ステーションの片隅で伸びた草を刈っていた。うっかり死ぬほど驚かせてしまったのだが（芝刈り機の轟音のせいで後ろから接近するわたしに気づかなかったのだ）、目的の場所にお連れしましょう、と博士はやさしくいってくれた。

調査ステーションはハワイの農業の豊かな縮図だ。地元産のタロイモ、サトウキビ、コーヒーといった作物が小さな区画に整然と植えられ、まわりをこれまたドラゴンの背のような緑の火山脈が取り巻いている。ヤモリを追う旅のいきつく先は、この農業の楽園の最もぱっとしない場所、つまりゴミ捨て場だった。

ヤモリは夜行性で、日中は外敵から身を隠している。まぶたがないので、ハワイの焼けつくような太陽のもと眠るのはそう簡単ではないはずだ。廃棄されていた大きなプラスチックの板をライトが持ち上げると、そこにいた。急に起こされた十数匹のヤモリが、あわてて身を隠そうとしている。生態学者にしてヤモリ捕獲の専門家であるライトが身をかがめ、迷いのない手つきで一匹をつまみ上げた。

SFに登場しそうな奇妙な種だが、一見してひどくふつうだ。たいして目立たない小さな枯れ葉色で、長くぽってりした尾を除けば体長約四センチメートル。ヤモリ全般の例に漏れずこの部位は敵に捕まったら切り捨て、のちに再生できる。なおさらSFだ。三つ目の特殊能力はどんなつるつるの表面でもとりつくというもので、足裏の粘着力のあるパッドのおかげで、天井を逆さになってするすると伝うこともできる。小さな足の裏を触ってみるようライトにいわれた。たしかにべたついていた。糊のような物質がついているわけではなく、ナノスケールの繊維[10]のおかげだ。触ったものとのあいだに電荷を生み、くっついてしまう仕掛けで、その高性能ぶりからNASAが「宇宙飛行士用の碇」の開発[11]のヒントにしようとしている。修復作業のあいだ、ロボットを宇宙ステーションの外壁にくっつけておく技術だ。

ライトがヤモリをひっくり返すと、半透明な腹部の皮膚越しにふたつの白い塊がはっきりと見えた。股のあたりに埋もれている。「これが卵です」と、ライト。ほかの動物と違って、小さな雌のヤモリの卵は精子なしで完結してしまう。必要なのは卵を産むための安全な場所だけで、雄の手を一切借りず、母親の完璧なレプリカである赤ちゃんが生まれてくるのだ。

ヤモリがこちらを見て、自分の目玉をなめた。まぶたという便利な品がないためまばたきで潤すことができず、水分を保つにはなめるしかない。神秘的なほほえみ。顔の筋肉がまったくないためその表情が動くことはなく、実際の感情とはなんの関係もなかったが、それでもふさわしい表情に思えた。わたしはほほえみ返した。

この小さなヤモリは生殖という厄介な作業に、狡猾なアプローチで応じている。よりよい異性を探すという試練、自分を魅惑的に見せる作業などお断りだ。そんなエネルギーを要する難行はごめんこうむる。うまく交尾するためにエネルギーを費やすのも不本意だし、コトの最中に食べられてしまうリスクも回避したい。交尾に参加していたら当然、周囲に対しては注意散漫になり、情欲のままに動いているうちに通りすがりの捕食者の目に留まってしまうこともあるのだ。

そこへいくとオガサワラヤモリは女手ひとつで子どもを作り出すマシンで、短い五年の生涯のあいだに三百匹近いクローンが作れる。

もちろん、本来は不可能なはずだ。卵子と精子の細胞は減数分裂というプロセスをとおして作られ、分裂する前に胚の状態の生殖細胞の染色体が複製される。こうして四つの娘細胞が生まれるが、それぞれDNAはオリジナルの半数だ。つまり卵細胞は体内のほとんどの細胞と比べて、染色体の数が半分しかないことになる。やはり遺伝子的には半分の状態の精子と結びつくことで染色体のバランスが回復し、次世代を生み出す準備ができるのだ。

オガサワラヤモリはなんらかの手段で、この基本的なプロセスの裏をかくように進化した。魚類や爬虫類、両生類など百ほどの既知の脊椎動物と並び、たいへん門戸の狭い女性限定クラブ[12]の一員だ。ほかに会員なのは顕微鏡の使い手でなければ見られない無脊椎の奇妙な生きものたちだ。その性生活は(あるいはその欠如は)進化のパラダイムを揺るがしている。

交尾をともなわない驚異の技術は「単為生殖」と呼ばれ、語源はギリシャ語の「処女」と「生誕」だ。単為生殖によってオガサワラヤモリはハワイ諸島のみならずスリランカ、インド、日本、マレーシア、パプアニューギニア、フィジー、オーストラリア、メキシコ、ブラジル、コロンビア、チリ、そのほか各所を席巻するようになった。実のところ太平洋やインド洋の暖かい沿岸地域を訪れれば、ほぼ間違いなく出会える。太陽が傾くころ姿を見せ、ご親切にも人間を悩ませる蚊を食べつつ、朗らかに「歌って」いるだろう。

にわかには信じられないが、世界に何百万匹と存在するだろうオガサワラヤモリはすべて、ひと握りのオリジナルの母親たちから複製されたクローンなのだ。その世界進出ぶりと種としての繁栄は、ひとつの問いを余儀なくする。セックスなど必要なのだろうか。

それはいわば究極の問い[13]で、進化生物学の最大の謎といえるかもしれない。おわかりのように、交尾は代償が大きい。相手を見つけて誘惑するという面倒に加え、生殖の潜在的な可能性を半減してしまうのだ。卵子を作り出せるのは片方の性だけなのだから。

雌のみの種は交尾をする種の二倍、増殖できる。素早く成長し、あっという間に分散するようできているので、新しい土地の入植者におあつらえむきだ。[*1]オガサワラヤモリはポリネシア人とともに西暦四〇〇年ごろハワイに到着し、第二次世界大戦中に軍艦に乗って太平洋を渡った。ヒトの手で運ばれたおよそすべての土地で繁栄している。ミステリークレイフィッシュやユスリカ（*Eretmoptera murphyi*）の仲間など多くのユニセックスの種同様に、「雑草種」や「侵入生物」ととらえられている。侮蔑的かつ相当に主観的なレッテルで、ハワイのような若い火山性の島にはいささか不釣り合いだろう。ヒトを筆頭に、この島の大半は在来種とは呼びがたいのだから。

これら単性の「雑草種」は機を見るに敏で、アグレッシブな繁殖ぶりときたら、より時間を要する性的な競争を駆逐してしまいそうだ。だが単為生殖の経済的な利点にもかかわらず、雌のみの種はやはり少数派だ。自然界は相変わらずセックスに依存している。

クローン生殖の問題点は、子どもたちがすべて母親と遺伝子的に同一である点だ。いうなれば近親交配の極致で、稀に減数分裂の段階でミスコピーが起きた場合を除いて遺伝的多様性が生まれる余地はない。つまりクローンに頼っている動物は遺伝的多様性で対抗する手段をもたないため、寄生虫、病気、環境の変化に弱い。

仮に疫病などない静的な環境があれば、雄はいささか余計な存在になるだろう。だが雄にとっては幸いにも世界とは絶えず変化する場所で、生きものは交尾を通じて遺伝子のトランプをシャッフルし、多様性を維持しなくてはいけない。交尾による生殖のメリットは長期的なサバイバルであり、だからこそ最も繁栄している雑草種は双方の手段で繁殖しているのだろう。

庭のある方は、こういったクローン生殖の生きもののひとつに苦い記憶があるだろう。トマト畑などを荒らし回る能力の持ち主。そう、アブラムシだ。四千種超いる小さくて植物の液を吸う生きもので、植物の生命を吸いつくし、病気を広げるせいで忌み嫌われている。だがいっぽう、クローンの世界のマエストロといって差し支えないだろう。

夏の初め、一匹の雌は五十～百匹の娘たちを産むが、その娘たちはすでに体内で胚を育てている。小さくてずんぐりした緑色のロシアのマトリョーシカ人形のようなもので、世代を圧縮することで雌の成熟にかかる期間はわずか十日、とてつもない勢いでの繁殖が可能になっている。たとえばキャベツアブラムシ（*Brevicoryne brassicae*）の仲間はワンシーズンで四十一世代にもなる。つまり夏の初めに生まれた一匹の雌は、テントウムシに食べられさえしなければ理論上は何千億匹もの子孫を生み出せるのだ。[*2]

＊1 雌のみの種において生産を倍増するという可能性[14]は、やはり利益を最大化したい農学の研究者の注目を集めている。たとえばニワトリとシチメンチョウが選ばれて飼育され、雌のみの種を作られようとしている。ヒツジのドリーも一例だ。一九九六年にスコットランドで乳腺細胞から作られた画期的なクローンであるドリーは、豊満な歌手ドリー・パートンにちなんで名づけられ、世界的な名声を得た。そこまで知られていないのは誕生に至る打算的な理由だ。それは生殖から性を排除し、農業における乳の生産量を増やしたという五十年に及ぶ計画だった。

＊2 著名な十八世紀の自然科学者ルネ・レオミュールは一匹のアブラムシの子孫がその夏すべて生き延び、仏軍式に四列に編成された場合、全長二万七千九百五十マイルに達すると計算した。赤道から測った地球の円周を超える。レオミュールは完全にアブラムシにとりつかれていたといっていいだろう。この熱心な昆虫学者は評判になった『昆虫の歴史』のなかで、何時間探してもアブラムシの雄に出会えず、「コトの最中」のつがいも見られなかったと語っている。何日もバージンの雌のアブラムシを観察し、出産前に行為に及んでいるところを目撃しようとしたが、それも失敗に終わった。ただしレオミュールの実験は気鋭の科学者シャルル・ボネに引き継がれ、これまた根気強く実験を続けた。ボネはバージンの雌のアブラムシを瓶に入れ、朝四時から夜十時まで三十三日間見守りつづけた。交尾をしていたはずもなかったが雌は九十五匹出産した。ボネの労を惜しまないアブラムシ観察は報われた。一七四〇年、自然界の性が一律であることを初めて否定し、「処女懐胎」の存在を主張したのだ。

秋になり、被害が出尽くして個体数も飽和するころ、雌たちは雄のアブラムシと性的な行為をして生殖するようになり、次の年に何があろうと切り抜けられるだけの遺伝的多様性を備えた卵を産み始める。鉄壁のシステムで、庭師の天敵となったのもむべなるかなだ。結局誰もアブラムシには勝てない。

つまり雌は遺伝的多様性を保つため雄が必要だ。雄にはもうひとつ大切な役割がある。交尾には減数分裂の際に自然と起きる、有害な変異を排除する働きがあるのだ。有性生殖の場合ミスコピーは精子と卵子が結合した際に、もういっぽうの性細胞の健全な遺伝子によって消去される。無性生殖にはそんな余裕がなく、延々と複製を繰り返す羽目に陥り、増殖するうちにやがて遺伝子学において「突然変異メルトダウン[15]」と呼ばれる事態に至る。

その響きのとおり恐ろしい事態で、交尾を放棄している種がそれなりに挑戦している種より短命とされている理由もわかるだろう。これら多産な雌のみの種は系統樹において、「進化の袋小路[16]」というありがたくない名前をもらっている。

平均的な有性生殖を行なう種は百〜二百万年ほどの歴史をもっている。いっぽう無性生殖の種が十万回目の誕生日を祝えるのは稀だ。少なくとも理論上はそうだとされている。問題は雌だけの種のなかに、こうした賞味期限を図々しく無視する者がいることだ。稀代の生物学者ジョン・メイナード・スミスの表現を借りるなら、これら「進化のろくでなし[17]」たちは科学をどこまでも愚弄し、性というものを根底から問い直すことを余儀なくしている。

もしかしたらご自分が長期にわたる「性の日照り」に耐えてきたと思っているかもしれないが、動物界において禁欲への熱意では右に出る者のないヒルガタワムシと比べたらなんということもないだろう。

これら扁形動物の仲間である微小な生きものは、およそ八千万年のあいだ性というものに無縁なのだ。輪形動物門に含まれるおよそ四百五十の種はすべて雌だ。住んでいるのは水たまりや下水処理装置などわずかに塩分を含む水で、これではマッチングアプリでも関心を惹かないだろう。だが自己複製するこれら姉妹たちは意に介さない。性淘汰を生き延び、交尾なしでいかに進化するかという難問の答えを見出しているのだから。

ヒルガタワムシの長期にわたる存続は継続的な調査が求められている分野で、科学者の熱い議論の種でもある。ただし成功の秘訣のひとつは、どうやらほかの生きものの餌から遺伝子を「盗む」ことらしい。

ヒルガタワムシの食生活はあまり羨ましくもないものだが、住んでいる環境を考えたらまず当然だろう。彼女たちはもっぱら「有機デトリタス」(詳細はご想像にお任せする)、死んだ細菌、藻、原生動物を食べている。口に入るならなんでもいいというところか。科学者の一部はワムシが餌からDNAを抽出し、「遺伝子の水平伝播」によってゲノムの体裁を整えていると考える。研究によると、これらのワムシの活性遺伝子の多くて十パーセントはほかの種から失敬したものとされる。どうやら五百を超える種からDNAを集め[18]、フランケンシュタイン博士式のパッチワークを行なっているようなのだ。その手段が消化なのかどうかは意見の分かれるところだが、よそから拝借してきた遺伝子は交尾抜きでワムシに貴重な遺伝的多様性をもたらしてくれる。もうひとつの能力、すなわち渇水と放射線への耐性の説明にもなるだろう。

リアリティ番組『サバイバー』の動物界版があったとしたら、おそらく最後まで残るのがヒルガタワムシだ。この生きものは数年に及ぶ乾燥状態と強烈な放射線にも負けない。現在わかっているかぎり地球上で最も放射線への耐性があり、有名な無敵の生きものクマムシさえしのぐのだ。[*] ヒトを熱い液体へと変えてしまうような放射線に百回さらされても無事で、そののち健康な娘たちをどっさり産んでみせる。

ワムシが生き延びて自分のレプリカを作成できるのは、盗んできた各種遺伝子が酵素をコーディングし、傷ついたDNAを修復する驚異の能力をもたらしているからだ。生息地では定期的に水場が干上がるので、次の雨を待つあいだワムシたちはひょっとしたら何年もミイラ状態になる。放射線ほど苛烈ではないにしても、そういった脱水はDNAにダメージを与える。だが拝借してきた遺伝子による修復キットで治療できるのだ。それが長年雄なしで存続してきた秘密ともいえる。遺伝子を失敬し、ゲノムを再構成するのは、交尾同様に進化上のメリットをもたらしているようなのだ。

これは大ニュースだ。ヒルガタワムシが登場するまで、交尾はゲノムをシャッフルする手段として市場を独占していた。それが少なくともひとつ、別の方法があると判明した（雄の諸君、ご用心）。

実際のところほかにも雌のみの種の多くが年齢を隠していて、予想を上回る進化上の健康状態[19]にある。突然変異メルトダウンと遺伝的均一性の脅威をかわす狡猾な手段を身につけたおかげだ。二〇一八年、単性のトラフサンショウウオ科のサンショウウオは約五百万年前から存在しているのがわかった。進化上の長命の鍵は「クレプトジェネシス」（窃盗による生殖）だ。雌はときおり近縁種から精子を盗むが、卵子の受精ではなく刺激に使う。いっぽう長い時間のあいだには蓄えていた「盗品の」精子[20]の一部をゲノムに組み込み、多様性を確保したりもする。

なんとも心躍る話だ。このような遺伝子的いんちきの発見によって、性的種と無性種の線引きがぼやけてきている。種とは何かという根本的な問いにも見直しが必要だろう。雌のみの種というパイオニアは性の普遍性という異性愛規範の視点に一石を投じ、遺伝子学と進化生物学に新たな問いの地平を拓いている。たとえばクローンの一族には驚くほど身体面や行動面に差があり、エピジェネティクス（訳注：遺伝子の発現の差異）が遺伝子的に同一である集団においても機能し、ある種の変化[21]をもたらしていると示している。

オガサワラヤモリに関していうならば、単為生殖の秘密はふたつの近縁種のハイブリッド[22]であることだった。ハイブリッドは一般的に不妊であるとされる。けれど我らが生物学的じゃじゃ馬、オガサワラヤモリはその点に目もくれず、ハイブリッド化によって単為生殖に切り替えていった。

オガサワラヤモリのハイブリッドの両親は遺伝子的に距離があり、染色体のセットはミスマッチだが、ある種の減数分裂を行なう程度には近かった。こうしたハイブリッドの「スイートスポット」が、既知の多くの単性の脊椎動物において単為生殖の引き金になっているようだ。その結果生まれるクローンの娘たちはやはり遺伝子的な混合性を欠き、有性生殖を行なう生きものたちのような変化に強いバリエーションは備えていない。だが偶発的な減数分裂の際に、多様かつハイブリッドな染色体の集団にある程度の混合は起きるようで、それが長い目で見ると近親交配の負の影響を抑えて[23]いるようだ。一部のクロ

＊クマムシは顕微鏡レベルの生きもので、脱水の冬眠状態になると極度の高温から絶対零度、毒ガス、激烈な放射線まで耐えられる。宇宙の真空にもやられなかったのだ。だがこれらにしてもワムシの生き延びた五百〜千グレイの放射線では不妊になった。

ーンなど追加の染色体のセットを備えていて、ハイブリッドもまたハイブリッド化していると示してくれる。これがさらなる遺伝的多様性と長命の鍵なのかもしれない。まだわからないことは多い。元祖『ブレードランナー』のネクサス6型レプリカントのように、これらのクローンの「賞味期限」は予想より長いのかもしれないが、どの程度なのかは今のところ不明だ。

これら小さな単性のヤモリについて最も不可解なのは、種の存続のために交尾を必要としないいっぽうで、その習慣と切れていないらしい点だ。イスラエル人の学者イェフダ・L・ヴェルネル博士がベルリンで四十年前にひっそり発表した論文では、これらのヤモリのオアフ島での「ホモセクシャルな行動」[24]が取り上げられている。雌どうしが取っ組みあい、マウンティングするところが観察されていて、片方が「雄」、もう片方が「雌」の役割を演じているのだった。

レズビアンのヤモリについての観察記録はこれ一本ではない。雌のみのハシリトカゲは長々と求愛にふけり、交尾のようなしぐさを見せてから産卵に及ぶ。近縁種の好む「ドーナツ型」の体位をとりさえするのだ。[25]当初この「擬似交尾」は単に過去の痕跡、かつての性行為のなごりとされていた。だが雄雌に扮したロールプレイはなぜ行なわれるのか。

有性生殖のヤモリの種の多くにおいて、求愛と交尾は卵子の排出をうながすためのものだ。卵巣を刺激する雄がいないなか、雌たちは性の境界線を超えていったのだろう。

二匹のハシリトカゲの雌を容器に入れておくと、毎月の排卵サイクルに合わせて性的な役割を交代する。ある月は片方がマウントする「雄」、次の月はマウントされる「雌」という具合だ。この興味深いロールプレイの設定は、ホルモンの作用による。おなじ容器に入れられると、二匹の排卵サイクルは互い違いになるように調節される。つまりおよそ二週間に一回、片方が排卵しているのだ。排卵後の高いプロゲステロン値によって雌は雄のように振る舞い、マウンティングを始める。こうした複雑な行動は一般的に雄の場合、テストステロンの司る神経回路に操られている。[26] だが単性のハシリトカゲの場合、プロゲステロンが活性化の引き金となり、雌どうしが性役割を交換し、生殖能力を最大限高めるという状況が生まれるのだ。研究によって、擬似交尾の機会を得られなかったトカゲは卵の数が減ると証明されている。[27]

単性のハシリトカゲは雄がいない状況で賞味期限を超え、生殖適応度を最大限高めている。このSF的「女だけの社会」はユートピアとディストピア、どちらなのだろうか。

一九八〇年代にオクラホマ大学のベス・リュック教授が、非常に興味深い実験を行なっている。無性種と性的種のハシリトカゲ数種を採集し、容器に入れて綿密に観察したのだ。雌のみの種は性的な近縁種とかなり異なる行動を見せた。[28] 性的な近縁種が一匹で寝ることが多かったのに比べて、寄り添っておなじ寝床を使うことが多かったのだ。また性的種は無性種に比べて四倍も攻撃性を見せた。性的種は争いを繰り返し、餌を奪おうと追いかけあい、より強固な序列のもとにあった。

雌のみのクローンたちはDNAを百パーセント共有しているので、有性生殖の種と比べて互いにとても近縁だ。そのつながりが協力的である理由なのかもしれない。リュックの観察では、攻撃性の引き金はもっぱら雄で、少なくともハシリトカゲにおいては雄の不在がより寛容な社会を作っているといえそうだ。あれやこれや考えると、ユニセックスなハシリトカゲに生まれ変わりたくなってくる。

ハシリトカゲが雄のいない生き方の旗手であるのは確かだ。これら雌のみの種の成功は交尾をめぐる争いに新たな側面をもたらしてくれる。雄は生殖のためだけでなく、存在するためだけに争う。雌のみの社会は雄という重荷を逃れて二倍も生産的だ。雄のもたらす遺伝的多様性がかつて考えられてきたほど重要ではないのも判明している。近年の数学的モデルでも、多様性というメリットを考慮しても進化が有性生殖を贔屓する理由がないと明かされており[29]、交尾をめぐる謎は残るままだ。

それでは雄の役割が精子の提供や卵子の刺激に留まらない、より複雑な社会はどうだろうか。雄は安泰だろうか。最近の日本の研究によると、そうとはいいきれない。

二〇一八年、京都大学大学院に在籍していた矢代敏久が、雌のみのシロアリ社会を初めて発見したと報告した[30]。雌のみの集団はアリやミツバチにおいてすでに観察されていたが、それらのコロニーは女王バチと雌の働きバチに席巻されていた。矢代の発見が画期的だったのは、シロアリのコロニーはもともと王と女王の両方によって作られ、両者が有性生殖によって雄雌の子どもを産み出すためだ。いわゆる性が混在するアリ塚では、複雑な社会を維持するため両方の性が重要な役割を担うと考えられていた。つまり雄の不在は遺伝子的にも社会的にも大きな影響があるはずなのだ。

人間の視点からすると、シロアリは社会的昆虫の世界の鼻つまみだ。ハチは受粉のスキルを、アリは勤勉さを褒められるが、シロアリはヒトの文明の大敵で、わたしたちが大事にしているものを片っぱしから齧ってしまう。書物、家、果てはお金。二〇一一年、シロアリの集団がインドの銀行を襲撃し、二十二万ドル分の紙幣を食べてしまった。

シロアリは元祖「反資本主義無政府主義者[31]」で、実のところもっと称賛されてもいい存在だ。恐竜の時代から労働の分担によって複雑な社会を維持し、菌類を栽培し、セルロースを糖に変え、空調システムを完備した摩天楼を築くという驚くべき偉業を成し遂げている。今では男性中心主義の脱却もそれにあげられるだろう。

矢代の研究チームは日本の十五か所、七十四の成体のナカジマシロアリ（*Glyptotermes nakajimai*）のコロニーを採集した。そのうち三十七は雌のみで、残りは雄雌が混在していた。雌のみのコロニーにはそうでないものと比較してひとつ余分な染色体があり、もとは約千四百万年前に派生したふたつのグループが別の種へと分岐しつつあるのを示していた。

社会的な構成も異なっていた。有性生殖のコロニーでは王と女王の生み出した雄雌の働きアリが乳母から番兵までさまざまな役割をこなし、のちに自分たちも生殖に臨むことが多かった。雌のみのコロニーは多数の女王が協力して支配していた。いっぽう兵隊の数は少なく、矢代は雌のみの軍隊が両性のそれより効果的なのではないかと推測している。

それに先立つ研究で、矢代は雌のシロアリが無性生殖に切り替える方法を記している。文字どおり「精子の門を閉ざし」[32]、体内の精子を貯蔵する器官（貯精嚢）を封じてしまうことで、雄は物理的に受精させられなくなるのだ。女王たちは代わりにクローン生殖で、遺伝子的に同一な娘たちを産む。

ナカジマシロアリは貯精嚢の口を閉じてしまうことで、雄の死刑執行令状に署名をしたとも考えられる。このSF的シナリオが女王の意識的な選択とは考えにくいが、それでも矢代は革命的な雌のみのシロアリ社会が「かつて積極的に社会的役割を果たしていた高度な動物社会において、雄は補完可能である」[33]ことを示す初のエビデンスだと結論している。

交尾はやはり進化における重要性を失いつつあるようだ。雄にとっては喜ばしくないニュースだろうが、クローンの技術を秘めている数多くの絶滅危惧種にとっては救いを意味するかもしれない。

近年、単為生殖はさまざまな思いがけない種と場所で発現している。たとえばネブラスカ州のサメだ。この内陸の共和党系中西部の州は海の生命、奇跡、女性の解放で知られる土地柄ではない。だがオマハの水族館で出産した一頭の雌のシュモクザメが状況を一変させ、人びとを仰天させた。水槽で同居していたのは二頭の雌のシュモクザメとエイの群れのみ。父親は誰なのだろうか（そしてどこにいたのか）。

雌のサメには何か月、ときには何年も精子を貯めておく能力があるので、このサメ（仮にメアリーとしよう）は捕獲される前に交尾していたのだと考えられた。水族館を舞台にしたホームドラマは、赤ちゃんが生後数日でアカエイに殺されるという展開をみせる。この不幸なできごとによって、ともかく科学者たちは遺伝子を分析する機会を手に入れ、「雄由来のＤＮＡ」が赤ちゃんザメになかった[34]ことを突き止めた。地元紙はヒトほどのサイズがあるサメをイエス・キリストの母に例えた。

雄の精子によって受精する代わりに、雌のサメは自身の遺伝物質を減数分裂の際に混ぜ合わせていた。雌の染色体の半数を含み、通常は卵子になる二次卵母細胞が、同一の遺伝物質を含む二次極体という別の細胞と融合していたのだ。これらの単数体細胞は新しいシュモクザメを作り出すのに必要な二倍体のＤＮＡをもたらす。母ザメに異変はなかったので、このような事態が進行していたことには気づかれなかった。

サメについての発見は新たなパラダイムシフトとなった。単為生殖はそれまでサメの属する原始的な軟骨魚類では知られていなかったのだ。それが硬骨魚、両生類、爬虫類、魚類と並んで無性生殖組の仲間入りを果たすようになった。こうした状況は、このプロセスが脊椎動物の系列の初期に存在したことを示している。

過去数年のあいだには似たような「処女懐胎」が世界各地の動物園で、聖性とは縁のなさそうな動物たちにおいて次々と発見されている。カマストガリザメ、コモドドラゴン、セルマという名の六メートルのアミメニシキヘビ。すべてシュモクザメと似たような方法で、飼育下で最近クローン生殖を果たした。

単為生殖は交尾の機会のない動物園の生きものにとって最後の手段のようだ。おそらく何億年も前、交尾に至れず危機に瀕していた古代の脊椎動物の便利な代替戦略[35]だったのだろう。

自然環境がますます悪化し、多くの種が劇的に減少しているなか、適当な性的パートナーを見つけるのは簡単ではない。クローンという古代の技術に立ち返ることのできる雌は、種が冬の時代を生き延びるためまさに必要とされているのかもしれない。

頭部にチェーンソーのような突起がついたノコギリエイも、最近そのような行動が観察されている。フロリダ州西部の川が原産のノコギリエイは、世界で最も不可思議かつ存続が危ぶまれているサメだ。個体数はもといた数の一〜五パーセントまで減少してしまった。二〇一五年、ストーニー・ブルック大学の研究者たちは百九十四のノコギリエイのマイクロサテライトと呼ばれる指標を調べ、両親とのつながりの濃さを証明した。そのうち七匹は親と完全に同一だった。それが示すことはひとつしかない。雌のノコギリエイはクローンを作り始めているのだ[36]。

野生のサメ、それどころか脊椎動物においてこうした単為生殖が観察されるのは初だった。それが示唆しているのは恐ろしいことだ。絶滅寸前の種が決死の転換点を迎えているのだ。だが単為生殖に踏みきった雌の発見は、かすかな希望も与えてくれる。短期的な戦略としては、クローンは一定の孤立した期間のあいだ種の血統を守ることができ、かつ適当な雄が手に入るようになったら有性生殖に戻るという選択肢も残る。

数学を信頼するなら、このことで遺伝子プールが脅かされる心配もおそらくない。近年のモデルによると、よい変異はもっぱら単為生殖の集団においても迅速に広がるのだ。もしそれが十〜二十世代に一度しか発生しないのなら、いよいよ交尾のメリットも失われそうだ。最近の論文にあったように、有性生殖によって五〜十パーセント生殖するだけでも、毎回それを行なうのとおなじくらいの遺伝子的なアドバンテージが得られる。[37]

つまりクローンに切り替え、絶滅が危惧される状態を脱するくらいまで個体数を増やせる雌は、種が消滅を逃れる救世主かもしれない。ノコギリザメの場合、保護活動家たちは多少の改善に気づいており、[38]それは性的に革新的な単為生殖の雌のおかげともいえそうだ。

ただしこの前向きなシナリオには、わたしたちヒトという問題点がある。今本書を執筆していると、生命の歴史の終わりのような気がしてくる。世界はパンデミックの渦中で、山火事がアマゾンとオーストラリアの森林を破壊し、前代未聞の規模の台風がアメリカ、アジア、ヨーロッパを痛めつけている。気候変動は抜き差しならない問題で、地球をめまぐるしい勢いで変えつつあり、十分個体数のある有性生殖の生きものでさえ適応が追いつかないかもしれない。ヒトという種は根本的な変化に挑まなくてはいけない——個人のレベルでも、より大きなスケールでも。この地球を好き勝手に破壊するのをやめ、生態系に回復の時間をもたらしたいという気があるのなら、急がなくてはいけない。

気の利いた数学モデルの力を借りなくても、ひとつの種がどれほど繁殖しようと生息地を失ったらおしまいなのは明白だ。単為生殖は一部の種のみに許されたセーフティネットで、クローンを作る力をもつのは雌だけだ。[*1] これら特別な雌はおそらくもっと重要視されるようになっていくだろう。ヒトが戦争と破壊の道を歩み続ければ、未来は間違いなく雌のものになる。生き残るのはヒルガタワムシだけだろう。

自然の状態でクローン繁殖するところが観察されていないおもな脊椎動物のグループは哺乳類だけだ。実験室では導入されているが、[*2] 飼育下でも野生でも、哺乳類が処女懐胎したという既知の例はない。哺乳類の生物学の根幹が、そのような自己複製という性質を否定している。つまり雄は枕を高くして寝ることができ（ひとまず今は）、ヒトはセックスというドタバタした手段で折り合わなければいけないだろ

＊1　雄性産生単為生殖と呼ばれる、雄が生まれる特殊なクローン繁殖があるが、これらの雄は自身でクローンは作れない。その能力を与えられているのは雌のみだ。大半のミツバチ、アリ、スズメバチはこの方法で繁殖する。すなわち雌は受精した卵、雄は未受精の卵から。コモドドラゴンは特殊なZW性決定システムにより（雄がZZ、雌がZW）無性生殖で雄を産む数少ない脊椎動物だ。コモドドラゴンの雌の処女懐胎からはZのみの雄しか生まれない。わたしはそのような爬虫類のイエス・キリスト「ゲイナス」にロンドン動物園で出会った。飼育下にあった母親は無性生殖で職員を驚かせたのみならず息子を産んでみせた。

＊2　一九三〇年代、避妊用ピルの共同開発者グレゴリー・グッドウィン・ピンカスが卵に塩水とホルモンを与え、実験室内で温めることで「父親のいない」ウサギを作ったと発表した。ウサギのクローンは大いにもてはやされた。だが作り主が「ピンコジェネシス」と呼んだ方法でほかの科学者が再現しようとしてもうまくいかず、実験の正当性が疑問視された。[39] 数十年のちの二〇〇四年、日本の研究所が人工的な単為生殖で雌のラットを作った。ラットは生き延びて子どもを産んだ。

う。わたしたちがあらゆる破壊の元凶であり、究極の「雑草種」なのだから、それがベストだ。ヒトがアブラムシのように生殖するというのは真に戦慄を呼ぶシナリオだ——そして、この惑星が今必要としていることでもないだろう。

第11章

# 二項対立を超えて

## ——進化の虹

宇宙はわれわれが考えているより奇妙なだけではなく、われわれが考え得るより奇妙なのだ。
（J・B・S・ホールデン、一九二八年）

最終章はダーウィンのフジツボについて検証するところから始めたい。交尾に関するこの偉人の思想に深くかかわっているからだ。彼はダーウィンフィンチで知られているかもしれない――ガラパゴス諸島におけるわずかなくちばしの形状の差が、自然淘汰による進化という説を生み出した。だがフィンチに対する熱意も、フジツボへのこだわりと比べたらなんということはない。地味で頑丈な甲殻類の仲間で、もっぱら引き潮のとき岩に張りついているこの生きものは、若かりし日のダーウィンの心にへばりつき、生涯にわたる情熱となっていった。

情熱のきっかけは一八三〇年代前半、ビーグル号で五年にわたる世界旅行に出た際に集めたフジツボを分類したことだった。その噂はすぐ仲間の動物学者たちに伝わり、まもなくケント州のダーウィンの自宅には世界各国からツルアシ類の見本が押し寄せるようになった。一八四六年から五四年にかけてダーウィンは磯の香りのする贈りものを、それまでほとんど誰ももち得なかった（そして今後ももたないだろう）情熱とともに観察していった。あまりに没頭していたため、息子のひとりは近所の家を訪ねたとき「お父さんはどこでフジツボの研究をするの？」[1]と尋ねたという。あたかもフジツボの研究が世の父親の職業であるかのように。

大好きな観察に時間を割きすぎたせいで、種の起源についての本の刊行は何年も遅れた。その間ダーウィンは現存するか絶滅しているかを問わず世界のフジツボについて、四巻の長大な書物を綴っていたのだ。けっして有名ではないが、知られざるフジツボについてのこれらの論文に挑戦した数少ない人びとは非常に興味深い知見を得ただろう。

ダーウィンは努力の見返りとしていくつもの重要な発見をした。フジツボはそれまでカサガイと似ていることから軟体動物として分類されていた。しかしダーウィンは彼らが実のところカニやロブスターとおなじグループの一員で、より安全な自宅を手に入れる代わりに機動性を犠牲にしただけだとした。フジツボの幼虫は自由に動き回るのをやめて頭の部分を岩に固定し、石灰化した保護板を手に入れる。それ以降は不動の存在として生き、鎧の割れ目からふわりとした足を延ばして餌を捕まえたり酸素を取り込んだりする。

フジツボの不動の生き方は身の安全という意味ではプラスだが、交尾に関してはマイナスだ。岩に固定された状態では、相手を探すのはそう簡単ではない。ダーウィンはフジツボの秘密兵器が「巨根」であると気づいた。動物界では体のサイズに対して最長だ。ダーウィンの筆致はいつも機能的だが、ここでは酔ったような変化を見せる。フジツボの「口吻のようなペニス」は「すばらしく発達[2]」していて「巨大な虫のようにとぐろを巻いている」が「完全に伸ばした状態ではこの生きものの全長八、九倍になるだろう」

そうしたお飾りめいた長さも、実は機能一辺倒だ。おかげでフジツボは岩場に頭をひっつけたまま、近所を散策して交尾できるのだ。年齢制限つきのミスター・ティックル（コチョコチョくん）のように。手の届く範囲に誰もいなければ、最後の手段として漂う授精用の器官を呼び戻して自分自身を受精させてしまう。

一八四八年、ダーウィンは完全にペニスのない個体にめぐり会った。おまけに小さな寄生虫にたかられているようだった。それらの虫をつまんでとり、捨てる途中で間違いに気づいた。問題のフジツボは雌で、微細な「寄生虫」は雄だったのだ。[3] 口も腹部もなく短命という、いささか簡略化された姿だったが。

一八四八年に研究仲間J・S・ヘンズローに宛てた手紙のなかで、ダーウィンはこれら「補完的な雄」の気の毒な生涯について共感もあらわに記した。このころダーウィンは慢性的な体調不良に悩まされていた。世界を股にかけた日々も遠い昔、ケントという土地に半ば体の利かない状態で閉じこめられていた。ひとつところから授精に励む小さなフジツボの雄の限定的な生き方は、おそらく十人の子どもの父親である自分の姿と似すぎるくらい似ていたのだろう。ダーウィンは嘆いた。「およそ精子の袋にすぎない」[4]これらは「女房の肉に半ば埋もれ」、「一生をそのようにして……どこへもいかずにすごす」

一か月後、ダーウィンはそれに輪をかけて奇妙な発見をした。フジツボの近縁種で雌雄同体ながら、体に小さな「補完的な雄たち」を抱えていたのだ。これらの個体は雌雄同体から別々の性をもつフジツボへの移行を表しているとダーウィンは考えた。ある種の性分化の欠けていた鎖の輪だ。

友人にして知的な議論の相手役、著名な植物学者ジョセフ・フーカーに宛てた手紙のなかでダーウィンはこう述べている。「雌雄同体の種は目に見えないほど小さな段階を経てバイセクシャル（別々の性）

にならなくてはいけない。そうだ、ここでは雌雄同体の雄の器官が消滅しつつあり、独立した雄が形成され始めている」

ダーウィンはこの奇妙なフジツボが、当時忙しく練りあげていた「種の仮説」（最終的に自然淘汰による進化という説になる）のさらなる根拠になると考えた。すべての生命は神の手ではなく共通の祖先から生まれたという思想は、それ自体が十分異端だった。性が時間とともに変節するという説は、たとえ低級な甲殻類でさえたいへんな物議を醸すことになっただろう。ダーウィンはフーカーに対してほぼその点を認めていたが、それでも発見に興奮を隠せなかった。「ろくに説明もできないし、きみはおそらく僕のフジツボと種の仮説など悪魔にくれてやれと思うだろう。だがなんといわれようとかまわない。種の仮説こそ福音だ」

小さな甲殻類の冒瀆的なセクシャリティにもかかわらず、ダーウィンははた目にも興奮に満ちていた。わたし自身が非常におもしろいと思うのは、これら私的な手紙や初期の知られざる論文が、のちに慎ましやかな娘の手で編集される偉大な仮説と好対照をなしている点だ。フジツボとペニスは『種の由来』からはみごとに欠落している。いっぽうこれらの私的な文通で、ダーウィンは愛する蔓脚類の斬新な性的構造について世間のまなざしを気にすることなく語っていた。世間の目を避けるのは切実な問題だった。これらの文書には、性淘汰説に深く根差していた硬直的で二項対立的なヴィクトリア朝式ステレオタイプは見られない。好奇心豊かな俊英が教会や権威、娘の赤ペンを気にすることなく性表現の多面性を探求しているだけだ。

これまたフジツボをめぐる私的な手紙を（今度は一八四九年、チャールズ・リール宛だ）ダーウィンは次のようにしめくくっている。「自然界のたくらみと驚異は真実、限界を知らない」[6]

真実そのとおりだ。一世紀半ののち、DNAマーカーを使った最先端の研究でダーウィンはたしかに正しかったと証明された。[7]雌雄同体から雌雄異株、その両方までフジツボは性的構造の多様性の塊で、科学者に現在進行形の進化を観察する類い稀な機会を与えてくれている。

フジツボは性的な賭けの名手だ。環境や置かれた社会的状況に合わせて性的なシステムを調節する能力により、成体になってからの幅広い生殖の可能性を手にしている。たとえば小さな雄は雌に降りるか、雌のそばに降りるかによって卵巣の有無が分かれる。こうした個体を厳密に雄と分類するのは問題があるだろう。代わりに多くは曖昧な性をもつとされ、現代の科学では「雄の機能に重点が置かれた」「潜在的雌雄同体」[8]といった呼び方をされる。場合によっては雌雄同体、雌、小さな雄の線引きはきわめて曖昧で、性表現は明確に切り分けられない連続的なものとしてとらえられる。[9]

フジツボがひとつの生殖システムから別のものに素早く移行する姿は、性の驚くべき柔軟性の自然界における表れだ。ダーウィンは明らかにそれを把握していた。時代を先取りしていたのだ。だからこそ愛するフジツボを、性をめぐるマニフェストから排除してしまったのは非常に残念だ。それがあれば性を二項対立的かつ決定論的に論じなくてすんだかもしれないのに。今日フジツボやそれに類する生きものは、性が静的な二項対立ではなく流動的な現象であることを身をもって教えてくれる。性の区分は曖昧で、進化という気まぐれを驚くべきスピードで乗り越えていってしまう。

動物界はさまざまな性の形態の寄せ集めで、想像できるかぎりあらゆる形が存在し、多くはどれほど想像をたくましくしても思い浮かばないくらいだ。これら輝かしい多様性を研究し、その価値を発信している第一線の研究者のひとりが理論生態学者ジョーン・ローガーデンで、二〇〇四年に刊行された『進化の虹』（未訳）は、その多様性を記録し分析した最初の本だ。

ハワイの家にお招きにあずかり、ツナサンドと夫のリックお手製のピクルスをつまみながら話をしていると、ローガーデンは「セルフィング（自殖）」で増えていく雌雄同体の線虫、マッチョなビッグホーンのホモセクシャルな社会、「ペニス」の先端から出産するインターセックスなクマについて飽きず語ってくれた。

七十歳代ですでに第一線を退いているローガーデンだが、性の境界線を超える生物に個人的な関心を抱いているという。学者として一歩を踏み出した際の名前はジョナサン・ローガーデンといい、一九九〇年代後半にスタンフォード大学にいたとき性を変更した。* ダーウィンの性淘汰説の手厳しい批評家だ。ローガーデンいわく、その残響のせいで何世代もの生物学者が自然界の多彩な性的バリエーションを（本人は「虹」と呼ぶ）、無味乾燥な二項対立の箱に押し込めるようになってしまった。「今日の生物学の最大の誤り[10]は、配偶子の大きさの二項対立が体や行動、生活史の二項対立を意味するとあっさり想定してしまったことだ」と、自著の冒頭には記している。

そのことは科学と社会にとって危険なニュアンスを秘めている。「ジェンダーとセクシャリティの全

＊「当時たまたま副学長だったコンドリーザ・ライスにカミングアウトしました。アメリカで彼女を褒める左派などわたしくらいかもですが、とてもよくしてもらったのです」

貌を抑圧することで、多様な人びとが自然のなかに居場所を見出す権利を奪われてしまう」[11]と、ローガーデン。「自然の真の物語はジェンダーおよびセクシャリティの少数派に対して大きな力をもたらすものだ」[12]

ローガーデンの著書は性分化が複雑なプロセスで、多くの遺伝子とホルモンが互いに干渉することで成り立っていると指摘した最初の本の一冊だ。環境および各種遺伝子によって性表現にささやかな変化が生じ、それによって動物の性的な方向性に影響が現れ、さまざまな生存可能かつ安定した結果が生まれるのだ。第1章で検討したとおり、生きものに内在する可塑性は性にかかわる特徴の現れにより幅をもたらし、ふたつの性を通常考えられているより重複しあうものとし[13]、それが進化を後押しする。性は黒か白かというものなどではなく、グレーな領域に「異常」とレッテルを張るのは（より悪い手段として病理とみなすのは）、多様性という自然のあり方を受け止めそこねているしるしだ。

ローガーデンの価値破壊的な研究は、性の役割は生殖のみとするダーウィンの性淘汰説の異性愛規範的思考を揺るがすものだ。ダーウィン式のレンズをとおすかぎりホモセクシャルな行為は不都合な「エラー」[14]におとしめられ、やがて無視されてしまう。現代の動物寓意譚を編纂したカナダ人生物学者ブルース・バゲミールは脊椎動物の三百種以上の同性愛的行為を収録しており[15]、ローガーデンはそれを補完する形で、動物の社会では同性愛的行為が協調の役割を果たすと指摘している。こうした社会的「糊」が機能する現場はボノボで確認した。性的な快楽が社会の緊張感を和らげ、雌どうしの同盟を強化するのだ。ローガーデンは幅広い分類群から多くの種の例を拾っており、ホモセクシャルな行為が「社会的包摂の現れ」[16]だとしている。*この点についてはオランダで長期間行なわれている研究もあり、白と黒色で各地の沿岸で見られる海鳥のミヤコドリは雌二羽に雄一羽のトリオで巣に入っているところを観察されている。これらのユニットが敵対的か和やかかは、[17]雌が互いに交わっているかどうかが左右するようだ。

このような繁殖戦略は自然界のふつうとして広く受け入れられている一夫一婦という理想を裏切るため、一般的に「代替」の戦略とされる。ローガーデンはそんな軽んじるようなレッテルに疑問を投げかけ、無数の動物の家族が「ノアの箱舟」の枠には収まっていないことを指摘する。[18]一部の種では、雄も雌も複数の性的な形態とアイデンティティを備えているのであり、それは異なるジェンダーとしてとらえられるべきだとする。大半の生物学者はヒトの文化および心理的構造を動物界にあてはめるのを避けてきた。だがローガーデンの本では、ヒト以外の動物のジェンダーは異なる描かれ方をされている。その定義に従うなら「性的な体の外見、行動、生活史」[22]だ。サーモンからツバメまで、『進化の虹』に登

＊同性どうしの行為には多くの適応的な結果がともなうはずだ。異性間のセックスが必ずしも繁殖を動機としないように（フルディの観察したメスのラングールは交尾を子殺しの防御手段にしていた）、同性どうしの行為にもダーウィンの説を超える社会的・性的な目的があるはずだ。雄のイルカの間では、交尾は支配をめぐる駆け引きの手段として存在する。雌のマカクの場合、性的な行為は対立のあとの和解をうながす。雄のアヌビスヒヒは互いの大事な部分を触りあい、信頼関係を確認し、協力して仕事にあたる。マフィアが「誓いを立てる」ようなものだ。[19]動物の同性どうしの行為の理由としてはほかにも遺伝学、発達や生命史などにまつわるさまざまな説が出ている。より最近、そのような行為に対する全般的な調査が行なわれた結果、ひとつの原因と結果には収斂できず、複数原因の事象として扱うほかないことがわかった。[20]進化の観点からは二〇一九年の研究が、[21]性の夜明けにおいては性的な欲求は無差別で、どちらの性にも向かっていた可能性を指摘している。このように少しずつ視点が変わることで、同性間の行為を「進化上の謎」とする立場も消えていくだろう。動物界全般においてそれは異性愛と同じくらいふつうなのだ。

場する多くの種は三つ、四つ、五つのジェンダーをもつとされる。すなわちおなじ生物学的な性に属しつつ、独自の外見と性的行動を備えているのだ。

たとえばブルーヘッド（*Thalassoma bifasciatum*）。鮮やかな色合いの雌雄同体の魚で、ローガーデンの意見では三つのジェンダーがある。ある個体は雄として生まれて死ぬまでそのままですごし、別の個体は雌として生まれて死ぬまでそのままだ。さらに別の個体は雌として生まれ、途中で雄になり代わる。性転換した雄はもともと雄として生まれた個体よりはるかに大きく、縄張りと雌をアグレッシブに守る。雄として生まれた小さめの個体は仲間と結託し、チームワークで交尾相手を得て繁殖に成功する。

異なる環境が異なる雄のジェンダーを後押しするのだ。大型の性転換した雄は海草のなかですごしているかぎり、雌をうまく守れず、小さなそのままの雄のほうが活発になる。いっぽう大型の性転換した雄はサンゴ礁の澄んだ水のなかにいる場合、はるかにうまく雌を守ることができ、交尾にも成功する。つまり進化は両者の一長一短をとっているのだ。

多くの学者は動物のジェンダーについてのローガーデンの画期的な提唱を歓迎し[23]、さまざまな種の性表現および非直線的な性との関係をめぐる議論が活発化したのを喜んだ。いっぽう、そこまで受け入れられていない説もある。ローガーデンが性淘汰を「エリート、男性、異性愛のナラティブ[24]を動物に投影したもの」とするのは辛辣だが的を射ているだろう。だがダーウィンが根本的に間違っており、性淘汰は「誤り[25]」だとまでいっているせいで受けはよくない。

ローガーデンはダーウィンの「腐敗した概念[26]」を腑分けし、自然界の性的な多様性が反映されたモデルと置き換えるよう求めている。本人のいうところの社会淘汰だ。革命的な概念だが、第7章で紹介したメアリー・ジェーン・ウェスト＝エバーハードの学問的に確立された社会淘汰説と名前が重複していたのは幸先が悪かった。概要がまったく異なるため、この点は無用な混乱を巻き起こした。ローガーデンはダーウィン式の競争ではなく集団レベルの協力を交尾の核心とした。その考え方は受けが悪く、四十人近い生物学者[27]がサイエンス誌に寄稿し、同性どうしの競争と配偶者選択というダーウィンの根本的な原理こそ性淘汰の推進力だと擁護する事態になった。ダーウィンの政治学をかばっていたともいえるだろう。

「わたしは学問の世界のテロリストです」と、ローガーデンは茶化してみせた。「英国では、ダーウィンは科学者というだけでなく国民的英雄です。ダーウィンの仕事を称賛するのは英国のアイデンティティの一部なのですよ。おかげで英国の進化生物学には非常に保守的な色合いが生まれました」

ローガーデンの発想がすべて正しい答えを導くわけではない。本人がまっさきにそれを認めている。彼女はあくまで狭い文化的レンズをとおして世界を見ていた、亡くなって久しい白人男性たちの手垢のついた思想の周辺に新しい対話を呼び起こそうとしているのだ。それが悪いわけがないだろう。科学は議論によって命を永らえるもので、大半の進化生物学者は性淘汰説が変貌のさなかにあるのも認めるはずだ。現在進行形の混乱からやがてどんな概念という名のチョウが飛び立つ[28]のか、その点に熱い注目が寄せられている。ローガーデンは本能的に、進化の虹を無視するのではなく研究することで交尾にまつわる貴重な洞察が生まれると悟っている。その研究はクィアの視点からの説を受け入れ、動物界の性とセクシャリティ、性表現が直線的な関係にあるという古い前提を見直す[29]よう人びとをうながしている。その点がとりわけ明らかになるのは海に飛び込み、サンゴ礁のまわりに生息する魚類を調べたときだ。

魚たちは性的にも視覚的にもカラフルそのものだ。

サンゴ礁でシュノーケリングをした場合、目に入る魚の四分の一は定期的に性を変更している可能性が高い。ブルーヘッドは成体になってから自然に性を変更する数多くの虹色の魚の一種だ。「隣接的雌雄同体」といい、いっぽうの性で生涯を始め、支配的な個体の消滅や異性の数といった社会的な刺激をきっかけに立場を変更する。

たとえば華やかなブダイ科の魚の場合、変更は永続的だ。一度切り替えたら死ぬまでその性のまま。ほかの生きものはより柔軟性があり、生涯を通じて切り替えたり元に戻ったりする。サンゴハゼのように岩の割れ目に生息し、敵に食べられるのを恐れてあまり外に出たがらないような種の場合、これは便利な技だ。別のサンゴハゼがやってきたら生殖腺を切り替えて相手に合わせ、生殖に臨めばいいのだ。

これら性を切り替える生きものには、驚くほどの頻度で行なうものもいる。蛍光ブルーのカリブ海の魚、チョークバス（*Serranus tortugarum*）はヒトの親指ほどのサイズで、一日最大二十回ほど性を切り替えることで知られる。不特定多数と遊び回るためにやっているわけではない。その正反対で、性を切り替えるのは関係をうまくいかせる手段だ。チョークバスは珍しいほど性的に控えめで、ほぼ単婚と考えられている。性を切り替える習慣は長年の伴侶との反応なのだ。研究では精子より大きくエネルギーを要する卵子を交互に作ることで、生殖投資が公平になると考えられている。それぞれの魚は卵を作るのとおなじくらい多数を受精させる。魚にしても関係はもちつもたれつという表れだ。

大半の性転換する魚は雌性先熟《しせいせんじゅく》、すなわち雌として生まれ、のちに雄になる。ところが少数の雄性先《ゆうせいせん》熟《じゅく》の種もいて、反対のことをやってのける。クマノミはそのように雄としてスタートを切る種のひとつで、おかげで研究者は雌が成立するメカニズムを研究する貴重な機会を得ている。

「クマノミのおかげで脳の能動的な女性化の研究ができるのです」。ジャスティン・ローデスはスカイプ越しに実験室を見せてくれながらいった。「まだわからないことだらけの分野なので、研究しなくては」

第1章に登場した性分化の昔ながらのモデル、オーガニゼーショナル・コンセプトは脳の女性化を消極的なプロセスとみなし、生殖腺アンドロゲンの欠如がもたらした「不履行」にすぎないとした。おかげで過去七十年にわたって、発達初期に男性化をうながすテストステロンによって男の脳は火星、女の脳は金星になるという見解を立証するべく科学は脳の二形性を追い求めてきた。だが結果はさっぱり出ない。雄として始まりながら雌になるクマノミの脳は、神経における変化を観察する機会をもたらしてくれる。

イリノイ大学で心理学教授を務めるローデスは、エキセントリックといってもいいほど人を惹きつける性格で、クマノミに隠しようのない熱意を向けている。オンラインで話を聞いたところ、何百匹ものオレンジと白の縞模様の魚がどっさり入った水槽がずらりと並ぶ壁を見せてくれた。魚たちはネットの向こうのわたしをしげしげと見ているようだった。

「これがお気に入りの雌の一匹です。攻撃的でしょう」そういってローデスは二匹の小さな魚の水槽に手を突っ込んだ。魚たちは小さな卵の入った、逆さまの植木鉢のまわりを泳いでいる。孵化する前の稚魚の銀色の目玉が膜越しに光っていた。

「とても視覚の優れた種なんですよ。われわれがここにいるのがわかっているし、ちょっといら立っています」。ローデスはぴりぴりした雌に猛然と指をつつかれながら、楽しげにいった。魚は画面越しに覗きこんでいるわたしの顔より、ローデスの大きな毛深い手が気になっている。

なんともシュールな光景だった。とりわけクマノミ二匹がそっくりの顔をしていたせいだ。これら小さなボーダー柄の魚は『ファインディング・ニモ』のスターとして国際的な名声を獲得している。ディズニー制作の大ヒット映画は、バラクーダのせいで母親を失った幼いクマノミ（ニモ）が大冒険に出かけ、やがて父親（マーリン）と再会するまでを描く。

いうまでもないが、作中のクマノミの生態はリアリティとはほど遠い。単婚でサンゴ礁に生息するこれらの魚はそろってイソギンチャクに巣を作り、刺されると痛い触手によって卵も守られている。縄張りを守るのは雌、卵の世話をするのは雄だ。クマノミは三十年にもなる生涯をひとつのイソギンチャクのもとで暮らし、若い雄をそばに控えさせていることが多い。仮に雌がバラクーダに襲われるなどしていなくなると、それをきっかけにミスター・クマノミは新しい支配的な雌へと変貌する。そして若い雄の一匹が成熟し、交尾相手になるのだ。

つまり生物学的考証が正しかった場合、この大ヒット映画ではニモの父親マーリンが雌に変身し、息子とセックスしていたはずなのだが、それではディズニーの筋金入りの保守派観客に家族映画として受けなかっただろう。

ローデスの研究により、雄から雌への性転換はまず脳で始まり、生殖腺が追いついてすっかり雌になるまで数か月あるいは数年かかることがわかった。

「ショックを受けましたよ。雌になろうとしている一匹がいました。毎月、血液を採取していたのですが、『そんなはずはない』と皆でいっていました。検出されるのは雄のホルモンで、何度繰り返してもそうなのです。この一匹の魚からとった三十点の血液サンプルを保管していますが、三年ほどたってもまだ雄のような生殖腺がありました」

ローデスは変化が始まってまだ数か月という魚を紹介してくれた。生殖腺と脳の状態についてローデスが生々しい解説を披露するなか、魚はまっすぐわたしを見ていた。性転換のきっかけは魚が環境の変化を知覚することによって脳で始まる。視索前野と呼ばれる特定の部位が活性化し、サイズが増すようだ。この部位はすべての脊椎動物の生殖腺を操っている。雌はこの場所に雄の二～十倍のニューロンがあり、卵子の製造と排出という複雑な仕事をこなしている。ローデスの発見では、クマノミにおいて視索前野が雌のサイズに到達するのには六か月ほどかかるようだ。その間、精巣は委縮していくが、まだアンドロゲンは作られ続けている。やがてすっかり萎れて、成熟した卵子の詰まった卵巣に取って代わられる[30]何か月も先までそうなのだ。

つまり転換期にあるこの魚は雌の脳と雄の生殖腺を備えているのだ。魚にとって混乱を呼びそうな状況だが、もし訊いてみたら自分は雌だと答えるだろうとローデスは断言する。

「それがこの魚のおもしろいところです。教えてくれるのですよ」。科学者がやらなければいけないことは、別の雌と水槽に入れるだけだ。野生では、これら縄張り意識の強い魚はイソギンチャクを共同で使うのを拒否し、容赦なく争ったうえでしばしば命を落とす。

ローデスは二匹の雌が戦う映像を送ってくれて、「怒鳴りあい」に耳を傾けるよういった。魚が声を出せるとは思わなかったし、ましてや激しく口論するなど想像のほかだったが、ローデスは正しかった。映像内では二匹の魚が唐突にポップコーンの破裂するような鋭い音を立て、より激しい争いにのめり込んでいった。雌が雄に出会ったときとは明らかに異なる。服従するほうの性である雄は、こんな命がけの縄張り争いに身を投じないだろう。

この単純な実験によって、転換期のクマノミは精巣があるにもかかわらず雌として振る舞い、まわりの魚にも雌として認められていることがわかる。脳の性別、すなわちすべての性的な行動と生殖腺の性は嚙み合わないという明白な現れだ。こうして次の質問が導かれる。魚の性は生殖腺か、脳か、どちらをもとに判断するべきだろうか。

「この魚が雄だというのは誤りです」と、ローデス。「完全な形の雄の系統かどうかなんて、なんだというのでしょう。いずれそうなりますよ。卵巣は関係ありません。行動とまわりの認識によって、これは雌の動物といえるのです」

現状の科学界は納得していない。魚の精巣は萎れかけているものの、芽生えつつある雌の脳を圧倒するので、雄とみなすべきというのが多くの生物学者の視点だ。だが生殖腺の性、性的なアイデンティティ、セクシャリティ、性的な行動が直線的につながっているとするのは、たとえ相手が魚でも誤りだといわざるを得ない。

「クマノミは性の割り振りについて疑問を投げかけてきます」と、ローデス。「これらの魚のメッセージは、生殖腺で性を定義するべきではないというものです」

ローデスいわく、若い「雄」は分類上の問題をより複雑なものにする。その未成熟な生殖腺は正式には「卵精巣」といい、雄雌どちらの生殖器官にも発展する可能性を秘めている。多少の精巣組織はあるが、活発に精子を作っているわけではなく、卵巣組織にあるのは未発達な卵子だ。「これら非繁殖個体にあっさり性を割り振ることはできないでしょう。雄でも雌でもないのです」

魚には既知の雌雄同体の種が五百ほどあり、もっと多いともいえそうだ。広大な海で生殖のチャンスを最大限高める巧みな戦略だ。多くは隣接的雌雄同体だが、同時に雄であり雌であるものもいる。ごく一部、たとえばマングローブ・リブルス（*Kryptolebias marmoratus*）という種など自家受精さえやってのける。

雌雄同体はあらゆる魚の分類群に存在し、最も原始的なものにもいる。恐ろしげな外見のヌタウナギは屈強なヘビのような魚で、うっかり見たら夢に出るだろう。「スライムイール」という別名もあり、うろこも背骨も顎もないが鋭い歯がずらりと並んでいる。単一の鼻孔を使って海底を嗅ぎ回り、腐りつつある生きものを見つけて組織を噛み砕く。

荒涼たる深海をひとりぬめぬめと這い回る深海生物が、恋の相手を発見するのは容易ではない。ヌタウナギのいくつかの種は卵巣と精巣をともに備えることで性的な選択肢を広げている。ヌタウナギは約三億年前から今とおなじ姿で、現在の魚の原始的な祖先とみなされており、ローデスいわく雌雄同体が魚のみならずすべての脊椎動物の祖先の姿だと示してくれている。

「こうした魚は二項対立的なシステムを揺さぶります」

雌雄同体の魚の生殖腺は性別の区分が難しいが、ローデスの研究では脳も根本的に異なってはいない。例のクマノミにおいては視索前野に差異があり、おそらく行動に関連する形態学的な違いがあると考えられる。卵の世話の八割を担うのは雄で、戦うのはもっぱら雌だ。それでもこうした役割は固定的に強制されるわけではない。雄はときおり闖入者《ちんにゅうしゃ》がやってくると追い払うし、雌は多少ながら卵の世話をする。つまり脳の発達には互いに重複している部分があるはずだ。

「差異をあまり強調したくありません」と、ローデスはいう。「雄が雌とすっかり異なる脳をもっているわけではないのです。大部分は非常によく似ています」

デヴィッド・クルーズもそう聞いて驚かないだろう。第1章で紹介したテキサス大学の元動物学および心理学教授のクルーズは、研究者としてのキャリアを動物の性とセクシャリティの追求に費やし、世界的にも第一人者とされている。

「あらゆる脊椎動物は根本的にバイセクシャルです」。クルーズはロックダウン期間中、何度も交わした長電話のなかでそういった。* クマノミのような雌雄同体は生来的なバイセクシャリティの完璧な実例だ。雄雌どちらの役割も引き受けられ、成体の生涯をとおして切り替えができることを考えると、組成と機能においてバイセクシャルな能力をもつ脳を備えているのだろう。クルーズは神経生物学者レオ・デムスキーが行なった実験について教えてくれた。同時的雌雄同体のシーバス（スズキ）が上記の点を満たすことを鮮やかに立証したのだ。一匹の魚は脳のある部位を刺激されると射精し、別の部分を刺激されると排卵した。

ジャスティン・ローデス同様、クルーズは動物の性的な行動が生殖腺の性とは切り離されている点を確認している。初めにそれを観察したのは第10章で登場したハシリトカゲを調べていたときだという。この単性の種は雌のみで、クローンで生殖するが、交尾にあたっては雄と雌の役割を交代するので、脳に両方の機能が備わっていると推測できる。

「性を決定する際の二項対立からは離れなくてはいけません」と、クルーズ。「そこには連続性があります。片方の端に雄、もう片方の端に雌がいて、両者のあいだに切れ目なく変動性は存在するのです」

メアリー・ジェーン・ウェスト゠エバーハードも、発達の可塑性について幅広く記すなかでその点に賛同している。多くの性的な特質においては連続したバリエーションがあり[31]、雄雌の両極端の中間には多数の「インターセックス」があるのだ。それでも生物学は先ほど登場した転換期のクマノミ、ダーウィンのフジツボ、第1章で検証した生殖腺と行動が多岐にわたるカエルについて、いかに定義しようかと苦闘を続けている。二項対立の箱のどちらかに押し込められないのは明白だ。生殖腺にもとづいて判断する場合、大半が雌雄同体あるいはインターセックスとされるだろう――性の二分法的な定義を破壊するものだが、それ自体が単純にすぎるともいえる。この第三のカテゴリさえ、雌とインターセックスと雄の線引きをどこでするかと問われると無力で、結局は主観的かつ場当たり的になってしまう。たとえば第1章で会ったモグラは長年のあいだ、多種多様な科学論文で「雌」、「性転換[32]」、「雌雄同体[33]」、「インターセックス」、場合によってはいくつかの用語の混合[34]で表現されてきた。モグラの性は科学にとっても、動物自身にとっても複雑怪奇だ。

近年の研究者たちは、性的なシステムと性表現の幅を十分に表すだけの科学用語が進化してこなかっ

＊クルーズがバイセクシャリティという場合、単に性的志向を指しているのではなく、すべての性は行動面にせよ形態にせよ、雄または雌の性的な形質を備える可能性があるという意味だ。

たことを批判している。「自然界の多様性がわれわれの用語ではおよそとらえられないのを自覚するべきだ」[35]。最近、性的なシステムの言語的な問題について記した研究者はそう述べた。言葉のギャップを埋めるため「計量ジェンダー」[36]や「条件つきの性表現」[37]といった新しい用語が出てきてはいるものの、定着しているとはいえない。

この点を言語的あるいは哲学的な問題のどちらにするにしても、生物学の主流が性の単純な二項対立的な定義をなかなか乗り越えるに至らず[38]、生きもののありようを認識していないのは事実で、それはいささか皮肉だ。

「ヒトの脳は白黒はっきりする例を好むのだという結論に至りました。どちらかいっぽうであることを求めるのですが、性についての話になるとそれでは困りますね」と、クルーズは説明する。

クルーズいわく、動物界を二項対立的なサングラス越しに眺めてしまったことで、ダーウィンやその後継者の多くはふたつの性の差異ばかり注目するようになったが、共通点を調べるほうがより意義があったはずだ。

「雄雌の特徴はおおむね似通っているのを、みんなすぐ忘れてしまいます。脳があり、心臓があり、体があるのです。違いより類似点のほうが多いのですよ」

クルーズはこの深淵かつ重要なポイントを、よき科学者なら全員そうするように地味なグラフを使って説明してくれた。線形データ（それぞれ雄と雌）の曲線の重なる部分は、ひとつの性における個体間のバリエーションのほうが両方の性のあいだの平均的なバリエーションより大きいこと[39]を示している。生物学はしばしば個体の差異を無視し、それぞれの性の典型的なところを探すことで、極端な結果をなかったものにしてしまう。おかげで論文のうえではふたつの性はまったく異なるように見えるが、それはあくまで統計的な現象だ。真実はといえば、雄と雌は差異より共通点のほうが多いのだ。

「わたしたちは全員、ひとつの受精した細胞から始まっています。つまり双方の性を作るための要素をすべて備えているはずなのです」と、クルーズ。「これらの共通点をより深く掘り下げていくなら、個とはすべてバイセクシャルなのではないかという気もします」

クマノミは間違いなく賛同するだろう。それどころか本書に登場した、より二項対立的な生きものの一部もそういうかもしれない。雌のみのアホウドリやヤモリのつがいのシンクロした求愛と性的な行動、雄雌のカエルやラットの神経における「母性本能」のスイッチは、クルーズが正しいと示しているのではないか。

二〇二〇年に発表された線形動物についての論文は、[40]二項対立的なドグマにさらなる一撃をお見舞いしている。これら極小の線虫たちは、ヒトを含む複雑な生きものの行動の規範の設計図を描こうという神経科学者が好んで使うモデル生物だ。ロチェスター大学のメディカルセンターの研究者たちは、線虫の脳細胞の遺伝子的スイッチを抽出した。これによって環境の求めにより、性にまつわる特性を調節しているのだ。雄の線形動物は交尾を求めるよう設計されているが、「雌」(同時に雌雄同体)は餌を嗅ぎあてることに注力する。だが雄があまりに空腹になると、反対の性として振る舞うという大胆な転換をするのだ。そのような流動性はふたつの性の区分を曖昧にし、性が固定的だという前提に一石を投じる。

「これらの発見が示すのは、[41]分子レベルで性は二分的でも静的でもなく、ダイナミックで柔軟ということだ」と、第一線の神経科学者ダグラス・ポートマンは述べる。

本書ではダーウィンの硬直した二元論的ステレオタイプに抗う多くの雌たちに出会ってきた。モグラの雌はテストステロンに満ち、膨張した雄の生殖腺を備えるいっぽうで膣らしきものはない。攻撃的な支配をするメスのハイエナには擬ペニスがぶら下がっている。雌のアゴヒゲトカゲは染色体においては雄だが、遺伝子的に雌の仲間より生殖能力が豊かだ。閉経後のシャチは社会的にも性的にも充実した日々を送る。好戦的な雌のハダカデバネズミの姉妹たちは序列を懸けて死にものぐるいの争いをする。小さなボノボの雌は同性どうしの行為にふけって雄の優位に立つ。多情な雌のラングールの性遍歴は、究極の母親としての振る舞いの表れだ。転換期にある雌のクマノミは、今も卵巣ができあがるのを待っている。

これらの雌たちは、性が水晶玉ではないと教えてくれる。それは静的でも決定論的でもなく、ほかのすべてがそうであるようにダイナミックで柔軟、ある環境における遺伝子の作用をもとに形づくられ、個体の発達と生活史、ちょっとした偶然をもとに輪郭ができあがっていくものだ。雄雌は異なる生物学的事象ではなく[42]、おなじ種の一員であり、生殖にまつわる段階では生物的そして生理学的なプロセスにおいてある程度の差異がある、というくらいにとらえておくべきだろう。それを除けばほぼおなじなのだ。今はすでに、有害でありかつ率直にいえば妄想混じりの二項対立的前提を排除すべきときだろう。自然において雌という経験は、ジェンダーレスな連続性において存在するからだ。変化に富み、柔軟で、古色蒼然たる分類群に収まろうとはしない。その事実を受け入れることで自然界への理解と、ヒトとしての互いへの共感も深まるだろう。古くさい性差に固執するのは女性と男性の両方に非現実的な期待を押しつけるのみで、両者の関係を貧しいものにし、性的な不平等を拡大するだけだ。

終章

# 先入観のない自然界

「客観的な知識」とは語義矛盾だ。[1]
パトリシア・ゴワティ『フェミニズムと進化生物学』(未訳)

雌の動物たちが科学的に十分注目されていないことについて本を書こうと思い立ったときは、そのテーマがここまで大きくなるとも、文化的汚染に対してここまで脆いともまったく予想していなかった。要するに科学は科学的である、という印象をもっていたのだ。合理的でエビデンス重視、解答は演繹的に導き出され、知識は汚染と無縁。わたしが大学で福音のように教わってきた進化生物学の根幹の大部分が先入観にゆがめられているというのは、ショッキングな気づきだった。おかげで自分自身のバイアスが問われ、個人的な認識という罠を逃れて動物界を真に客観的な目で見るのは果たして可能なのか、と頭を抱える羽目になった。

こうした問いにぶつかるのは、わたしが最初ではない。ヴィクトリア朝の学問の世界でさえ、科学知識は社会的に構築されたものだと気づいていた。ダーウィンが『人間の由来』を出版する三十年以上前に「科学者《サイエンティスト》」という単語を英語にもたらすなどさまざまな功績を残した稀代の博識ウィリアム・ヒューエルは、科学をめぐる哲学的箴言のひとつとしてこんな警告を発していた。

「自然という顔は全体を仮説という仮面で覆われている[2]……われわれの多くは、外界の言葉を読んで翻訳するという永続的な習慣に無自覚だ」
仮面を外すのが難しいのは、その見えづらさゆえだ。わたしたちは誰しも、一定の枠組みで世界を理解するよう文化的に調教されていて、それは根が深く非常に個人的なものだ。そのセーフティネットの外に出るには、まず仮面が存在することを認識しなくてはいけない。それから勇気をもって、安全圏から出てしまったことと向き合いつつ、前方へと泳ぎ続けるのだ。

生物学がこうした汚染と向き合うには長い時間がかかった。大きな役割を演じたのはフェミニズムだ。第一波はダーウィンのキャリアの最終盤に起こり始め、性淘汰説は男女平等の草分けたちから批判を浴びた。『人間の進化と性淘汰』出版の四年後、アメリカの聖職者にして独学で科学知識を身につけたアントワネット・ブラウン・ブラックウェルが『自然界における両性――雌雄の進化と男女の教育論』を刊行し、ダーウィンは「雄の系統でのこのような進化を強調しすぎて」(『自然界における両性　雌雄の進化と男女の教育論』法政大学出版局、二〇一〇年、小川眞理子・飯島亜衣訳)[3] 進化の解釈を誤ったと論じた。生命体がより複雑化あるいは進化した場合、ふたつの性の分業制度の溝は大きくなるのだ。雄がひとつ特性を身につけると、雌はそれを補完する役割を身につけた。「両方の性の生理的・精神的平衡を保つ」のだ。[4]

ブラックウェルはひとりではなかった。それぞれ独学で知識を身につけた女性のインテリたちがダーウィンの著書を読み、雌という種が周辺へ追いやられ、誤解されていることに気づいたのだ。だがこれら初期フェミニストたちの声は、男性中心の科学界からは無視された。ヴィクトリア朝において科学は「性の合理性」を維持する[5]ためのものだった。[*] サラ・ブラファー・ハーディが皮肉をこめて指摘したように、これらフェミニストの草分けたちがメインストリームの進化生物学に与えたのはひとこと「選ばれなかった道」[6]といえるのだ。

幸いにもハーディおよび二十世紀の女性科学者たちの声は、ずいぶん声高になる必要はあったもののなんとか聞き届けられた。これらの女性たちは男女同権教育の恩恵を受け、またそれによって知的な自信を得て、ネオダーウィン主義の男性の進化生物学者や心理学者たちが後押しする科学における性差別の第二波と闘うことができた。その画期的な研究のおかげで、雌であるということのラディカルな変革に留まらず、進化論そのものに変化が起きた。

本書をとおして、こうした科学の先駆者たちに何人かお会いいただけたかと思う。もちろんほかにも、性別やジェンダーを問わずさまざまな研究者がいて、その人たちもご紹介したかった。そういった人びとの恐れを知らない理論のおかげで、わたしたちは性に対する硬直した決定論的視点を越えて、発達段階の可塑性と行動の多様性が、雄と同様雌の進化を後押ししてきたことを受け入れられるようになった。また進化を司るメカニズムは自然、性、社会淘汰の混合だ。雄どうしの競争と雌の選択に加えて、求愛の相手や資源をめぐる雌どうしの競争、雄の選択、両方の性の戦略的な協同、性的対立による進化に、交尾を成功させる力があるのは間違いない。

ハーディ、パトリシア・ゴワティ、ジーン・アルトマン、メアリー・ジェーン・ウェスト＝エバーハード。これらの著作が多く、功績の大きな進化学者たちが、なぜ科学および文化への貢献についてももっと名前を知られていないのか。男性の同志であるロバート・トリヴァース、リチャード・ドーキンス、スティーブン・ジェイ・グールドらと並んで有名であるべきなのだ。ところがどうしたことか、彼女たちの研究は現代の進化をめぐる議論の大切な一部だというのに、これら大胆に新しい視点を提示した女性の研究者たちはまだ比較的無名だ。

何度も長電話をしたうちの一度、進化説を汚染する偏見の多くを白日の下にさらし、変化のきっかけを求めてきたゴワティは、やや感極まりながら自身の研究に関心をもったことについてわたしに感謝した。「わたしは死んだあと名前が知られるようになるのでしょう」。本書がこれら画期的な思考の持ち主たちに、それにふさわしい注目が与えられるきっかけになればと思う。

仮説という名の仮面はたしかに外れかけているが、まだ道半ばだ。一世紀にわたる男性中心主義は、進化をめぐる議論のまさに土台の部分に食いこんでいる。ベイトマンの原理は科学論文に影響を与え続け、同時に存在するゴワティらの経験主義的な批判にはおよそ言及がない。[8]次世代の進化生物学者を育てるために使われている教科書は、まだ性淘汰をめぐる時代錯誤な男性の視点に重きを置いている。二〇一八年に行なわれた調査によると、進化についての教科書に載せられた男女の写真はいまだステレオタイプな性役割を強調するようなもので、「科学コミュニティにおける変化を反映していな」かった。[9]

バイアスは言語にもひそんでいる。最近の研究によって、科学的な記述をするとき書き手がいまだに「積極的な」言葉を雄に対して使い、「消極的な」言葉を雌に対して使うと指摘されている。雄は「適

＊「ダーウィンの書簡から読み取れるのは、女性が科学にかかわるという事態に対してオープンな姿勢をもっていたものの、やはりもっぱら男性の領域であることを前提にしていたという点だ。ブラックウェルは別の科学的な自著『一般科学の研究』（未訳）を添えてダーウィンに手紙を送ったとき、下の名前をイニシャルにしてサインし、性別を伏せた。するとダーウィンからの返信は『親愛なる貴殿へ「ディア・サー」』で始まっていた」。[7]

応」し、雌は「対抗適応」するのだ。別の言い方をするなら雄はアクションを起こし、雌はリアクションする。[10] 雌が「世話し」、雄が「競争的」というレッテルは今でも専門的な資料に登場する。[11] それが反論の余地がない事実で、その使用を正当化するための引用など必要ないとでもいうようだ。

意識的か無意識かを問わず、研究はいまだに雄に重点がおかれている。種を定義し、世界の自然史博物館の広大な所蔵品を構成する「基準標本[12]」は、著しく雄に偏っている。生きたサンプルが刻々と減少している世界では、中身を詰められ、修繕され、保存液に漬けられた標本が研究の基盤をなすことになるので、雌の標本が不足していることで進化生物学、生態学、自然保護の未来にはいっそう男性中心的なゆがみがもたらされかねない。膣とクリトリスの多様性を追究したパトリシア・ブレナンの著書はぜひとも読まれるべきだが、そこに登場しない雌も雄と並んで標本化されるべきだろう。

生命を相手にする実験室でも、多くの研究者は雌を使いたがらない。[13] わたしたち雌の「ごちゃごちゃしたホルモン」は事態を複雑にする原因で、雄はより純粋だと考えられがちなのだ。[14] これは陰湿な神話で、ただ馬鹿馬鹿しいとしかいえない。発情周期が雄のテストステロンのように雌のエストロゲンにより大きな内分泌的変動をもたらすという確かな証拠はないのだ。雌のホルモンは、雄より混沌としたものなどではない。

雌の標本が使われたとしても、必ずしも種を適切に表しているとはかぎらない。ハーバード大学の神経科学者キャサリン・ドゥラックいわく、研究室での実験の基盤をなす小さなシロネズミは男性中心主義によって飼い慣らされている。野生の雌のマウスは雄とおなじくらい攻撃的で、見知らぬ求婚者を襲い、赤ちゃんを食べる。ところがそうした気性の荒さは「雌のあるべき姿」を体現する模範的な生きものを作ろうという意思によって、長年かけて消し去られてしまった。そんな偽の雌が、実験室主体の行動や神経生物学的なリサーチの多くのモデルとなっているのだ。実験室で飼育されたものではない、野生の動物の研究は予算およびフィールドワークの面でより困難かもしれないが、ローレン・オコンネル（そしてヤドクガエルのつがい）やデヴィッド・クルーズ（ならびに両性具有のヤモリ）が教えてくれるように、ありのままの姿を研究するためそうした努力が必要なのだ。

たとえサンプルとして使用される生きものが男性中心主義的な理想に毒されていなくても、先入観を補強してしまうことはある。サンプルは生物学のある一面における一般的な結果を出すため使われるはずだが、選ばれる種がしばしば問題なのだ。ほとんどが関連性ではなく、歴史と都合を基準に選ばれてきた。たとえばミバエは今でも性淘汰の研究で重宝され[15]、関連の論文のおよそ四分の一を占めている。ところがミバエがモデルを務めているのはただ単に、繁殖のサイクルが学術界の年間スケジュールと一致しているからなのだ。つまり科学以上の意味合いで科学者にとって都合がよい。その性的な行動は昆虫一般を代表するものでなく、分類群はいわずもがななのだが、奇妙な行動はヒトさえ含むすべての生きものの性的な行動のモデルとして扱われてしまっている[16]。

## 真実は多様性と透明性のもとに

ミネソタ大学の進化生物学教授マーレーン・ズックは不適切なモデルの使用を批判し[17]、多様性を推進してきた。野生と飼育下にある種の両方だが、種の範囲についても同様だ。ズックいわく、わたしたちが原理をもとにスタートを切っていたなら性淘汰の研究のベースにミバエを選んでいたはずがないのに、ミバエの奇妙なところが確証バイアスを後押ししてしまった。「分類学における男性中心主義」[18]はきわめてリアルで、ある種の生きもののグループが（具体的には昆虫と鳥類）カリスマ性や便宜性のために性淘汰の研究のモデルを席巻し、自然界の多様性を駆逐している。もともとバリエーションへの関心から始まっているはずの進化生物学にとっては、なんとも矛盾した状態だ。

科学に携わる人間の側にも多様性が必要だ。進化生物学のルールは男性が作ってきたというだけでは足りず、白人で上流階級、西洋のポスト産業化社会の男性たちに握られている。性別、セクシャリティ、ジェンダー、肌の色、階級、文化、能力、年齢の異なる人びとがともに研究プロジェクトに携わることで、各種のバイアスが払拭されるだろう。それが性差別、特定の地域への偏見、異性愛規範、人種差別などなんであろうと。バイアスを批判する声をよりよく拾い上げ、声を上げ続けるようながさなくてはいけない。最近の研究では、理系のＬＧＢＴＱの人びとはいまだ統計的に少数派で[19]、十分なサポートが得られない環境に置かれ、研究の場を去っていく頻度もきわめて高いとされた。そして女性は何十年ものフェミニズム運動にもかかわらず、昇進や研究費の取得に際して機会の平等のため闘いを強いられているという。女性は科学に不向きという手垢のついたプロパガンダは[20]、なんの根拠もないのにいまだ女性研究者を脅かしている。

ヴィクトリア朝とは結局、当時の文化的スタンダードを反映した法則をこしらえ、自然界に押しつけるという時代だった。新世代の進化生物学者は個の流動性、発達の可塑性、自然界の無限の可能性というカオスと向き合う訓練を始めている。多くはヴィクトリア朝の枠組みから脱して思考しているだけでなく、その仮説めいたものを永久に葬る方法も見出しつつある。

過去五〜十年は一気に理論の見直しが進んだ時期でもあった。進化生物学の論文のメタ批評および読み直しにより、実験の計画と実施に際して大きなバイアスがひそんでいたことが暴露され、それらを排除する方法が提唱された。

一九七〇〜二〇一二年のおよそ三百本にのぼる進化および生態の研究が検証されたところ、その半数以上が実験の結果と統計を十分に公開していないことが判明した。サンプルのサイズは結果から偶然を排除するには小さすぎたが、そのまま重要なものとして提示されていた。既存のデータでは疑問の残る研究の数も非常に多く、懸念が示される。メルボルン大学で生態学を研究するハンナ・フレイザーによると、八百人超の生態学者および進化生物学者に聞き取りをしたところ、大半が少なくとも一度は統計的に興味深い結果のチェリーピッキング（訳注：都合のいい部分だけ恣意的に選ぶこと）を行ない、便利な停止規則（望ましい結果が出るまでデータを収集すること）を適用したのを認めたという。仮説を上書きして結果と一致させることもあったという。最も責任重大なのは、理性的であるべきキャリア中盤から終盤の科学者たちだった。[21][22]

こうした懸念すべき結果は既存の研究を批判的に再評価し、ゴワティがベイトマンに対して行なったように、主要な研究を急ぎ再現する必要を示している。再現実験は科学の礎のはずだが、この種の研究は費用を獲得するのが難しく、独創性を発揮できる仕事でもないため、実績がほしい科学者の目には魅力に欠ける。研究費を支給する団体や科学誌の編集者たち[23]は、こうした難点を解決するため努力するべきだろう。

それでも、わたしは希望を抱いている。

本書の執筆のために調査をしていると解放感があった。もう「浮いている」という感覚はなかった。雌は消極的で恥じらうよう宿命づけられた進化の「後知恵」で、雄に蹂躙されるのを待っているわけではないのだ。仮に物理的な力で劣るとしても、パワフルであることは可能だ。ワシントン州の沖を小さな船でわたり、社会的な知性に満ちて高度な共感性を備えた閉経後のシャチに出会ったときの心の震えをわたしは忘れないだろう。シャチは力が知恵と年齢から生まれることを教えてくれた。とりわけ深みを感じているエピソードだ。

力はほかの雌とのコミュニケーションから生まれることもある。雌のボノボが団結する姿は大きな感動を与えてくれた。互いに性的な行為にふけることを勧めるわけではないが、その平和な社会には学ぶ点があるだろう。ボノボとシャチの女王はどちらも、支配とリーダーシップが大きく異なるものであると示している。いっぽうが他方に付随するわけではなく、共存さえ可能なのだ。

だがわたしの世界を最も激しく揺さぶったのは、性を超越するクマノミだったかもしれない。おかげで性別について根本的にとらえ直し、性の定義をめぐる根本的な前提を問うようになった。不安と高揚感をともに覚える経験だった。生物的な性には実のところ幅があり、すべての性は基本的におなじ遺伝子、ホルモン、脳から生まれているというのは最大限にわたしの蒙を啓いてくれた。自分自身の文化的バイアスを自覚しつつ視野を更新し、ふたつの性、性的アイデンティティ、性的な行動、セクシャリティをめぐる異性愛中心主義的な前提のなごりから抜け出すよう導いてくれた。つねにこうした自由な思考を続けるのは簡単ではないが、女性としての生き方に無限の可能性をもたらしてくれるもので、わたしは強く励まされた。

この知の旅の途上では性別やジェンダーを問わず多くの若手科学者に出会い、希望をもらった。これらの科学者たちの世代は、性をめぐる長年の二項対立的前提を問い直す姿勢がより身についているようだ。多様性と透明性について声を上げるのもためらわず、おかげで仮説の名を借りた曲解にようやく終止符が打てるかもしれない。それは早ければ早いほどいい。アメリカ人作家にして学者のアン・ファウスト＝スターリングはこういった。「生物学は何にも増して政治学だ[24]」。年寄りの性差別的な白人男性がこしらえた仮説は、年寄りの性差別的な白人政治家に最も受けがいい。地球とそこで暮らすすべてのものたちの未来を守る、より広がりのある社会を築こうと思ったら、生物学的な真実を求めて闘わなくてはいけない。

# 謝辞

どのような本の執筆もやさしくはないが、本書はとりわけ手ごわい雌《ビッチ》だった。壮大にして先が見えず、ときに胸をえぐられ、知的に負担が大きく、個人的にも大きな挑戦だ。編集者のスザンナ・ウェードソンとトーマス・ケルハーには忍耐、サポート、この野獣のような本への信頼に心から感謝申し上げたい。大西洋の両側で、ふたりの率いるチームは大きな仕事をしてくれた。校閲者のベラ・ボスワース、宣伝担当のアリソン・バロー、本書を形にしてくれたケイト・サマーノとメリッサ・ヴェロネージに御礼を。とりわけエマ・ベリーの鋭い指摘は本書を一段も二段も洗練させてくれた。エージェントのウィル・フランシスとジョー・サーズビーには、辛抱強くわたしを支え、信じてくれたことに感謝したい。

本書は膨大なリサーチを要したもので、知という名前の山を越えていくうえで手を引いてくれた多くの頭脳にはどれだけ感謝しても足りない。土台を作ってくれたのはずば抜けて優秀な若き学者たちアン・ヒルボーン、アドリアナ・ロー、ムリナリニ・アーケンズウィック・ワスタで、貴重な意見や洞察がわたしの背中を押してくれた。その後は勤勉なジェニー・イーズリーが、底の見えない調査をするうえで右腕となってくれた。研究者として原稿に目をとおしてくれたケルシー・ルイス（ウィスコンシン大学マディソン校ウィティク記念プログラム博士研究員としてフェミニズム生物学を研究中）、ヤコブ・ブロ＝ヨルゲンセン（リヴァプール大学進化・動物行動学講師）にも大きな感謝を。ふたりの各段階の原稿に対するコメントはかけがえのないものだった。

本書の基盤となる画期的な研究に取り組んできた科学者たちに、最大限の謝意を示したい。皆さんに畏怖の念を抱くと同時に、貴重な時間を割いて数々の質問に答え、一度ならずとも自身の研究につき我慢強く解説していただいたことは忘れない。皆さんの寛容さ、率直さ、両性の平等という信念には頭が下がる思いだ。とりわけデヴィッド・クルーズとパトリシア・ゴワティにはよく質問に付き合っていただき、長いこと言葉を交わしたので、すっかり友だちのような気がしている。

自宅にせよ実験室にせよ、わたしを快く自身のフィールドに招き入れてくれた皆さんもありがとう。レベッカ・ルイスとアンドレア・バーデンはマダガスカル島のキツネザルの島へのパスポート、ゲイル・パトリセッツリとエリック・ティムストラはキジオライチョウのショーへのチケットをくれ、エイミー・パリッシュはロレッタに紹介してくれた。クリス・フォークスはハダカデバネズミを撫でさせてくれて、パトリシア・ブレナンは膨大な数のシリコン製の動物の膣を公開し、デボラ・ジャイルズはシャチの糞の見つけ方を指導してくれた。モリー・カミングスはジンと強靭な魚、アンバー・ライトは産卵間際のヤモリ、リンジー・ヤングは驚異のアホウドリたち。ジョーン・ローガーデンはピクルスと刺激的な会話。最後になったが、偉才サラ・ブラファー・ハーディはわたしを山奥の家に歓迎し、特製のパイを振る舞い、この遠大な旅を最初の一歩から惜しみなく支えてくれた。あらゆる面で感謝している。

本書の執筆に費やした三年間は、個人的に激動の時期だった。母親を亡くし、コロナ禍で落ち着かない孤独な日々をすごした。愛犬コービーは絶対不可欠なオキシトシンをもたらし、ロックダウン中の話し相手ルース・イルガーとドルー・カーは正気を保つのを支えてくれた。早朝水泳の友、ルーク・ゴッティリエ、サラ・ファリニア、ジェマイマ・デュリー、ベリー・ホワイトの名前も挙げたい。冷たい海に入って不安を洗い流し、お腹の底からの笑い声を聞かせてくれた友人たち。た。ペニーとマーカス・ファーガソンはフェルトナム農場という貴重な休息地を提供し、すてきに臭うチーズまで味わわせてくれた。たくさんの親しい友人たちはわたしが事実を物語に昇華するのにじっと耳を傾けたり、原稿を読んでアドバイスをくれたりした。サラ・ロラソン、ヘザー・リーチ、ビニ・アダムス、ウェンディー・オティーウィル、レベッカ・キーン、ジェス・サーチ、サラ・チェンバレン、アレクサ・ヘイウッド、シャーロット・ムーア。本書の題名を思いついてくれたキャロル・キャドワラダーにも感謝を。マックス・ジナーンは夜遅くまで会話に付き合い、二項対立的なドグマに挑戦するのを助けたうえで、わたし自身の先入観と向き合うよう強くうながしてくれた。本書は文化的バイアスについての物語で、こうした聡明かつ多様な「雌《ビッチ》」に囲まれ、自分の視野を進化させる機会を得られるのは本当にありがたいことだ。

皆さんに心からの愛を。

# 訳者あとがき

本書の英語タイトルはずばり『ビッチ』――この強烈な原題のノンフィクションは、リチャード・ドーキンスに薫陶を受けた英国の科学者ルーシー・クックの人気の著書にして邦訳三作目である。前作『子どもには聞かせられない動物の秘密』では動物たちの奇想天外な（そしてだいぶエロティックな）生態を紹介して笑いを誘いつつ、わたしたち人間がいかに動物の行動を勝手に解釈して物語を作り上げているか浮き彫りにしてみせたが、今作はより著者の専門に近いテーマだ。すなわち「動物の雌とは何か」。

ダーウィンの時代から雌は「受け身で恥じらう」存在とされ、交尾に際しては雄にリードされるだけ、発生学的な経緯からしても雄の副産物くらいで真剣な研究には値しないとされてきた。本当にそれでいいのだろうか、と著者は問いかける。雌を受け身とするのはヴィクトリア朝の男性中心主義的視点の産物で、雌の真の生態とはかけ離れているのではないか。実はダーウィン自身、自然淘汰（自然選択）の穴を補うためたどりついた性淘汰（性選択）という新たな理論に「雌による交尾相手の選択」という力が働いていることに気づいていたが、雌／女性の主体性を認めない当時の社会の価値観に抗えず、中途半端な説明に終始してしまった。激しく角突き合う雄のトピ、雄の性欲の哀れな犠牲者かと思いきや巧妙な手段で交尾の行方をコントロールしている雌のカモ、性的なグルーミングで絆を深める雌のボノボ。科学界の長年の思い込みをあざ笑うかのように自身の運命を掌握し、昂然と生きている雌たちに出会うため、著者はタンザニアの奥地からアルプスの山間まで世界を飛び回る。ときにその冒険は著者を自宅の目と鼻の先の大学の研究室にいざなう。舌鋒鋭くときにコミカル、自在に驚きのエピソードを繰り出してくる著者の語りをお楽しみいただきたい。著者の知的な冒険を支えるのはサラ・ブラファー・ハーディら、男社会の研究ムラを揺さぶりつづけてきた頼もしい「ビッチ」たちだ。彼女たちの著作も多数邦訳されているので、ご一読をおすすめしたい。

このように本書は「雌」の定義の書き換えを試みたものだが、その向こうに見えてくるのは「性とはそもそも定義できるのか」という問いだ。雄の生殖器と見まがうクリトリスをぶら下げ、ホルモン面でも雄特有とされてきたものの影響を強く受けている雌のブチハイエナ。短いスパンで性転換を繰り返す魚たち。性を左右するのは遺伝子なのか、ホルモンなのか、はたまた温度などの外的な要因か。動物の性は雄雌という「二つのバケツ」に容易に仕分けられるものではなく、そこにあるのはグラデーションなのだと著者は繰り返し説く。訳者にとって本書の内容は目からうろこの連続だったが、複雑怪奇な自然界のしくみに専門家である著者自身もときに戸惑いを隠さない。それでいいのだ、と思う。先入観のないまっさらな状態で生きている人間などいなく、誰しもなんらかの前提を拠りどころにしなければ日々過ごしていけない。ただわたしたちの思考は必ずなんらかの文化的・社会的バイアスのもとにあり、自然科学系の知識にかぎらずつねに書き換えを求められる可能性がある。自分の思考のバイアスを検証しつづけるのは骨の折れる作業だが、その点をおろそかにしてはいけない――それが数々の「雌《ビッチ》」たちとの出会いを通して、著者が伝えてくれているもうひとつの大切なメッセージだろう。

ルーシー・クックはオックスフォード大で動物学を専攻し、その後一般向けに動物の生態を分かりやすく説く作家、キャスター、TEDトーク出演者などとして活躍。本書は英テレグラフ紙の「二〇二二年の書籍ベスト50」に選出されている。まだまだ隠し持っている「ネタ」も多いだろう彼女の今後の著作に期待したい。なお10章のタイトルは原書では“Sisters Are Doing It For Themselves”、ユーリズミックスとアレサ・フランクリンが共演したヒット曲だ。

最後になるが、翻訳作業に根気よくお付き合いくださった柏書房の二宮恵一さん、アドバイスをくださった皆さんに深くお礼を申し上げたい。本当にありがとうございました。

小林玲子

Replication Studies in Ecology' in *Academic Practice in Ecology and Evolution* (2020), pp. 5197-206
24. Anne Fausto-Sterling, *Sexing the Body* (Basic Books, 2000)

1997), p. 45
5. Antoinette Brown Blackwell, Darwin Correspondence Project (University of Cambridge) https://www.darwinproject.ac.uk/antoinette-brown-blackwell [accessed: April 2021]
6. Sarah Blaffer Hrdy, *Mother Nature* (Ballantine, 1999), p. 22
7. Brown Blackwell, Darwin Correspondence Project (University of Cambridge), https://www.darwinproject.ac.uk/antoinette-brown-blackwell [accessed: April 2021]
8. Paula Vasconcelos, Ingrid Ahnesjö, Jaelle C. Brealey, Katerina P. Günter, Ivain Martinossi-Allibert, Jennifer Morinay, Mattias Siljestam and Josefine Stångberg, 'Considering Gender-biased Assumptions in Evolutionary Biology' in *Evolutionary Biology*, 47 (2020), pp. 1-5
9. Linda Fuselier, Perri K. Eason, J. Kasi Jackson and Sarah Spauldin, 'Images of Objective Knowledge Construction in Sexual Selection Chapters of Evolution Textbooks' in *Science and Education*, 27 (2018), pp. 479-99
10. Kristina Karlsson Green and Josefin A. Madjidian, 'Active Males, Reactive Females: Stereotypic Sex Roles in Sexual Conflict Research?' in *Animal Behaviour*, 81 (2011), pp. 901-7
11. Brealey, Günter, Martinossi-Allibert, Morinay, Siljestam, Stångberg and Vasconcelos, 'Considering Gender-Biased Assumptions in Evolutionary Biology'
12. Natalie Cooper, Alexander L. Bond, Joshua L. Davis, Roberto Portela Miguez, Louise Tomsett and Kristofer M. Helgen, 'Sex Biases in Bird and Mammal Natural History Collections' in *Proceedings of the Royal Society B*, 286 (2019)
13. Annaliese K. Beery and Irving Zucker, 'Males Still Dominate Animal Studies' in *Nature*, 465: 690 (2010)
14. Rebecca M. Shansky, 'Are Hormones a "Female Problem" for Animal Research-' in *Science*, 364: 6443, pp. 825-6
15. Marlene Zuk, Francisco Garcia-Gonzalez, Marie Elisabeth Herberstein and Leigh W. Simmons, 'Model Systems, Taxonomic Bias, and Sexual Selection: Beyond *Drosophila*' in *Annual Review of Entomology* (2014), pp. 321-38
16. ibid.
17. ibid.
18. ibid.
19. Jonathan B. Freeman, 'Measuring and Resolving LGBTQ Disparities in STEM' in *Policy Insights from the Behavioral and Brain Sciences* (2020), pp. 141-8
20. Ben A. Barres, 'Does Gender Matter?' in *Nature* (2006), pp. 133-6
21. Yao-Hua Law, 'Replication Failures Highlight Biases in Ecology and Evolution Science', The Scientist, 1 Aug. 2018, https://www.the-scientist.com/features/replication-failures-highlight-biases-in-ecology-and-evolution-science-64475
22. Hannah Fraser, Tim Parker, Shinichi Nakagawa, Ashley Barnett and Fiona Fidler, 'Questionable Research Practices in Ecology and Evolution' in *PLoS One*, 13: 7 (2018), pp. 1-16.
23. Hannah Fraser, Ashley Barnett, Timothy H. Parker and Fiona Fidler, 'The Role of

30. Logan D. Dodd, Ewelina Nowak, Dominica Lange, Coltan G. Parker, Ross DeAngelis, Jose A. Gonzalez and Justin S. Rhodes, 'Active Feminization of the Preoptic Area Occurs Independently of the Gonads in *Amphiprion ocellaris*' in *Hormones and Behavior*, 112 (2019), pp. 65-76
31. Mary Jane West-Eberhard, *Developmental Plasticity and Evolution* (Oxford University Press, 2003)
32. R. Jiménez, M. Burgos, L. Caballero and R. Diaz de la Guardia, 'Sex Reversal in a Wild Population of *Talpa occi-dentalis*' in *Genetics Research*, 52: 2 (Cambridge, 1988), pp. 135-40
33. A. Sánchez, M. Bullejos, M. Burgos, C. Hera, C. Stamatopoulos, R. Diaz de la Guardia and R. Jiménez, 'Females of Four Mole Species of Genus *Talpa* (insectivora, mammalia) are True Hermaphrodites with Ovotestes' in *Molecular Reproduction and Development*, 44 (1996), pp. 289-94
34. Francisca M. Real, Stefan A. Haas, Paolo Franchini, Peiwen Ziong, Oleg Simakov, Heiner Kuhl, Robert Schöflin, David Heller, M-Hossein Moeinzadeh, Verena Heinrich, Thomas Krannich, Annkatrin Bressin, Michaela F. Hartman, Stefan A. Wudy and Dina K. N. Dechmann, Alicia Hurtado, Francisco J. Barrionuevo, Magdalena Schindler, Izabela Harabula, Marco Osterwalder, Micahel Hiller, Lars Wittler, Axel Visel, Bernd Timmermann, Axel Meyer, Martin Vingron, Rafael Jimémez, Stefan Mundlos and Dario G. Lupiáñez, 'The Mole Genome Reveals Regulatory Rearrange-ments Associated with Adaptive Intersexuality' in *Science*, 370: 6513 (Oct. 2020), pp. 208-14
35. Janet L. Leonard, *Transitions Between Sexual Systems* (Springer, 2018), p. 14
36. ibid., p. 15
37. ibid., p. 12
38. Ah-King, 'Queer Nature: Towards a Non-normative View on Biological Diversity'
39. David Crews, 'The (bi)sexual brain' in *EMBO Reports* (2012), pp. 1-6
40. Hannah N. Lawson, Leigh R. Wexler, Hayley K. Wnuk, Douglas S. Portman, 'Dynamic, Non-binary Specification of Sexual State in the C. elegans Nervous System', *Current Biology* (2020)
41. ScienceDaily, University of Rochester Medical Center (10 August 2020), www.sciencedaily. com/releases/2020/08/200810140949.htm
42. Agustin Fuentes, 'Searching for the "Roots" of Masculinity in Primates and the Human Evolutionary Past', *Current Anthropology* 62: S23, S13-S25 (2021)

### 終章　先入観のない自然界

1. Patricia Adair Gowaty, *Feminism and Evolutionary Biology: Boundaries, Intersections and Frontiers* (Springer Science and Business Media, 1997)
2. William Whewell, *The Philosophy of the Inductive Sciences: Founded Upon Their History* (1847), p. 42
3. Antoinette Brown Blackwell, *The Sexes Throughout Nature* (1875), p. 20
4. ibid., p. 56; and Patricia Adair Gowaty, *Feminism and Evolutionary Biology: Boundaries, Intersections and Frontiers* (Springer Science and Business Media,

6. Charles Darwin, letter to Charles Lyell, 14 Sept. 1849, in *The Life and Letters of Charles Darwin*, ed. by Francis Darwin (D. Appleton & Co., 1896), vol. 1, p. 345
7. Hsiu-Chin Lin, Jens T. Høeg, Yoichi Yusa and Benny K. K. Chan, 'The Origins and Evolution of Dwarf Males and Habitat Use in Thoracican Barnacles' in *Molecular Phylogenetics and Evolution*, 91 (2015), pp. 1-11
8. Yoichi Yusa, Mayuko Takemura, Kota Sawada and Sachi Yamaguchi, 'Diverse, Continuous, and Plastic Sexual Systems in Barnacles' in *Integrative and Comparative Biology* 53: 4 (2016), pp. 701-12
9. ibid.
10. Joan Roughgarden, *Evolution's Rainbow* (University of California Press, 2004), p. 17
11. ibid., p. 128
12. ibid., p. 181
13. Malin Ah-King, 'Sex in an Evolutionary Perspective: Just Another Reaction Norm' in *Evolutionary Biology*, 37 (2010), pp. 234-46
14. Roughgarden, *Evolution's Rainbow*, p. 127
15. Bruce Bagemihl, *Biological Exuberance: Animal Homosexuality and Natural Diversity* (Stonewall Inn Editions, 2000)
16. Roughgarden, *Evolution's Rainbow*, p. 27
17. ibid., pp. 134-5
18. Bagemihl, *Biological Exuberance*
19. Volker Sommer and Paul L. Vasey (eds), *Homosexual Behaviour in Animals: An Evolutionary Perspective* (Cambridge University Press, 2006)
20. Aldo Poiani, *Animal Homosexuality: A Biosocial Perspective* (Cambridge University Press, 2010)
21. Julia D. Monk et al, 'An Alter-native Hypothesis for the Evolution of Same-Sex Sexual Behaviour in Animals' in *Nature, Ecology and Evolution 3* (2019), pp.1622-31
22. Roughgarden, *Evolution's Rainbow*, p. 27
23. Patricia Adair Gowaty, 'Sexual Natures: How Feminism Changed Evolutionary Biology' in *Signs* 28: 3, p. 901; and Ellen Ketterson, 'Do Animals Have Gender?' in *Bioscience* 55: 2 (2005), pp. 178-80
24. Roughgarden, *Evolution's Rainbow*, p. 234
25. ibid., p. 5
26. ibid., p. 181
27. Sarah Blaffer Hrdy, 'Sexual Diversity and the Gender Agenda' in *Nature* (2004), p. 19-20; and Patricia Adair Gowaty, 'Standing on Darwin's Shoulders: The Nature of Selection Hypotheses' in *Current Perspectives on Sexual Selection: What's Left After Darwin?*, ed. by Thierry Hoquet (Springer, 2015)
28. Hoquet, *Current Perspectives on Sexual Selection*
29. Malin Ah-King, 'Queer Nature: Towards a Non-normative View on Biological Diversity' in *Body Claims*, ed. by Janne Bromseth, Lisa Folkmarson Käll and Katarina Mattsson (Centre for Gender Research, Uppsala University, 2009), pp. 227-8

28. Beth E. Leuck, 'Comparative Burrow Use and Activity Patterns of Parthenogenetic and Bisexual Whiptail Lizards (Cnemidophorus: Teiidae)' in *Copeia*, 2 (1982), pp. 416-24
29. Sarah P. Otto and Scott L. Nuismer, 'Species Interactions and the Evolution of Sex' in *Science*, 304: 5673 (2004), pp. 1018-20
30. T. Yashiro, N. Lo, K. Kob-ayashi, T. Nozaki, T. Fuchikawa, N. Mizumoto, Y. Namba and K. Matsuura, 'Loss of Males from Mixed-sex Societies in Ter-mites' in *BMC Biology*, 16 (2018)
31. Lisa Margonelli, *Underbug: An Obsessive Tale of Termites and Technology* (Scientific American, 2018)
32. Toshihisa Yashiro and Kenji Matsuura, 'Termite Queens Close the Sperm Gates of Eggs to Switch from Sexual to Asexual Reproduction' in *PNAS*, 111: 48 (2014), pp. 17212-17
33. Yashiro, Lo, Kobayashi, Nozaki, Fuchikawa, Mizumoto, Namba and Matsuura, 'Loss of Males from Mixed-sex Societies'
34. Roger Highfield, 'Shark's Virgin Birth Stuns Scientists', *Telegraph*, 23 May 2007
35. Warren Booth and Gordon W. Schuett, 'The Emerging Phylogenetic Pattern of Parthenogenesis in Snakes' in *Biological Journal of the Linnean Society* (2015), pp. 1-15
36. Andrew T. Fields, Kevin A. Feldheim, Gregg R. Poulakis and Demian D. Chapman, 'Facultative Parthenogenesis in a Critically Endan-gered Wild Vertebrate' in *Current Biology* (Cell Press), 25: 11 (2015), pp. 446-7
37. Kat McGowan, 'When Pseudosex is Better Than the Real Thing', Nautilus, Nov. 2016, https://nautil.us/issue/42/fakes/when-pseudosex-is-better-than-the-real-thing
38. Fields, Feldheim, Poulakis and Chapman, 'Facultative Parthenogenesis in a Critically Endangered Wild Vertebrate'
39. N. I. Werthessen, 'Pincogenesis—Parthenogenesis in Rabbits by Gregory Pincus' in *Perspectives in Biology and Medicine*, 18: 1 (1974), pp. 86-93

## 第11章　二項対立を超えて——進化の虹

1. Jean Deutsch, 'Darwin and Barnacles' in *Comptes Rendus Biologies*, 333: 2 (2010), pp. 99-106
2. Charles Darwin, *Living Cirripedia: A monograph of the sub-class Cirripedia, with figures of all the species. The Lepadida; or, pedunculated cirripedes* (Ray Society, 1851), pp. 231-2
3. ibid., pp. 231-2
4. Charles Darwin, letter to J. S. Henslow, 1 April 1848, in *The Correspondence of Charles Darwin*, ed. by Frederick Burkhardt and Sydney Smith (Cambridge University Press, 1988), vol. 4, p. 128
5. Charles Darwin, letter to Joseph Hooker, 10 May 1848, in *Charles Darwin's Letters: A Selection, 1825-1859*, ed. by Frederick Burkhardt (Cambridge University Press, 1998), p. xvii

10. Hadi Izadi, Katherine M. E. Stewart and Alexander Penlidis, 'Role of Contact Electrification and Electrostatic Interactions in Gecko Adhesion' in *Journal of the Royal Society, Interface*, 11: 98 (2014)
11. Elizabeth Landau, 'Gecko Grippers Moving On Up', NASA, 12 April 2015, https://www. nasa.gov/jpl/gecko-grippers-moving-on-up
12. Kate L. Laskowski, Carolina Doran, David Bierbach, Jens Krause and Max Wolf, 'Naturally Clonal Vertebrates Are an Untapped Resource in Ecology and Evolution Research' in *Nature Ecology & Evolution* (2019), pp. 161-9
13. Graham Bell, The *Masterpiece of Nature* (University of California Press, 1982)
14. Joan Roughgarden, *Evolution's Rainbow* (University of California Press, 2004), p. 17
15. Logan Chipkin, Peter Olofsson, Ryan C. Daileda and Ricardo B. R. Azevedo, 'Muller's Ratchet in Asexual Populations Doomed to Extinction', eLife, 13 Nov. 2018, https://doi.org/10.1101/448563
16. Malin Ah-King, 'Queer Nature: Towards a Non-normative View on Biological Diversity' in *Body Claims*, ed. by J. Bromseth, L. Folkmarson Kall and K. Mattsson (Centre for Gender Research, Uppsala University, 2009)
17. J. Maynard Smith, *The Evolution of Sex* (Cambridge University Press, 1978)
18. C. Boschetti, A. Carr, A. Crisp, I. Eyres, Y. Wang-Koh, E. Lubzens, T. G. Barraclough, G. Micklem and A. Tunnacliffe, 'Biochemical Diversification through Foreign Gene Expression in Bdelloid Rotifers' in *PLoS Genetics* (2012)
19. Maurine Neiman, Stephanie Meirmans and Patrick G. Meirmans, 'What Can Asexual Lineage Age Tell Us about the Maintenance of Sex?' in *The Year in Evolutionary Biology* (2009), vol. 1168, issue 1, pp. 185-200
20. Robert D. Denton, Ariadna E. Morales and H. Lisle Gibbs, 'Genome-specific Histories of Divergence and Introgression Between an Allopolyploid Unisexual Salamander Lineage and Two Ancestral Sexual Species' in *Evolution* (2018)
21. Laskowski, Doran, Bierbach, Krause and Wolf, 'Naturally Clonal Vertebrates Are an Untapped Resource'
22. V. Volobouev and G. Pas-teur, 'Chromosomal Evidence for a Hybrid Origin of Diploid Parthenogenetic Females from the Unisexual-bisexual *Lepidodactylus lugubris Complex' in Cytogenetics and Cell Genetics*, 63 (1993), pp. 194-9
23. Laskowski, Doran, Bierbach, Krause and Wolf, 'Naturally Clonal Vertebrates are an Untapped Resource'
24. Yehudah L. Werner, 'Apparent Homo-sexual Behaviour in an All-female Population of a Lizard, *Lepidodactylus lugubris* and its Probable Interpretation' in *Zeitschrift für Tierpsychologie*, 54 (1980), pp. 144-50
25. David Crews, ' "Sexual" Behavior in Parthenogenetic Lizards (*Cnemidophorus*)' in *PNAS*, 77: 1 (1980), pp. 499-502
26. L. A. O'Connell, B. J. Matthews, D. Crews, 'Neuronal Nitric Oxide Synthase as a Substrate for the Evolution of Pseudosexual Behaviour in a Parthenogenetic Whiptail Lizard' in *Journal of Neuroendocrinology*, 23 (2011), pp. 244-53
27. David Crews, 'The Problem with Gender' in *Psychobiology*, 16: 4 (1988), pp. 321-34

(2016), pp. 81-95
10. Darren P. Croft, Rufus A. Johnstone, Samuel Ellis, Stuart Nattrass, Daniel W. Franks, Lauren J. N. Brent, Sonia Mazzi, Kenneth C. Balcomb, John K. B. Ford and Michael A. Cant, 'Reproductive Conflict and the Evolution of Menopause in Killer Whales' in *Current Biology*, 27: 2 (2017), pp. 298-304
11. M. A. Cant, R. A. Johnstone and A. F. Russell, 'Reproductive Conflict and the Evolution of Menopause' in *Reproductive Skew in Vertebrates*, ed. by R. Hager and C. B. Jones (Cambridge University Press, 2009), pp. 24-52
12. Bruno Cozzi, Sandro Mazzariol, Michela Podestà, Alessandro Zotti and Stefan Huggenberger, 'An Unparalleled Sexual Dimorphism of Sperm Whale Encephalization' in *International Journal of Comparative Psychology*, 29: 1 (2016)
13. Lori Marino, Naomi A. Rose, Ingrid Natasha Visser, Heather Rally, Hope Ferdowsian and Veronika Slootsky, 'The Harmful Effects of Captivity and Chronic Stress on the Well-being of Orcas (*Orcinus orca*)' in *Journal of Veterinary Behavior*, 35 (2020), pp. 69-82
14. ibid.
15. Lori Marino, 'Dolphin and Whale Brains: More Evidence for Complexity', YouTube, https://www. youtube.com/watch-v=4SOzhyU3jM0
16. Phyllis C. Lee and C. J. Moss, 'Wild Female African Elephants (*Loxodonta africana*) Exhibit Personality Traits of Leadership and Social Integration' in *Journal of Comparative Psychology*, 126: 3 (2012), pp. 224-32

第10章　わたしたちは自力でやる――雄のいない雌たち

1. Jon Mooallem, 'Can Animals Be Gay?' in *New York Times*, 31 March 2010
2. Lindsay C. Young, Brenda J. Zaun and Eric A. Vanderwurf, 'Suc-cessful Same-sex Pairing in Laysan Albatross' in *Biology Letters*, 4: 4 (2008), pp. 323-5
3. Mooallem, 'Can Animals Be Gay?'
4. Jack Falla, 'Wayne Gretzky' in *The Top 100 NHL Players of All Time*, ed. by Steve Dryden (McClelland and Stewart, 1998)
5. Inna Schneiderman, Orna Zagoory-Sharon and Ruth Feldman, 'Oxytocin During the Initial Stages of Romantic Attachment: Relations to Couples' Interactive Reciprocity' in *Psychoneuroendocrinology*, 37: 8 (2012), pp. 1277-85
6. Elspeth Kenny, Tim R. Birkhead and Jonathan P. Green, 'Allopreening in Birds is Associated with Parental Cooperation Over Offspring Care and Stable Pair Bonds Across Years' in *Behavioural Ecology* (ISBE, 2017), pp. 1142-8
7. J. D. Baker, C. L. Littman and D. W. Johnston, 'Potential Effects of Sea Level Rise on the Terrestrial Habitats of Endangered and Endemic Megafauna in the Northwestern Hawaiian Islands' in *Endangered Species Research*, 4 (2006), pp. 1-10
8. George L. Hunt and Molly Warner Hunt, 'Female-Female Pairing in Western Gulls (Larus occidentalis) in Southern California' in *Science*, 196 (1977), pp. 1466-7
9. Ian C. T. Nisbet and Jeremy J. Hatch, 'Consequences of a Female-biased Sex-ratio in a Socially Monogamous Bird: Female-female Pairs in the Roseate *Tern Sterna dougallii' in International Journal of Avian Science* (1999)

1981), p. 101
44. ibid.
45. Frans de Waal, 'Bonobo Sex and Society' in *Scientific American* (1995), pp. 82-8
46. ibid.
47. ibid.
48. ibid.
49. Pamela Heidi Douglas and Liza R. Moscovice, 'Pointing and Pantomime in Wild Apes- Female Bonobos Use Referential and Iconic Gestures to Request Genito-genital Rubbing' in *Scientific Reports*, 5 (2015)
50. Smuts, 'The Evolutionary Origins of Patriarchy'
51. ibid.
52. Frans de Waal and Amy R. Parish, 'The Other "Closest Living Relative": How Bonobos (*Pan paniscus*) Challenge Traditional Assumptions about Females, Dominance, Intra- and Intersexual Interactions, and Hominid Evolution' in *Annals of the New York Academy of Sciences* (2006)
53. ibid.
54. de Waal, 'Bonobo Sex and Society'

第９章　母権制社会と閉経――シャチとヒトの絆

1. Patrick R. Hof, Rebecca Chanis and Lori Marino, 'Cortical Complexity in Cetacean Brains' in *American Association for Anatomy*, 287A: 1 (Oct. 2005), pp. 1142-52
2. Samuel Ellis, Daniel W. Franks, Stuart Nattrass, Thomas E. Currie, Michael A. Cant, Deborah Giles, Kenneth C. Balcomb and Darren P. Croft, 'Analyses of Ovarian Activity Reveal Repeated Evolution of Post-reproductive Lifespans in Toothed Whale' in *Scientific Reports*, 8: 1 (2018)
3. Howard Garrett, 'Orcas of the Salish Sea', Orca Network, http://www.orcanetwork.org [accessed Oct. 2019]
4. Richard A. Morton, Jonathan R. Stone and Rama S. Singh, 'Mate Choice and the Origin of Menopause' in *PLoS Computational Biology*, 9: 6 (2013)
5. K. Hawkes et al., 'Grandmothering, Menopause and the Evolution of Human Life Histories' in *PNAS*, 95: 3 (1998), pp. 1336-9
6. Marina Kachar, Ewa Sowosz and André Chwalibog, 'Orcas are Social Mammals' in *International Journal of Avian & Wildlife Biology*, 3: 4 (2018), pp. 291-5
7. Karen McComb, Cynthia Moss, Sarah M. Durant, Lucy Baker and Soila Sayialel, 'Matriarchs as Repositories of Social Knowledge in African Elephants' in *Science*, 292: 5516 (2001), pp. 491-4
8. F. J. Stansfield, J. O Nöthling and W. R. Allen, 'The Progression of Small-follicle Reserves in the Ovaries of Wild African Elephants (Loxodonta africana) from Puberty to Reproductive Senescence' in *Reproduction, Fertility and Development* (CSIRO publishing), 25: 8 (2013), pp. 1165-73
9. Brianna M. Wright, Eva M. Stredulinsky, Graeme M. Ellis and John K. B. Ford, 'Kin-directed Food Sharing Promotes Lifetime Natal Philopatry of Both Sexes in a Population of Fish-eating Killer Whales, *Orcinus orca' in Animal Behaviour*, 115

*catta*): Females Are Naturally "Masculinized" ', in *Journal of Morphology*, 269 (2008), pp. 451-63
23. Nicholas M. Grebe, Courtney Fitzpatrick, Katherine Sharrock, Anne Starling and Christine M. Drea, 'Organizational and Activational Androgens, Lemur Social Play, and the Ontogeny of Female Dominance' in *Hormones and Behavior* (Elsevier), 115 (2019)
24. S. E. Glickman, G. R. Cunha, C. M. Drea, A. J. Conley and N. J. Place, 'Mammalian Sexual Differentiation: Lessons from the Spotted Hyena' in *Trends in Endocrinology and Metabolism*, 17: 9 (2006), pp. 349-56
25. Charpentier and Drea, 'Vic-tims of Infanticide and Conspecific Bite Wounding in a Female-dominant Primate'
26. L. Pozzi, J. A. Hodgson, A. S. Burrell, K. N. Sterner, R. L. Raaum and T. R. Disotell, 'Pri-mate Phylogenetic Relationships and Divergence Dates Inferred from Complete Mitochondrial Genomes' in *Molecular Phylogenetics and Evolution*, 75 (2014), pp. 165-83
27. Frans de Waal, *Chimpanzee Politics: Power and Sex Among Apes* (Johns Hopkins University Press, 1982), p. 185
28. ibid., p.55
29. Thelma Rowell, 'The Con-cept of Social Dominance' in *Behavioural Biology* (June 1974), pp. 131-54
30. Frans de Waal, *Mama's Last Hug* (Granta, 2019)
31. de Waal, *Chimpanzee Politics*
32. Despret, 'Culture and Gender Do Not Dissolve into How Scientists "Read" Nature'
33. de Waal, *Mama's Last Hug*, p. 23
34. ibid., p. 38
35. ibid.
36. Barbara Smuts, 'The Evolutionary Origins of Patriarchy' in *Human Nature*, 6 (1995), p. 9
37. Smuts, 'The Evolutionary Origins of Patriarchy'
38. Peter M. Kappeler, Claudia Fichtel, Mark van Vugt and Jennifer E. Smith, 'Female leadership: A Transdisciplinary Perspective' in *Evolutionary Anthropology* (2019), pp. 160-63
39. Jean-Baptiste Leca, Noëlle Gunst, Bernard Thierry and Odile Petit, 'Distributed Leadership in Semifree-ranging White-faced Capuchin Monkeys' in *Animal Behaviour*, 66 (Jan. 2003), pp. 1045-52
40. Lionel Tiger, 'The Possible Biological Origins of Sexual Discrimination' in *Biosocial Man*, ed. by D. Brothwell (Eugenics Society, London, 1970)
41. Jennifer E. Smith, Chelsea A. Ortiz, Madison T. Buhbe and Mark van Vugt, 'Obstacles and Opportunities for Female Leadership in Mammalian Societies: A Comparative Perspective' in *Leadership Quarterly*, 31: 2 (2020)
42. Richard Wrangham, 'An Ecological Model of Female-bonded Primate Groups' in *Behaviour*, 75 (1980), pp. 262-300
43. Sarah Blaffer Hrdy, *The Woman That Never Evolved* (Harvard University Press,

4. Marie J. E. Charpentier and Christine M. Drea, 'Victims of Infanticide and Conspecific Bite Wounding in a Female-dominant Primate: A Long-term Study' in *PLoS One*, 8: 12 (2013), p. 5
5. ibid., pp. 1-8
6. Alison Jolly, *Lemur Behaviour: A Madagascar Field Study* (University of Chicago Press, 1966), p. 155
7. ibid., p. 3
8. ibid.
9. S. Washburn and D. Hamburg, 'Aggressive Behaviour in Old World Monkeys and Apes' in *Primates*—Studies in Adaptation and Variability, ed. by P. C. Jay (Holt, Rinehart and Winston, 1968)
10. Vinciane Despret, 'Culture and Gender Do Not Dissolve into How Scientists "Read" Nature: Thelma Rowell's Heterodoxy' in *Rebels, Mavericks and Heretics in Biology*, ed. by Oren Harman and Michael R. Dietrich (Yale University Press, 2008)
11. Dale Peterson and Richard Wrangham, *Demonic Males: Apes and the Origins of Human Violence* (Mariner Books, 1997)
12. Karen B. Strier, 'The Myth of the Typical Primate' in *American Journal of Physical Anthropology* (1994)
13. Anthony Di Fiore and Drew Rendall, 'Evolution of Social Organization: A Reappraisal for Primates by Using Phylogenetic Methods' in *PNAS*, 91: 21 (1994), pp. 9941-5
14. Karen B. Strier, 'New World Primates, New Frontiers: Insights from the Woolly Spider Monkey, or Muriqui (*Brachyteles arachnoides*)' in *International Journal of Primatology*, 11 (1990), pp. 7-19
15. Rebecca J. Lewis, 'Female Power in Primates and the Phenomenon of Female Dominance' in *Annual Review of Anthropology*, 47 (2018), pp. 533-51
16. Richard R. Lawler, Alison F. Richard and Margaret A. Riley, 'Intrasexual Selection in Verreaux's Sifaka (*Propithecus verreauxi verreauxi*)' in *Journal of Human Evolution*, 48 (2005), pp. 259-77
17. J. A. Parga, M. Maga and D. Over-dorff, 'High-resolution X-ray Computed Tomography Scanning of Primate Copulatory Plugs' in *American Journal of Physical Anthropology*, 129: 4 (2006), pp. 567-76
18. A. E. Dunham and V. H. W. Rudolf, 'Evolution of Sexual Size Monomorphism: The Influence of Passive Mate Guarding' in *Journal of Evolutionary Biology*, 22 (2009), pp. 1376-86
19. Amy E. Dunham, 'Battle of the Sexes: Cost Asymmetry Explains Female Dominance in Lemurs' in *Animal Behaviour*, 76 (2008), pp. 1435-9
20. Alan F. Dixson and Matthew J. Anderson, 'Sexual Selection, Seminal Coagulation and Copu-latory Plug Formation in Primates' in *Folia Primatologica*, 73 (2002), pp. 63-9
21. Christine M. Drea, 'Endocrine Medi-ators of Masculinization in Female Mammals' in *Current Directions in Psychological Science*, 18: 4 (2009)
22. Christine M. Drea, 'External Genital Morphology of the Ring-tailed Lemur (*Lemur*

44. Young and Clutton-Brock, 'Infanticide by Subordinates'
45. José María Gómez, Miguel Verdú, Adela González-Megías and Marcos Méndez, 'The Phylogenetic Roots of Human Lethal Violence' in *Nature*, 538 (2016), pp. 233-7
46. Gray, 'Why Meerkats and Mongooses Have a Cooperative Approach'
47. Daniel Elsner, Karen Meusemann and Judith Korb, 'Longevity and Transposon Defense, the Case of Termite Reproductives' in *PNAS* (2018), pp. 5504-9
48. Takuya Abe and Masahiko Higashi, 'Macrotermes', Science Direct (2001) https://www.sciencedirect.com/topics/biochemistry-genetics-and-molecular-biology/macrotermes
49. F. M. Clarke and C. G. Faulkes, 'Dominance and Queen Succession in Captive Colonies of the Eusocial Naked Mole-rat, *Heterocephalus glaber*' in *Proceedings of the Royal Society B*, 264: 1384 (1997), pp. 993-1000
50. Interview with Chris Faulkes, 28 Sept. 2020
51. Xiao Tian, Jorge Azpurua, Christopher Hine, Amita Vaidya, Max Myakishev-Rempel, Julia Ablaeva, Zhiyong Mao, Eviatar Nevo, Vera Gorbunova and Andrei Seluanov, 'High-molecular-mass Hyaluronan Mediates the Cancer Resistance of the Naked Mole-rat' in *Nature*, 499 (2013), pp. 346-9
52. Brady Hartman, 'Google's Calico Labs Announces Discovery of a "Non-aging Mammal" ', Lifespan.io, 29 Jan. 2018, https://www.lifespan.io/news/non-aging-mammal/ [accessed Dec. 2020]; and Rochelle Buffenstein, 'The Naked Mole-rat: A New Long-living Model for Human Aging Research' in *The Journals of Gerontology: Series A*, 60: 11 (2005), pp. 1369-77
53. Chris Faulkes, 'Animal Showoff', July 2014 (YouTube, 15 April 2015), https://www.youtube.com/watch-v=6VmxP7nDQnM
54. 'Naked Mole-rat (*Heterocephalus glaber*) Fact Sheet: Reproduction & Development', San Diego Zoo Wildlife Alliance Library, https://ielc.libguides.com/sdzg/factsheets/naked-mole-rat/reproduction
55. Chris Faulkes, 'Animal Showoff'
56. Daniel E. Rozen, 'Eating Poop Makes Naked Mole-rats Motherly' in *Journal of Experimental Biology*, 221: 21 (2018)
57 Clarke and Faulkes, 'Dominance and Queen Succession'
58. C. G. Faulkes and D. H. Abbot, 'Evidence that Primer Pheromones Do Not Cause Social Suppression of Reproduction in Male and Female Naked Mole-rats (*Heterocephalus glaber*)' in *Journal of Reproduction and Fertility* (1993), pp. 225-30

### 第８章　霊長類の政治学――シスターフッドの威力

1. Alison Jolly, *Lords and Lemurs* (Houghton Mifflin, 2004), p. 3
2. Christine M. Drea and Elizabeth S. Scordato, 'Olfactory Communication in the Ringtailed Lemur (*Lemur catta*): Form and Function of Multimodal Signals' in *Chemical Signals in Vertebrates*, ed. by J. L. Hurst, R. J. Beynon, S. C. Roberts and T. Wyatt (2008), pp. 91-102
3. Anne S. Mertl-Millhollen, 'Scent Marking as Resource Defense by Female *Lemur catta*' in *American Journal of Primatology*, 68: 6 (2006)

*Proceedings of the American Philosophical Society* (1979), pp. 222-34
26. Mary Jane West-Eberhard, 'Sexual Selection, Social Competition, and Speciation' in *The Quarterly Review of Biology*, 58: 2 (1983), pp. 155-83
27. Tim H. Clutton-Brock, 'Sexual Selection in Females' in *Animal Behaviour* (2009), pp. 3-11
28. Trond Amundsen, 'Why Are Female Birds Ornamented?' in *Trends in Ecology & Evolution*, 15: 4 (2000), pp. 149-55
29. Joseph A. Tobias, Robert Montgomerie and Bruce E. Lyon, 'The Evolu-tion of Female Ornaments and Weaponry: Social Selection, Sexual Selection and Ecological Competition' in *Philosophical Transactions of the Royal Society B*, 367 (2012), pp. 2274-93
30. ibid.
31. D. W. Rajecki, 'Formation of Leap Orders in Pairs of Male Domestic Chickens' in *Aggressive Behavior*, 14: 6 (1988), pp. 425-36
32. Jack El-Hai, 'The Chicken-hearted Origins of the "Pecking Order" ' in *Discover*, 5 July 2016, https://www.discovermagazine.com/planet-earth/the-chicken-hearted-origins-of-the-pecking-order
33. Marlene Zuk, *Sexual Selections: What We Can and Can't Learn about Sex from Animals* (University of California Press, 2002)
34. Virginia Abernethy, 'Female Hierarchy: An Evolutionary Perspective' in *Female Hierarchies,* ed. by Lionel Tiger and Heather T. Fowler (Beresford Book Service, 1978)
35. Sarah Blaffer Hrdy, *The Woman That Never Evolved* (Harvard University Press, 1981), p. 109
36. Susan Sperling, 'Baboons with Briefcases: Feminism, Functionalism, and Sociobiology in the Evolution of Primate Gender' in *Signs*, 17: 1 (1991), p. 18
37. Richard Gray, 'Why Meerkats and Mongooses Have a Cooperative Approach to Raising their Pups', *Horizon: The EU Research and Innovation Magazine*,27 June 2019, https://ec.europa.eu/research-and-innovation/en/horizon-magazine/why-meerkats-and-mongooses-have-cooperative-approach-raising-their-pups
38. Andrew J. Young and Tim Clutton-Brock, 'Infanticide by Subordinates Influences Reproductive Sharing in Cooperatively Breeding Meerkats' in *Biology Letters*, 2 (2006), pp. 385-7
39. Tim Clutton-Brock, *Mammal Societies* (Wiley, 2016)
40. Sarah J. Hodge, A. Manica, T. P. Flower and T. H. Clutton-Brock, 'Determinants of Reproductive Success in Dominant Female Meerkats' in *Journal of Animal Ecology,* 77 (2008), pp. 92-102
41. A. A. Gill, *AA Gill is Away* (Simon & Schuster, 2007), pp. 36-7
42. K. J. MacLeod, J. F. Nielsen and T. H. Clutton-Brock, 'Factors Predicting the Frequency, Likelihood and Duration of Allonursing in the Cooperatively Breeding Meerkat' in *Animal Behaviour*, 86: 5 (2013), pp. 1059-67
43. 'Infanticide Linked to Wet-nursing in Meerkats', *Science Daily*, 7 Oct. 2013, https://www.sciencedaily.com/releases/2013/10/131007122558.htm

https://www.newscientist.com/article/ dn12979-male-antelopes-play-hard-to-get-/
6. Wiline M. Pangle and Jakob Bro-Jørgensen, 'Male Topi Antelopes Alarm Snort Deceptively to Retain Females for Mating' in *The American Naturalist* (2010), pp. 33-9
7. Khamsi, 'Male Antelopes Play Hard to Get'
8. Richard Dawkins, *The Selfish Gene* (Oxford University Press, 2nd edn, 1989; 1st edn, 1976)
9. Jakob Bro-Jørgensen, 'Reversed Sexual Conflict in a Promiscuous Ante-lope' in *Current Biology*, 17 (2007), pp. 2157-61
10. ibid.
11. 'Male Topi Antelope's Sex Burden', BBC News, 28 Nov. 2007, http://news.bbc.co.uk/1/mobile/sci/tech/7117498.stm
12. Diane M. Doran-Sheehy, David Fernandez and Carola Borries, 'The Strategic Use of Sex in Wild Female Western Gorillas' in *American Journal of Primatology*, 71 (2009), pp. 1011-20
13. Tara S. Stoinski, Bonne M. Perdue and Angela M. Legg, 'Sexual Behavior in Female Western Lowland Gorillas (*Gorilla gorilla gorilla*): Evidence for Sexual Competition' in *American Journal of Primatology*, 71 (2009), pp. 587-93
14. Darwin, *The Descent of Man* (1871)
15. Paula Stockley and Jakob Bro-Jørgensen, 'Female Competition and its Evolutionary Consequences in Mammals' in *Biological Review*, 86 (2011), pp. 341-66
16. K. A. Hobson and S. G. Sealy, 'Female Song in the Yellow Warbler' in *Condor*, 92 (1990), pp. 259-61; and Rachel Mundy, *Animal Musicalities: Birds, Beasts, and Evolutionary Listening* (Wesleyan University Press, 2018), p. 38
17. Clive K. Catchpole and Peter J. B. Slater, *Bird Song: Biological Themes and Variations* (Cambridge University Press, 2005)
18. Karan J. Odom, Michelle L. Hall, Katharina Riebel, Kevin E. Omland and Naomi E. Lang-more, 'Female Song is Widespread and Ancestral in Songbirds' in *Nature Communications*, 5 (2014), p. 3379
19. Oliver L. Austen, 'Passeriform', Britannica, https://www.britannica.com/animal/passeriform
20. Naomi Langmore, 'Quick Guide to Female Birdsong' *Current Biology*, 30 (2020), pp. R783-801
21. Keiren McLeonard, 'Aussie Birds Prove Darwin Wrong', ABC, 5 March 2014, https://www.abc.net.au/radionational/programs/archived/bushtelegraph/female-birds-hit-the-high-notes/5298150
22. Carl H. Oliveros et al., 'Earth History and the Passerine Superradia-tion' in *PNAS*, 116: 16 (2019), pp. 7916-25
23. Odom, Hall, Riebel, Omland and Langmore, 'Female Song is Widespread and Ancestral in Songbirds'
24. Hobson and Sealy, 'Female Song in the Yellow Warbler'
25. Mary Jane West-Eberhard, 'Sexual Selection, Social Competition, and Evolution' in

41. she loses up to 40 per cent of her body weight: M. A. Fedak and S. S. Anderson, 'The Energetics of Lactation: Accurate Measure-ments from a Large Wild Mammal, the Grey Seal (*Halichoerus grypus*)' in *Journal of Zoology*, 198: 2 (1982), pp. 473-9
42. Kelly J. Robinson, Sean D. Twiss, Neil Hazon and Patrick P. Pomeroy, 'Maternal Oxytocin Is Linked to Close Mother-Infant Proximity in Grey Seals (*Halichoerus grypus*)' in *PLoS One*, 10: 12 (2015), pp. 1-17
43. ibid.
44. Kelly J. Robinson, Neil Hazon, Sean D. Twiss, Patrick P. Pomeroy, 'High Oxytocin Infants Gain More Mass with No Additional Maternal Energetic Costs in Wild Grey Seals (*Halichoerus grypus*)' in *Psychoneuroendocrinology*, 110 (2019)
45. James K. Rilling and Larry J. Young, 'The Biology of Mammalian Parenting and its Effect on Offspring Social Development' in *Science*, 345: 6198 (2014), pp. 771-6
46. Allison M. Perkeybile, C. Sue Carter, Kelly L. Wroblewski, Meghan H. Puglia, William M. Kenkel, Travis S. Lillard, Themistoclis Karaoli, Simon G. Gregory, Niaz Mohammadi, Larissa Epstein, Karen L. Bales and Jessica J. Connell, 'Early Nurture Epigenetically Tunes the Oxytocin Receptor' in *Psychoneuroendocrinology*, 99 (2019), pp. 128-36
47. Lane Strathearn, Jian Li, Peter Fonagy and P. Read Montague, 'What's in a Smile-Maternal Brain Responses to Infant Facial Cues' in *Pediatrics*, 122: 1 (2008), pp. 40-51
48. Strathearn, Fonagy, Amico and Montague, 'Adult Attachment Predicts Maternal Brain and Oxytocin Response'
49. Hrdy, *Mother Nature*, p. 151
50. Teri J. Orr and Virginia Hayssen, *Reproduction in Mammals: The Female Perspective* (Johns Hopkins University Press, 2017)
51. Andrea L. Baden, Timothy H. Webster and Brenda J. Bradley, 'Genetic Relatedness Cannot Explain Social Prefer-ences in Black-and-white Ruffed Lemurs, *Varecia variegata*' in *Animal Behaviour*, 164 (2020), pp. 73-82
52. Hrdy, *Mother Nature*, p. 177
53. Charles Darwin, *The Descent of Man, and Selection in Relation to Sex* (reprinted Gale Research, 1974; first published 1874), p. 778
54. 'The Evolution of Motherhood', *Nova*, 26 Oct. 2009, https://www.pbs.org/wgbh/nova/article/evolution-motherhood/
55. Darwin, *The Descent of Man* (John Murray, 2nd edn, 1879; republished by Penguin Classics, 2004), p. 629

第７章　ビッチ対ビッチ――女の争い

1. Charles Darwin, *The Descent of Man, and Selection in Relation to Sex* (John Murray, 2nd edn, 1879; repub-lished by Penguin Classics, 2004), pp. 561-75
2. ibid., p. 246
3. ibid., p. 561
4. ibid., p. 566
5. Roxanne Khamsi, 'Male Antelopes Play Hard to Get' in New Scientist, 29 Nov. 2007,

Cheney, 'The Benefits of Social Capital: Close Social Bonds Among Female Baboons Enhance Offspring Survival' in *Proceedings of the Royal Society B*, 276 (2009), pp. 3099-104

27. Jeanne Altmann, Glenn Hausfater and Stuart A. Altmann, 'Determinants of Reproductive Success in Savannah Baboons, *Papio cynocephalus*' in *Reproductive Success: Studies of Individual Variation in Contrasting Breeding Systems*, ed. by Tim H. Clutton-Brock (University of Chicago Press, 1988), pp. 403-18
28. J. L. Tella, 'Sex Ratio Theory in Conservation Biology' in *Ecology and Evolution* (2001), pp. 76-7
29. Katherine Hinde, 'Richer Milk for Sons But More Milk for Daughters: Sex-biased Investment during Lactation Varies with Maternal Life History in Rhesus Macaques' in *American Journal of Human Biology*, 21: 4 (2009), pp. 512-19
30. Hrdy, *Mother Nature*, p. 330
31. Eila K. Roberts, Amy Lu, Thore J. Bergman and Jacinta C. Beehner, 'A Bruce Effect in Wild Geladas' in *Science*, 335: 6073 (2012), pp. 1222-5
32. Hrdy, *Mother Nature*, p. 129
33. Martin Surbeck, Christophe Boesch, Catherine Crockford, Melissa Emery Thompson, Takeshi Furuichi, Barbara Fruth, Gottfried Hohmann, Shintaro Ishizuka, Zarin Machanda, Martin N. Muller, Anne Pusey, Tetsuya Sakamaki, Nahoko Tokuyama, Kara Walker, Richard Wrangham, Emily Wroblewski, Klaus Zuberbuhler, Linda Vigilant and Kevin Langergraber, 'Males with a Mother Living in their Group Have Higher Paternity Success in Bonobos But Not Chimpanzees' in *Current Biology*, 29: 10 (2019), pp. 341-57
34. Hrdy, *Mother Nature*, p. 83
35. S. Smout, R. King and P. Pomeroy, 'Environment-sensitive Mass Changes Influence Breeding Frequency in a Capital Breeding Marine Top Predator' in *Journal of Animal Ecology*, 88: 2 (2019), pp. 384-96
36. Timur Kouliev and Victoria Cui, 'Treatment and Pre-vention of Infection Following Bites of the Antarctic Fur Seal (*Arctocephalus gazella*)' in *Open Access Emergency Medicine* (2015), pp. 17-20
37. C. Crockford, R. M. Wittig, K. Langergraber, T. E. Ziegler, K. Zuberbühler and T. Deschner, 'Urinary Oxytocin and Social Bonding in Related and Unrelated Wild Chimpanzees' in *Proceedings of the Royal Society B*, 280: 1755 (2013)
38. Miho Nagasawa, Shohei Mitsui, Shiori En, Nobuyo Ohtani, Mitsuaki Ohta, Yasuo Sakuma, Tatsushi Onaka, Kazutaka Mogi and Takefumi Kikusui, 'Oxytocin-gaze Positive Loop and the Coevolution of Human- Dog Bonds' in *Science*, 348 (2015), pp. 333-6
39. Lane Strathearn, Peter Fonagy, Janet Amico and P. Read Montague, 'Adult Attachment Predicts Maternal Brain and Oxytocin Response to Infant Cues' in *Neuropsychopharmacology*, 34 (2009), pp. 2655-66
40. Jennifer Hahn-Holbrook, Julianne Holt-Lunstad, Colin Holbrook, Sarah M. Coyne and E. Thomas Lawson, 'Maternal Defense: Breast Feeding Increases Aggression by Reducing Stress' in *Psychological Science*, 22: 10 (2011), pp. 1288-95

'Lactation in Male Fruit Bats' in *Nature* (1994), pp. 691-2
6. Hosken and Kunz, 'Male Lactation'
7. Camilla M. Whittington, Oliver W. Griffith, Weihong Qi, Michael B. Thompson and Anthony B. Wilson, 'Seahorse Brood Pouch Transcriptome Reveals Common Genes Associated with Vertebrate Pregnancy' in *Molecular Biology and Evolution*, 32: 12 (2015), pp. 3114-31
8. Eva K. Fischer, Alexandre B. Roland, Nora A. Moskowitz, Elicio E. Tapia, Kyle Summers, Luis A. Coloma and Lauren A. O'Connell, 'The Neural Basis of Tadpole Transport in Poison Frogs' in *Proceedings of the Royal Society B*, 286 (2019)
9. Z. Wu, A. E. Autry, J. F. Bergan, M. Watabe-Uchida and Catherine G. Dulac, 'Galanin Neurons in the Medial Preoptic Area Govern Parental Behaviour' in *Nature*, 509 (2014), pp. 325-30
10. Sarah Blaffer Hrdy, *Mother Nature* (Ballantine Books, 1999), p. 27
11. Margo Wilson and Martin Daly, *Sex, Evolution and Behaviour* (Thompson/Duxbury Press, 1978)
12. Jeanne Altmann, 'Observational Study of Behaviour: Sampling Methods' in *Behaviour*, 4 (1974), pp. 227-67
13. Interview with Dr Rebecca Lewis, anthropology professor, Uni-versity of Texas at Austin, March 2016
14. Hrdy, *Mother Nature*, p. 46
15. Jeanne Altmann, *Baboon Mothers and Infants* (Harvard University Press, 1980), p. 6
16. ibid., pp. 208-9
17. Hrdy, *Mother Nature*, p. 155
18. Robert L. Trivers, 'Parent-Offspring Conflict' in American *Zoology*, 14 (1974), pp. 249-64
19. Hrdy, *Mother Nature*, p. 334
20. Joan B. Silk, Susan C. Alberts and Jeanne Altmann, 'Social Bonds of Female Baboons Enhance Infant Survival' in *Science*, 302 (2003), pp. 1231-4
21. Dario Maestripieri, 'What Cortisol Can Tell Us About the Costs of Sociality and Reproduction Among Free-ranging Rhesus Macaque Females on Cayo Santiago' in *American Journal of Primatology*, 78 (2016), pp. 92-105
22. Linda Brent, Tina Koban and Stephanie Ramirez, 'Abnormal, Abusive, and Stress-related Behaviours in Baboon Mothers' in *Society of Biological Psychiatry*, 52: 11 (2002), pp. 1047-56
23. Dario Maestripieri, 'Par-enting Styles of Abusive Mothers in Group-living Rhesus Macaques' in *Animal Behaviour,* 55: 1 (1998), pp. 1-11
24. Maestripieri, 'Early Experience Affects the Intergenerational Transmission of Infant Abuse in Rhesus Monkeys' in *PNAS*, 102: 27 (2005), pp. 9726-9
25. Silk, Alberts and Altmann, 'Social Bonds of Female Baboons Enhance Infant Survival'
26. Joan B. Silk, Jacinta C. Beehner, Thore J. Bergman, Catherine Crockford, Anne L. Engh, Liza R. Moscovice, Roman M. Wittig, Robert M. Seyfarth and Dorothy L.

37. O'Connell, Sanjeevan and Hutson, 'Anatomy of the Clitoris'
38. M. M. Mortazavi, N. Adeeb, B. Latif, K. Watanabe, A. Deep, C. J. Griessenauer, R. S. Tubbs and T. Fukushima, 'Gabriele Falloppio (1523-1562) and His Contributions to the Development of Medicine and Anatomy' in *Child's Nervous System* (2013) pp. 877-80
39. Çağatay Öncel, 'One of the Great Pioneers of Anatomy: Gabriele Falloppio (1523-1562)' in *Bezalel Science*, 123 (2016)
40. 'Gabriele Falloppio', Whonamedit? A Dictionary of Medical Eponyms, http://www.whonamedit.com/ doctor.cfm/2288.html
41. Helen O'Connell, 'Anatomical Relationship Between Urethra and Clitoris' in *Journal of Urology*, 159: 6 (1998), pp. 1892-7
42. Nadia S. Sloan and Leigh W. Simmons, 'The Evolution of Female Genitalia' in *Journal of Evolutionary Biology* (2019), pp. 1-18
43. Eberhard, *Female Control*
44. Victor Poza Moreno, 'Stimulation During Insemination: The Danish Perspective', Pig333.com Professional Pig Community, 15 Sept. 2011, https://www.pig333.com/articles/stimulation-during-insemination-the-danish-perspective_4812/
45. Teri J. Orr and Virginia Hayssen, *Reproduc-tion in Mammals: The Female Perspective* (Johns Hopkins University Press, 2017)
46. David A. Puts, Khytam Dawood and Lisa L. M. Welling, 'Why Women Have Orgasms: An Evolutionary Analysis' in *Archives of Sexual Behaviour*, 41: 5 (2012), pp. 1127-43
47. Monica Carosi and Alfonso Troisi, 'Female Orgasm Rate Increases With Male Dom-inance in Japanese Macaques' in *Animal Behaviour* (1998), pp. 1261-6
48. Puts, Dawood and Welling, 'Why Women Have Orgasms'
49. Orr and Hays-sen, *Reproduction in Mammals*, p. 115
50. Emily Martin, 'The Egg and the Sperm: How Science Has Constructed a Romance Based on Stereotypical Male-Female Roles' in *Signs* (University of Chicago Press), 16: 3 (1991), pp. 485-501
51. John L. Fitzpatrick, Charlotte Willis, Alessandro Devigili, Amy Young, Michael Carroll, Helen R. Hunter and Daniel R. Brison, 'Chemical Signals from Eggs Facilitate Cryptic Female Choice in Humans' in *Proceedings of the Royal Society B*, 287: 1928 (2020)

## 第6章　ノーモア・マドンナ――無私の母親、空想の動物たち

1. Charles Darwin, *The Descent of Man, and Selection in Relation to Sex* (John Murray, 2nd edn, 1879; republished by Penguin Classics, 2004), p. 629
2. Adam Davis, 'Aotus nigriceps Black-headed Night Monkey', Animal Diversity Web (University of Michigan), https://animaldiversity.org/accounts/ Aotus_nigriceps/
3. David J. Hosken and Thomas H. Kunz, 'Male Lactation: Why, Why Not and Is It Care?' in *Trends in Ecology & Evolution*, 24: 2 (2008), pp. 80-5
4. John Maynard Smith, *The Evolution of Sex* (Cambridge University Press, 1978)
5. C. M. Francis, Edythe L. P. Anthony, Jennifer A. Brunton, Thomas H. Kunz,

18. Patricia L. R. Brennan, 'Genital Evolution: Cock-a-Doodle-Don't' in *Current Biology*, 23: 12 (2013), pp. 523-5
19. Gowaty, 'Forced or Aggressively Coerced Copulation', pp. 759-63
20. Prum, *The Evolution of Beauty*, pp. 179-81
21. Ah-King, Barron and Herberstein, 'Genital Evolution: Why Are Females Still Understudied?'
22. Yoshitaka Kamimura and Yoh Matsuo, 'A "Spare" Compensates for the Risk of Destruction of the Elongated Penis of Earwigs (Insecta: Dermaptera)' in *Naturwissenschaften* (2001), pp. 468-71
23. 'Last-male Paternity of *Euborellia plebeja,* an Earwig with Elongated Genitalia and Sperm-removal Behaviour' in *Journal of Ethology* (2005), pp. 35-41
24. Yoshitaka Kamimura, 'Promiscuity and Elongated Sperm Storage Organs Work Coop-eratively as a Cryptic Female Choice Mechanism in an Earwig' in *Animal Behaviour*, 85 (2013), pp. 377-83
25. William G. Eberhard, 'Inadvertent Machismo-' in *Trends in Ecology & Evolution*, 5: 8 (1990) p. 263
26. Marlene Zuk, *Sexual Selections: What We Can and Can't Learn about Sex from Animals* (University of California Press, 2002), p. 82
27. William G. Eberhard, *Female Control: Sexual Selection by Cryptic Female Choice* (Princeton University Press, 1996)
28. Patricia L. R. Brennan, 'Studying Genital Coevolution to Understand Intromittent Organ Morphology' in *Integrative and Comparative Biology*, 56: 4 (2016), pp. 669-81
29. Takeshi Furuichi, Richard Connor and Chie Hashimoto, 'Non-conceptive Sexual Interactions in Monkeys, Apes and Dolphins' in *Primates and Cetaceans: Field Research and Conservation of Complex Mammalian Societies*, ed. by Leszek Karczmarski and Juichi Yamagiwa (Springer, 2014), p. 390
30. 'Sexually Frustrated Dolphin Named Zafar Sexually Terrorizes Tourists on a French Beach' (*Telegraph*, 27 August 2018), https://www.telegraph.co.uk/news/2018/08/27/swimming-banned-french-beach-sexually-frustrated-dolphin-named/
31. Dara N. Orbach, Diane A. Kelly, Mauricio Solano and Patricia L. R. Brennan, 'Genital Interactions During Simulated Copulation Among Marine Mammals' in *Proceedings of the Royal Society B*, 284: 1864 (2017)
32. Séverine D. Buechel, Isobel Booksmythe, Alexander Kotrschal, Michael D. Jennions and Niclas Kolm, 'Artificial Selection on Male Genitalia Length Alters Female Brain Size' in *Proceedings of the Royal Society B*, 283: 1843 (2016)
33. Patricia L. R. Brennan and Dara N. Orbach, 'Functional Morphology of the Dolphin Clitoris' in *The FASEB journal*, 3: S1 (2019), p. 10.4
34. Helen E. O'Connell, Kalavampara V. Sanjeevan and John M. Hutson, 'Anatomy of the Clitoris' in *Journal of Urology*, 174: 4 (2005), p. 1189
35. Schilthuizen, *Nature's Nether Regions*, p. 74
36. Adele E. Clarke and Lisa Jean Moore, 'Clitoral Conventions and Transgressions: Graphic Representations in Anatomy Texts' in *Feminist Studies*, 21: 2 (1995), p. 271

Benefit from Sexual Cannibalism Facilitated by Self-sacrifice' in *Current Biology,* 26 (2016), pp. 1-6
34. Liam R. Dougherty, Emily R. Burdfield-Steel and David M. Shuker, 'Sexual Stereotypes: the Case of Sexual Cannibalism' in *Animal Behaviour* (2013), pp. 313-22

### 第５章　愛の嵐——生殖器をめぐる戦い

1. Carl G. Hartman, *Possums* (University of Texas at Austin, 1952), p. 84
2. William John Krause, *The Opossum: Its Amazing Story* (Department of Pathology and Anatomical Sciences, School of Medicine, University of Missouri, 2005)
3. William G. Eberhard, 'Postcopulatory Sexual Selection: Darwin's Omission and its Consequences', *PNAS*, 6 (2009), pp. 10025-32
4. Menno Schilthuizen, *Nature's Nether Regions* (Viking, 2014), p. 5
5. Eberhard, 'Postcopulatory Sexual Selection'
6. J. K. Waage, 'Dual Function of the Damselfly Penis: Sperm Removal and Transfer' in *Science*, 203 (1979), pp. 916-18
7. Gordon G. Gallup Jr., Rebecca L. Burch, Mary L. Zappieri, Rizwan A. Parvez, Malinda L. Stockwell and Jennifer A. Davis, 'The Human Penis as a Semen Displacement Device' in *Evolution and Human Behaviour*, 24: 4 (July 2003), pp. 277-89
8. William G. Eberhard, 'Rapid Diver-gent Evolution of Genitalia' in *The Evolution of Primary Sexual Characters in Animals*, ed. by Alex Córdoba-Aguilar and Janet L. Leonard (Oxford University Press, 2010), pp. 40-78; and Paula Stockley and David J. Hosken, 'Sexual Selection and Genital Evolution' in *Trends in Ecology & Evolution*, 19: 2 (2014), pp. 87-93
9. Malin Ah-King, Andrew B. Barron and Marie E. Herberstein, 'Genital Evolution: Why Are Females Still Understudied?' in *PLoS Biology*, 12: 5 (2014), pp. 1-7
10. Richard O. Prum, *The Evolution of Beauty* (Anchor Books, 2017), p. 162
11. Kevin G. McCracken, Robert E. Wilson, Pamela J. McCracken and Kevin P. Johnson, 'Are Ducks Impressed by Drakes' Display?' in *Nature*, 413: 128 (2001)
12. Patricia L. R. Brennan, Christopher J. Clark and Richard O. Prum, 'Explosive Eversion and Functional Morphology of Waterfowl Penis Supports Sexual Conflict in Genitalia' in *Proceedings of the Royal Society B* (2010), pp. 1309-14
13. McCracken, Wilson, McCracken and Johnson, 'Are Ducks Impressed by Drakes' Display?'
14. Craig Palmer and Randy Thornhill, *A Natural History of Rape: Biological Bases of Coercion* (MIT Press, 2000)
15. Patricia Adair Gowaty, 'Forced or Aggressively Coerced Copulation' in *Encyclopedia of Animal Behaviour* (Elsevier, 2010), p. 760
16. Brennan, Clark and Prum, 'Explosive Eversion and Functional Morphology'
17. Patricia L. R. Brennan, Richard O. Prum, Kevin G. McCracken, Michael D. Sorenson, Robert E. Wilson and Tim R. Birkhead, 'Coevolution of Male and Female Genital Morphology in Waterfowl' in *PLoS One*, 2: 5 (2007)

19. Robert R. Jackson and Simon D. Pollard, 'Jumping Spider Mating Strategies: Sex Among the Cannibals in and out of Webs' in *The Evolution of Mating Systems in Insects and Arachnids*, ed. by Jae C. Choe and Bernard J. Crespi (Cambridge University Press, 1997), pp. 340-51
20. Madeline B. Girard, Damian O. Elias and Michael M. Kasumovic, 'Female Preference for Multi-modal Courtship: Multiple Signals are Important for Male Mating Success in Peacock Spiders' in *Proceedings of the Royal Society B*, 282 (2015); and Damian O. Elias, Andrew C. Mason, Wayne P. Maddison and Ronald R. Hoy, 'Seismic Signals in a Courting Male Jumping Spider (Araneae: Salticidae)' in *Journal of Experimental Biology* (2003), pp. 4029-39
21. Damian O. Elias, Wayne P. Maddison, Christina Peckmezian, Madeline B. Girard, Andrew C. Mason, 'Orchestrating the Score: Complex Multimodal Courtship in the *Habronattus coecatus* Group of *Habronattus* Jumping Spiders (Araneae: Salticidae)' in *Biological Journal of the Linnean Society*, 105: 3 (2012), pp. 522-47
22. Jackson and Pollard, 'Jumping Spider Mating Strategies: Sex Among Cannibals in and out of Webs'; and David L. Clark and George W. Uetz, 'Morph-independent Mate Selection in a Dimorphic Jumping Spider: Demonstration of Movement Bias in Female Choice Using Video-controlled Courtship Behaviour' in *Animal Behaviour*, 43: 2 (1992), pp. 247-54
23. Marie E. Herberstein, Anne E. Wignall, Eileen A. Hebets and Jutta M. Schneider, 'Dangerous Mating Systems: Signal Complexity, Signal Content and Neural Capacity in Spiders' in *Neuroscience & Biobehavioral Reviews*, 46: 4 (2014), pp. 509-18
24. M. Salomon, E. D. Aflalo, M. Coll and Y. Lubin, 'Dramatic Histological Changes Preceding Suicidal Maternal Care in the Subsocial Spider *Stegodyphus lineatus* (Araneae: Eresidae)' in *Journal of Arachnology*, 43: 1 (2015), pp. 77-85
25. Darwin, *The Descent of Man*, p. 315
26. Gustavo Hormiga, Nikolaj Scharff and Jonathan A. Coddington, 'The Phylogenetic Basis of Sexual Size Dimorphism in Orb-weaving Spiders (Araneae, Orbiculariae)' in *Systematic Biology*, 49: 3 (2000), pp. 435-62
27. 'Spider Bites Australian Man on Penis Again', BBC News, 28 Sept. 2016, https://www.bbc.co.uk/news/world-australia-37481251
28. L. M. Foster, 'The Stereotyped Behaviour of Sexual Cannibalism in *Latrodectus-Hasselti Thorell* (Araneae, Theridiidae), the Australian Redback Spider' in *Australian Journal of Zoology*, 40 (1992), pp. 1-11
29. ibid.
30. ibid.
31. Maydianne C. B. Andrade, 'Sexual Selection for Male Sacrifice in the Australian Redback Spider' in *Science*, 271 (1996), pp. 70-72
32. Jutta M. Schneider, Lutz Fromhage and Gabriele Uhl, 'Fitness Consequences of Sexual Cannibalism in Female *Argiope bruennichi*' in *Behavioral Ecology and Sociobiology*, 55 (2003), pp. 60-64
33. Steven K. Schwartz, William E. Wagner, Jr. and Eileen A. Hebets, 'Males Can

## 第4章　恋人を食べる50の方法――性的共食いという難問


1. Matjaž Kuntner, Shichang Zhang, Matjaž Gregorič and Daiqin Li, 'Nephila Female Gigantism Attained Through Post-maturity Molting' in *Journal of Arachnology*, 40 (2012), pp. 345-7
2. Charles Darwin, *The Descent of Man* (John Murray, 2nd edn, 1879; republished by Penguin Classics, 2004), pp. 314-15
3. ibid.
4. Bernhard A. Huber, 'Spider Reproductive Behaviour: A Review of Ger-hardt's Work from 1911-1933, With Implications for Sexual Selection' in *Bulletin of the British Arachnological Society*, 11: 3 (1998), pp. 81-91
5. Göran Arnqvist and Locke Rowe, *Sexual Conflict* (Princeton University Press, 2005)
6. Lutz Fromhage and Jutta M. Schneider, 'Safer Sex with Feeding Females: Sexual Conflict in a Cannibalistic Spider' in *Behavioral Ecology*, 16: 2 (2004), pp. 377-82
7. Luciana Baruffaldi, Maydianne C. B. Andrade, 'Contact Pheromones Mediate Male Preference in Black Widow Spiders: Avoidance of Hungry Sexual Cannibals?' in *Animal Behaviour*, 102 (2015), pp. 25-32
8. Alissa G. Anderson and Eileen A. Hebets, 'Benefits of Size Dimorphism and Copulatory Silk Wrapping in the Sexually Cannibalistic Nursery Web Spider, *Pisaurina mira*' in *Biology Letters*, 12 (2016)
9. Matjaž Gregorič, Klavdija Šuen, Ren-Chung Cheng, Simona Kralj-Fišer and Matjaž Kuntner, 'Spider Behaviors Include Oral Sexual Encounters' in *Scientific Reports*, 6 (Nature, 2016)
10. Matthew H. Persons, 'Field Obser-vations of Simultaneous Double Mating in the Wolf Spider *Rabidosa punctulata* (Araneae: Lycosidae)' in *Journal of Arachnology*, 45: 2 (2017), pp. 231-4
11. Daiqin Li, Joelyn Oh, Simona Kralj-Fišer and Matjaž Kuntner, 'Remote Copulation: Male Adaptation to Female Cannibalism' in *Biology Letters* (2012), pp. 512-15
12. 97 per cent male survival: Gabriele Uhl, Stefanie M. Zimmer, Dirk Renner and Jutta M. Schneider, 'Exploiting a Moment of Weakness: Male Spiders Escape Sexual Cannibalism by Copulating with Moulting Females' in *Scientific Reports* (Nature, 2015)
13. John Alcock, 'Science and Nature: Misbehavior', Boston Review, 1 April 2000, http://bostonreview.net/books-ideas/john-alcock-misbehavior
14. Stephen Jay Gould, 'Only His Wings Remained' in *The Flamingo's Smile: Reflections in Natural History* (W. W. Norton & Company, 1985), p. 51
15. ibid., p. 53
16. 'Life History', Fen Raft Spider Conservation [accessed 28 Jan. 2021], https://dolomedes. org.uk/index.php/biology/life_history
17. Shichang Zhang, Matjaž Kuntner and Daiqin Li, 'Mate Binding: Male Adaptation to Sexual Conflict in the Golden Orb-web Spider (Nephilidae: *Nephila pilipes*)' in *Animal Behaviour* 82: 6 (2011), pp. 1299-304
18. Jurgen Otto, 'Peacock Spider 7 (*Maratus speciosus*)', YouTube, 2013, https://www.you-tube.com/watch-v=d_yYC5r8xMI

Mated Female Crickets?' in *Journal of Experimental Biology* (Sept. 2015)
65. Tang-Martínez, 'Rethink-ing Bateman's Principles'
66. Nina Wedell, Matthew J. G. Gage and Geoffrey Parker, 'Sperm Competition, Male Prudence and Sperm-limited Females' in *Trends in Ecology and Evolution* (2002), pp. 313-20
67. Cordelia Fine, *Testosterone Rex* (W. W. Norton and Co., 2017), p. 41
68. Tang-Martínez, 'Rethinking Bateman's Principles'
69. Patricia Adair Gowaty, Rebecca Steinichen and Wyatt W. Anderson, 'Indiscriminate Females and Choosy Males: Within- and Between- Species Variation in *Drosophila' in Evolution*, 57: 9 (2003), pp. 2037-45
70. Birkhead, *Promiscuity*, pp. 197-8
71. Tang-Martínez, 'Rethinking Bateman's Principles'
72. Patricia Adair Gowaty and Brian F. Snyder, 'A Reappraisal of Bateman's Classic Study of Intrasexual Selection' in *Evolution* (The Society for the Study of Evolution), 61: 11 (2007), pp. 2457-68
73. Patricia Adair Gowaty, 'Bio-logical Essentialism, Gender, True Belief, Confirmation Biases, and Skepticism' in *Handbook of the Psychology of Women: Vol. 1. History, Theory, and Battlegrounds* (2018), ed. by C. B. Travis and J. W. White, pp. 145-64
74. Gowaty and Snyder, 'A Reap-praisal of Bateman's Classic Study'
75. Patricia Adair Gowaty, Yong-Kyu Kim and Wyatt W. Anderson, 'No Evidence of Sexual Selection in a Repetition of Bateman's Classic Study of Drosophila melanogaster' in *PNAS*, 109 (2012), pp. 11740-5 and Thierry Hoquet, William C. Bridges, Patricia Adair Gowaty, 'Bateman's Data: Inconsistent with "Bateman's Principles"', *Ecology and Evolution*, 10: 19 (2020)
76. Robert Trivers, 'Parental Investment and Sexual Selec-tion' in *Sexual Selection and the Descent of Man*, ed. by Bernard Campbell (Aldine-Atherton, 1972), p. 54
77. Tim Birkhead, 'How Stupid Not to Have Thought of That: Post-copulatory Sexual Selection' in *Journal of Zoology*, 281 (2010), pp. 78-93
78. Malin Ah-King and Patricia Adair Gowaty, 'A Conceptual Review of Mate Choice: Stochastic Demography, Within-sex Phenotypic Plasticity, and Individual Flexibility' in *Ecology and Evolution*, 6: 14 (2016), pp. 4607-42
79. Tang-Martínez, 'Rethinking Bateman's Principles'
80. ibid.
81. Lukas Schärer, Locke Rowe and Göran Arnqvist, 'Anisogamy, Chance and the Evolution of Sex Roles' in *Trends in Ecology & Evolution*, 5 (2012), pp. 260-4
82. Angela Saini, *Inferior* (Fourth Estate, 2017)
83. interview with a professor of evolutionary biology at Oxford University, conducted by Jenny Easley for the book, June 2020
84. Patricia Adair Gowaty, 'Adaptively Flexible Polyandry' in *Animal Behaviour*, 86 (2013), pp. 877-84
85. Tang-Martínez, 'Rethinking Bateman's Principles' Chapter Four: Fifty ways to eat your lover

42. Alan F. Dixson, *Primate Sexual-ity: Comparative Studies of the Prosimians, Monkeys, Apes, and Humans* (Oxford University Press, 2012), p. 179
43. Phillip Hershkovitz, *Living New World Monkeys* (Chicago University Press, 1977), p. 769
44. Suzanne Chevalier-Skolnikoff, 'Male-Female, Female-Female, and Male-Male Sexual Behavior in the Stumptail Monkey, with Special Attention to the Female Orgasm' in *Archives of Sexual Behaviour*, 3 (1974), pp. 95-106
45. Frances Burton, 'Sexual Climax in Female *Macaca Mulatta*' in *Proceedings of the Third International Congress of Primatologists* (1971), pp. 180-91
46. Donald Symons, *The Evolution of Human Sexuality* (Oxford University Press, 1979), p. 86
47. Hrdy, *The Woman That Never Evolved*, p. 167
48. Sarah Blaffer Hrdy, 'Male-Male Competition and Infanticide Among the Langurs of Abu Rajesthan' in *Folia Primatologica*, 22 (1974), pp. 19-58
49. Claudia Glenn Dowling, 'Maternal Instincts: From Infidelity to Infanticide', *Discover*, 1 March 2003, https://www.discovermagazine.com/health/maternal-instincts-from-infidelity-to-infanticide
50. Joseph Soltis, 'Do Primate Females Gain Nonprocreative Benefits by Mating with Multiple Males? Theoretical and Empirical Considerations' in *Evolutionary Anthropology*, 11 (2002), pp. 187-97
51. Hrdy, 'Male-male Competition and Infanticide'
52. Sarah Blaffer Hrdy, 'The Optimal Number of Fathers: Evolution, Demography, and History in the Shaping of Female Mate Preferences' in *Annals of the New York Academy of Sciences* (2000), pp. 75-96
53. ibid.
54. Sarah Blaffer Hrdy, 'The Evolution of the Meaning of Sexual Intercourse', presented at Sapienza University of Rome, 19-21 Oct. 1992, sponsored by the Ford Foundation and the Italian Government
55. Hrdy, 'The Optimal Number of Fathers'
56. Hrdy, 'The Evolution of the Meaning of Sexual Intercourse'
57. Marlene Zuk, *Sexual Selections*, p. 80
58. G. J. Kenagy and Stephen C. Trombulak, 'Size and Function of Mammalian Testes in Rela-tion to Body Size' in *Journal of Mammology*, 67: 1 (1986), pp. 1-22
59. Birkhead, *Promiscuity*, p. 81
60. A. H. Harcourt, P. H. Harvey, S. G. Larson and R. V. Short, 'Testis Weight, Body Weight and Breeding System in Primates' in *Nature*, 293 (1981), pp. 55-7
61. Zuleyma Tang-Martinez, 'Repetition of Bateman Challenges the Paradigm' in *PNAS* (2012), pp. 11476-7
62. Bateman, 'Intra-sexual Selection in *Drosophila*', p. 364
63. Donald Dewsbury, 'Ejaculate Cost and Male Choice' in *The American Naturalist*, 119 (1982), pp. 601-10
64. Amy M. Worthington, Russell A. Jurenka and Clint D. Kelly, 'Mating for Male-derived Prostaglandin: A Functional Explanation for the Increased Fecundity of

16. Olin E. Bray, James J. Kennelly and Joseph L. Guarino, 'Fertility of Eggs Produced on Territories of Vasectomized Red-Winged Blackbirds' in *The Wilson Bulletin*, 87: 2 (1975), pp. 187-95
17. David Lack, *Ecological Adaptations for Breeding in Birds* (Methuen, 1968)
18. Marlene Zuk, *Sexual Selections: What We Can and Can't Learn about Sex from Animals* (University of California Press, 2002), p. 64
19. Reverend F. O. Morris, *A History of Birds* (1856)
20. Nicholas B. Davies, *Dunnock Behaviour and Social Evolution* (Oxford University Press, 1992)
21. Marlene Zuk and Leigh Simmons, *Sexual Selection: A Very Short Introduction* (Oxford University Press, 2018), p. 29
22. Tim Birkhead, *Promiscuity* (Faber, 2000), p. 40
23. Zuleyma Tang-Martínez and T. Brandt Ryder, 'The Problem with Paradigms: Bateman's Worldview as a Case Study' in *Integrative and Comparative Biology*, 45: 5 (2005), pp. 821-30
24. Tim Birkhead and J. D. Biggins, 'Reproductive Synchrony and Extra-pair Copulation in Birds' in *Ethology*, 74 (1986), pp. 320-34
25. Susan M. Smith, 'Extra-pair Copulations in Black-capped Chickadees: The Role of the Female' in *Behaviour*, 107: 1/2 (1988), pp. 15-23
26. eventually published in 1997: Diane L. Neudorf, Bridget J. M. Stutchbury and Walter H. Piper, 'Covert Extraterritorial Behavior of Female Hooded Warblers' in *Behavioural Ecology*, 8: 6 (1997), pp. 595-600
27. Marion Petrie and Bart Kempenaers, 'Extra-pair Paternity in Birds: Explaining Variation Between Species and Populations' in *Trends in Ecology & Evolution*, 13: 2 (1998), p. 52
28. Zuk and Simmons, *Sexual Selection*, p. 32
29. Tang-Martínez and Brandt Ryder, 'The Problem with Paradigms'
30. Birkhead, *Promiscuity*, p. ix
31. Hrdy, 'Empathy, Polyandry, and the Myth of the Coy Female'
32. ibid.
33. Sarah Blaffer Hrdy, 'Myths, Monkeys and Motherhood' in *Leaders in Animal Behaviour*, ed. by Lee Drickamer and Donald Dewsbury (Cambridge University Press, 2010)
34. Phyllis Jay, 'The Female Primate' in *Potential of Women* (1963), pp. 3-7
35. ibid.
36. Hrdy, 'Empathy, Polyandry, and the Myth of the Coy Female'
37. ibid.
38. Sarah Blaffer Hrdy, *The Woman That Never Evolved* (Harvard University Press, 1981)
39. Hrdy, 'Empathy, Polyandry and the Myth of the Coy Female'
40. Desmond Morris, *The Naked Ape* (Jonathan Cape, 1967)
41. Caroline Tutin, *Sexual Behaviour and Mating Patterns in a Community of Wild Chim-panzees* (University of Edinburgh, 1975)

Sensory Exploitation)' in *Evolution*, 44 (1990), pp. 305-14
21. F. Helen Rodd, Kimberly A. Hughes, Gregory F. Grether and Colette T. Baril, 'A Possible Non-sexual Origin of Mate Preference: Are Male Guppies Mim-icking Fruit?' in *Proceedings of the Royal Society*, 269 (2002), pp. 475-81
22. Joah Robert Madden and Kate Tanner, 'Preferences for Coloured Bower Decorations Can Be Explained in a Nonsexual Context' in *Animal Behaviour,* 65: 6 (2003), pp. 1077-83
23. Michael J. Ryan, 'Darwin, Sexual Selection, and the Brain' in *PNAS*, 118: 8 (2021), pp. 1-8
24. Gil Rosenthal, *Mate Choice* (Princeton University Press, 2017), p. 6
25. Michael J. Ryan, 'Resolving the Problem of Sexual Beauty' in *A Most Interesting Problem*, ed. by Jeremy DeSilva (Princeton University Press, 2021)
26. Krista L. Bird, Cameron L. Aldridge, Jennifer E. Carpenter, Cynthia A. Paszkowski, Mark S. Boyce and David W. Coltman, 'The Secret Sex Lives of Sage-grouse: Multiple Paternity and Intraspecific Nest Parasitism Revealed through Genetic Analysis' in *Behavioral Ecology*, 24: 1 (2013) pp. 29-38

## 第３章　単婚神話――奔放な雌、キイロショウジョウバエ騒動

1. P. Dee Boersma and Emily M. Davies, 'Why Lionesses Copulate with More than One Male' in *The American Naturalist*, 123: 5 (1984), pp. 594-611
2. Sarah Blaffer Hrdy, 'Empathy, Polyandry, and the Myth of the Coy Female' in *Feminist Approaches to Science*, ed. by Ruth Bleier (Pergamon, 1986), p. 123
3. Richard Dawkins, *The Selfish Gene* (Oxford University Press, 2nd edn, 1989; 1st edn, 1976), p. 164
4. Aristotle, *The History of Animals, books VI-X* (350 BC), trans. and ed. by D. M. Balme (Harvard University Press, 1991)
5. Charles Darwin, *The Descent of Man, and Selection in Relation to Sex* (John Murray, 2nd edn, 1879; republished by Penguin Classics, 2004), p. 272
6. ibid., p. 256
7. ibid, p. 257
8. Zuleyma Tang-Martinez, 'Rethinking Bateman's Principles: Challenging Persistent Myths of Sexually Reluctant Females and Promiscuous Males' in *Journal of Sex Research* (2016), pp. 1-28
9. Darwin, *The Descent of Man*, p. 257
10. A. J. Bateman, 'Intra-sexual Selection in *Drosophila' in Heredity*, 2 (1948), pp. 349-68
11. ibid.
12. ibid.
13. Margo Wilson and Martin Daly, *Sex, Evolution and Behaviour* (Thompson/Duxbury Press, 1978)
14. Erika Lorraine Milam, 'Sci-ence of the Sexy Beast' in *Groovy Science*, ed. by David Kaiser and Patrick McCray (University of Chicago Press, 2016), p. 292
15. Craig Palmer and Randy Thornhill, *A Natural History of Rape* (MIT Press, 2000)

*Endocrinology*, 142 (1994), pp. 1-8

## 第2章　配偶者選択とは何か――謎解きはロボバードにお任せ

1. R. Bruce Horsfall, 'A Morning with the Sage-Grouse' in *Nature*, 20: 5 (1932), p. 205
2. John W. Scott, 'Mating Behaviour of the Sage-Grouse' in *The Auk* (American Ornithological Society), 59: 4 (1942), p. 487
3. Charles Darwin, letter to Asa Gray, 3 April 1860, Darwin Correspondence Project, https:// www.darwinproject.ac.uk/letter/DCP-LETT-2743.xml
4. Charles Darwin, *The Descent of Man, and Selection in Relation to Sex* (John Murray, 2nd edn, 1879; republished by Penguin Classics, 2004), p. 257
5. Charles Darwin, *The Descent of Man, and Selection in Relation to Sex* (1871), vol. 1, p. 422
6. G. F. Miller, 'How Mate Choice Shaped Human Nature: A Review of Sexual Selection and Human Evolution' in *Handbook of Evolutionary Pyschology: Ideas, Issues, and Applications*, ed. by C. Crawford and D. Krebs (1998), pp. 87-130
7. Darwin, *The Descent of Man* (1871), p. 92
8. Nicholas L. Ratterman and Adam G. Jones, 'Mate Choice and Sexual Selection: What Have We Learned Since Darwin-' in *PNAS*, 106: 1 (2009), pp. 1001-8
9. Alfred R. Wal-lace, *Darwinism* (Macmillan & Co., 1889), p. 293
10. ibid., p. viii
11. Richard O. Prum, *The Evolution of Beauty: How Darwin's Forgotten Theory of Mate Choice Shapes the Animal World Around Us* (Anchor Books, 2017)
12. ibid.
13. Thierry Hoquet (ed.), *Current Perspectives on Sexual Selection*: *What's Left After Darwin?* (Springer, 2015)
14 A. Mackenzie, J. D. Reynolds, V. J. Brown and W. J. Sutherland, 'Variation in Male Mating Success on Leks' in *The American Naturalist*, 145: 4 (1995)
15. Jacob Höglundi, John Atle Kålås and Peder Fiske, 'The Costs of Secondary Sexual Characters in the Lekking Great Snipe (*Gallinago media*)' in *Behavioral Ecology and Sociobiology*, 30: 5 (1992), pp. 309-15
16. Marc S. Dantz-ker, Grant B. Deane and Jack W. Bradbury, 'Directional Acoustic Radiation in the Strut Display of Male Sage Grouse *Centrocercus urophasianus*' in *Journal of Experimental Biology*, 202: 21 (1999), pp. 2893-909
17. J. Amlacher and L. A. Dugatkin, 'Preference for Older Over Younger Models During Mate-choice Copying in Young Guppies' in *Ethology Ecology & Evolution*, 17: 2 (2005), pp. 161-9
18. Jason Keagy, Jean-François Savard and Gerald Borgia, 'Male Satin Bowerbird Problem-solving Ability Predicts Mating Success' in *Animal Behaviour*, 78: 4 (2009), pp. 809-17
19. Alfred R. Wallace, 'Lessons from Nature, as Manifested in Mind and Matter' in *Academy*, 562 (1876)
20 Michael J. Ryan and A. Stanley Rand, 'The Sensory Basis of Sexual Selection for Complex Calls in the Túngara Frog, *Physalaemus pustulosus* (Sexual Selection for

31. Asato Kuroiwa, Yasuko Ishiguchi, Fumio Yamada, Abe Shintaro and Yoichi Matsuda, 'The Process of a Y-loss Event in an XO/XO Mammal, the Ryukyu Spiny Rat' in *Chromosoma*, 119 (2010), pp. 519-26; E. Mulugeta, E. Wassenaar, E. Sleddens-Linkels, W. F. J. van IJcken, E. Heard, J. A. Grootegoed, W. Just, J. Gribnau and W. M. Baarends, 'Genomes of Ellobius Species Provide Insight into the Evolutionary Dynamics of Mammalian Sex Chromosomes' in *Genome Research*, 26: 9 (Sept. 2016), pp. 1202-10
32. N. O. Bianchi, '*Akodon* Sex Reversed Females: The Never Ending Story' in *Cytogenetic and Genome Research*, 96 (2002), pp. 60-5
33. Mary Jane West-Eberhard, *Developmental Plasticity and Evolution* (Oxford University Press, 2003), p. 121
34. Nicolas Rodrigues, Yvan Vuille, Jon Loman and Nicolas Perrin, 'Sex-chromosome Differentiation and "Sex Races" in the Common Frog (*Rana temporaria*)' in *Proceedings of the Royal Society B*, 282: 1806 (May 2015)
35. Max R. Lambert, Aaron B. Stoler, Meredith S. Smylie, Rick A. Relyea, David K. Skelly, 'Interactive Effects of Road Salt and Leaf Litter on Wood Frog Sex Ratios and Sexual Size Dimorphism' in *Canadian Journal of Fisheries and Aquatic Sciences*, 74: 2 (2016), pp. 141-6
36. Vivienne Reiner, 'Sex in Dragons: A Complicated Affair' (University of Sydney, 8 June 2016), https://www.sydney.edu.au/news-opinion/news/2016/06/08/sex-in-dragons–a-complicated-affair.html [accessed 10 April 2020]
37. Hong Li, Clare E. Holleley, Melanie Elphick, Arthur Georges and Richard Shine, 'The Behavioural Consequences of Sex Reversal in Dragons' in *Proceedings of the Royal Society B*, 283: 1832 (2016)
38. Clare E. Holleley, Stephen D. Sarre, Denis O'Meally and Arthur Georges, 'Sex Reversal in Reptiles: Reproductive Oddity or Powerful Driver of Evolutionary Change-' in *Sexual Development* (2016)
39. Li, Holleley, Elphick, Georges and Shine, 'The Behavioural Consequences of Sex Reversal in Dragons'
40. Madge Thurlow Macklin, 'A Description of Material from a Gynandromorph Fowl' in *Journal of Experimental Zoology*, 38: 3 (1923)
41. Laura Wright, 'Unique Bird Sheds Light on Sex Differences in the Brain', *Scientific American*, 25 March 2003
42 Robert J. Agate, William Grisham, Juli Wade, Suzanne Mann, John Wingfield, Carolyn Schanen, Aarno Palotie and Arthur P. Arnold, 'Neural, Not Gonadal, Origin of Brain Sex Differences in a Gynandromorphic Finch' in *PNAS*, 100 (2003), pp. 4873-8
43. M. Clinton, D. Zhao, S. Nandi and D. McBride, 'Evidence for Avian Cell Autonomous Sex Identity (CASI) and Implications for the Sex-determination Process-' in *Chromosome Research*, 20: 1 (Jan. 2012), pp. 177-90
44. J. W. Thornton, E. Need and D. Crews, 'Resurrecting the Ancestral Steroid Receptor: Ancient Origin of Estrogen Signaling' in *Science*, 301 (2003), pp. 1714-17
45. David Crews, 'Temperature, Steroids and Sex Determination' in *Journal of*

16. Theodore W. Pietsch, *Oceanic Anglerfishes: Extraordinary Diversity in the Deep Sea* (University of California Press, 2009), p. 277
17. Anne Fausto-Sterling, *Sexing the Body* (Basic Books, 2000), p. 202
18. Charles H. Phoenix, Robert W. Goy, Arnold A. Gerall and William C. Young, 'Organizing Action of Prenatally Administered Testosterone Propionate on the Tissues Mediating Mating Behavior in the Female Guinea Pig' in *Endocrinology*, 65: 3 (1 Sept. 1959), pp. 369-82
19. Fausto-Sterling, *Sexing the Body*, p. 202
20. ibid.
21. J. Thornton, 'Effects of Prenatal Androgens on Rhesus Monkeys: A Model System to Explore the Organizational Hypothesis in Primates' in *Hormones and Behavior*, 55: 5 (2009), pp. 633-45
22. Christine M. Drea, 'Endocrine Mediators of Masculinization in Female Mammals'
23. Dagmar Wilhelm, Stephen Palmer and Peter Koopman, 'Sex Determination and Gonadal Development in Mammals' in *Physiological Reviews*, 87: 1 (2007), pp. 1-28
24. Bill Bryson, *The Body* (Transworld Publishers, 2019)
25. Andrew H. Sinclair, Philippe Berta, Mark S. Palmer, J. Ross Hawkins, Beatrice L. Griffiths, Matthijs J. Smith, Jamie W. Foster, Anna-Maria Frischauf, Robin Lovell-Badge and Peter N. Goodfellow, 'A Gene from the Human Sex-determining Region Encodes a Protein with Homology to a Con-served DNA-binding Motif' in *Nature*, 346: 6281 (1990), pp. 240-4
26. Roughgarden, *Evolution's Rainbow*, p. 198
27. Francisca M. Real, Stefan A. Haas, Paolo Franchini, Peiwen Xiong, Oleg Simakov, Heiner Kuhl, Robert Scho-pflin, David Heller, M-Hossein Moeinzadeh, Verena Heinrich, Thomas Krannich, Annkatrin Bressin, Michaela F. Hartman, Stefan A. Wudy and Dina K. N. Dechmann, Alicia Hurtado, Francisco J. Barrionuevo, Magdalena Schindler, Izabela Harabula, Marco Osterwalder, Michael Hiller, Lars Wittler, Axel Visel, Bernd Timmermann, Axel Meyer, Martin Vingron, Rafael Jimémez, Stefan Mundlos and Dario G. Lupiáñez, 'The Mole Genome Reveals Regulatory Rearrangements Associated with Adaptive Intersexuality' in *Science*, 370: 6513 (Oct. 2020), pp. 208-14
28. Frank Grutzner, Willem Rens, Enkhjargal Tsend-Ayush, Nisrine El-Mogharbel, Patricia C. M. O'Brien, Russell C. Jones, Malcolm A. Ferguson-Smith and Jennifer A. Marshall Graves, 'In the Platypus a Meiotic Chain of Ten Sex Chromosomes Shares Genes with the Bird Z and Mammal X Chromosomes' in *Nature*, 432 (2004)
29. Frédéric Veyrunes, Paul D. Waters, Pat Miethke, Willem Rens, Daniel McMillan, Amber E. Alsop, Frank Grützner, Janine E. Deakin, Camilla M. Whittington, Kyriena Schatzkamer, Colin L. Kremitzki, Tina Graves, Malcolm A. Ferguson-Smith, Wes Warren and Jennifer A. Marshall Graves, 'Bird-like Sex Chromosomes of Platypus Imply Recent Origin of Mammal Sex Chromosomes' in *Genome Research*, 18: 6 (June 2008) pp. 965-73
30. Jen-nifer A. Marshall Graves, 'Sex Chromosome Specialization and Degeneration in Mammals' in *Cell* (2006), pp. 901-14

23. ibid.

第 1 章　性の混沌——雌という存在について

1. 'Species— Mole', Mammal Society, https://www.mammal.org.uk/species-hub/full-species-hub/discover-mammals/species-mole/ [accessed 5 May 2021]
2. Kevin L. Campbell, Jay F. Storz, Anthony V. Signore, Hideaki Moriyama, Kenneth C. Catania, Alexander P. Payson, Joseph Bonaventura, Jörg Stetefeld and Roy E. Weber, 'Molecular Basis of a Novel Adaptation to Hypoxic-hypercapnia in a Strictly Fossorial Mole' in *BMC Evolutionary Biology*, 10: 214 (2010)
3. Christian Mitgutsch, Michael K. Richardson, Rafael Jimenez, José E. Martin, Peter Kondrashov, Merijn A. G. de Bakker and Marcelo R. Sánchez-Villagra, 'Circumventing the Polydactyly "Constraint": The Mole's "Thumb" ' in *Biology Letters*, 8: 1 (23 Feb. 2012)
4. Jennifer A. Marshall Graves, 'Fierce Female Moles Have Male-like Hormones and Genitals. We Now Know How This Happens', The Conversation, 12 Nov. 2020, https://theconversation.com/fierce-female-moles-have-male-like-hormones-and-genitals-we-now-know-how-this-happens-149174
5. Adriane Watkins Sin-clair, Stephen E. Glickman, Laurence Baskin and Gerald R. Cunha, 'Anatomy of Mole External Genitalia: Setting the Record Straight' in The *Anatomical Record* (Hoboken), 299: 3 (March 2016), pp. 385-99
6. David Crews, 'The Problem with Gender' in *Psychobiology*, 16: 4 (1988), pp. 321-34
7. Joan Roughgarden, *Evolution's Rainbow* (University of California Press, 2004), p. 23
8. Kazunori Yoshizawa, Rodrigo L. Ferreira, Izumi Yao, Charles Lienhard and Yoshitaka Kamimura, 'Independent Origins of Female Penis and its Coevolution with Male Vagina in Cave Insects (Psocodea: Prionoglarididae)' in *Biology Letters*, 14: 11 (Nov. 2018)
9. Clare E. Hawkins, John F. Dallas, Paul A. Fowler, Rosie Woodroffe and Paul A. Racey, 'Transient Mascu-linization in the Fossa, *Cryptoprocta ferox* (Carnivora, Viverridae)' in *Biology of Reproduction*, 66: 3 (March 2002), pp. 610-15
10. ibid.
11. Christine M. Drea, 'Endocrine Mediators of Masculinization in Female Mammals' in *Current Directions in Psychological Science*, 18: 4 (2009), pp. 221-6
12. Paul A. Racey and Jennifer Skinner, 'Endocrine Aspects of Sexual Mimicry in Spotted Hyenas *Crocuta crocuta*' in *Journal of Zoology*, 187: 3 (March 1979), p. 317
13. Alan Conley, Ned J. Place, Erin L. Legacki, Geoff L. Hammond, Gerald R. Cunha, Christine M. Drea, Mary L. Weldele and Steve E. Glickman, 'Spotted Hyaenas and the Sexual Spectrum: Reproductive Endocrinology and Development' in *Journal of Endocrinology*, 247: 1 (Oct. 2020), pp. R27-R44
14. Katherine Ralls, 'Mammals in which Females Are Larger than Males' in *The Quarterly Review of Biology*, 51 (1976), pp. 245-76
15. Richard Sears and John Calambokidis, 'COSEWIC Assessment and Update Status Report on the Blue Whale, *Balaenoptera musculus*' (Mingan Island Cetacean Study, 2002), p. 3

# 原 注

## 序文


1. Richard Dawkins, *The Selfish Gene* (Oxford University Press, 2nd edn, 1989; 1st edn, 1976), p. 146
2. ibid., pp. 141-2
3. 'Survival of the Fit-test', Darwin Correspondence Project (University of Cambridge), https://www.darwinproject.ac.uk/commentary/survival-fittest [accessed March 2021]
4. Charles Darwin, *The Descent of Man, and Selection in Relation to Sex* (John Murray, 2nd edn, 1879; republished by Penguin Classics, 2004), pp. 256-7
5. Charles Darwin, *On the Origin of Species* (John Murray, 1859; republished by Mentor Books, 1958), p. 94
6. Darwin, *The Descent of Man*, p. 259
7. Helena Cronin, *The Ant and the Peacock* (Cambridge University Press, 1991)
8. Darwin, *The Descent of Man*, p. 257
9. Darwin, *On the Origin of Species*, p. 94
10. Aristotle, *The Complete Works of Aristotle*, ed. by Jonathan Barnes (Princeton University Press, 2014), p. 1132
11. *The Autobiography of Charles Darwin*, ed. by N. Barlow (New York, 1969), pp. 232-3
12. Evelleen Richards, 'Darwin and the Descent of Woman' in *The Wider Domain of Evolutionary Thought*, ed. by David Oldroyd and Ian Langham (D. Reidel Publishing Company, 1983)
13. Zuleyma Tang-Martinez, 'Rethinking Bateman's Principles: Challenging Persistent Myths of Sexually Reluctant Females and Promiscuous Males', *Journal of Sex Research* (2016), pp. 1-28
14. Darwin, *The Descent of Man,* pp. 629/631
15. John Marzluff and Rus-sell Balda, The Pinyon Jay: *Behavioral Ecology of a Colonial and Cooperative Corvid* (T. and A. D. Poyser, 1992), p. 110
16. ibid., p. 113
17. ibid., pp. 97-8
18. ibid., p. 114
19. Marcy F. Lawton, William R. Garstka and J. Craig Hanks, 'The Mask of Theory and the Face of Nature' in *Feminism and Evolutionary Biology*, ed. by Patricia Adair Gowaty (Chapman and Hall, 1997)
20. William G. Eberhard, 'Inadvertent Machismo?' in *Trends in Ecology & Evolution*, 5: 8 (1990), p. 263
21. Hillevi Ganetz, 'Familiar Beasts: Nature, Culture and Gender in Wildlife Films on Television' in *Nordicom Review*, 25 (2004), pp. 197-214
22. Anne Fausto-Sterling, Patricia Adair Gowaty and Marlene Zuk, 'Evolutionary Psychology and Darwinian Feminism' in *Feminist Studies*, 23: 2 (1997), pp. 402-17

twenty-fifth-anniversary edition 2000),『社会生物学』，エドワード・O・ウィルソン著，坂上昭一ほか訳，新思索社，1999
Wrangham, Richard and Dale Peterson, *Demonic Males* (Houghton Mifflin, 1996)
Yamagiwa, Juichi and Leszek Karczmarski, *Primates and Cetaceans: Field Research and Conservation of Complex Mammalian Societies* (Springer, 2014)
Zuk, Marlene, *Sexual Selections: What We Can and Can't Learn about Sex from Animals* (University of California Press, 2002),『性淘汰：ヒトは動物の性から何を学べるのか』，マーリーン・ズック著，佐藤恵子訳，白揚社，2008
Zuk, Marlene and Leigh W. Simmons, *Sexual Selection: A Very Short Introduction* (Oxford University Press, 2018)

Roughgarden, Joan, *Evolution's Rainbow: Diversity, Gender, and Sexuality in Nature and People* (University of California Press, 2004)
Russett, Cynthia, *Sexual Science: The Victorian Construction of Womanhood* (Harvard University Press, 1991),『女性を捏造した男たち：ヴィクトリア時代の性差の科学』，シンシア・イーグル・ラセット著，上野直子訳，工作舎，1994
Ryan, Michael J., *A Taste for the Beautiful: The Evolution of Attraction* (Princeton University Press, 2018),『動物たちのセックスアピール：性的魅力の進化論』，マイケル・J・ライアン著，東郷えりか訳，河出書房新社，2018
Saini, Angela, *Inferior: How Science Got Women Wrong – and the New Research That's Rewriting the Story* (Fourth Estate, 2017),『科学の女性差別とたたかう：脳科学から人類の進化史まで』，アンジェラ・サイニー著，東郷えりか訳，作品社，2019
Schilthuizen, Menno, *Nature's Nether Regions: What the Sex Lives of Bugs, Birds and Beasts Tell Us About Evolution, Biodiversity and Ourselves* (Viking, 2014),『ダーウィンの覗き穴：性的器官はいかに進化したか』，メノ・スヒルトハウゼン著，田沢恭子訳，早川書房，2016
Schutt, Bill, *Eat Me: A Natural and Unnatural History of Cannibalism* (Profile Books, 2017),『共食いの博物誌：動物から人間まで』，ビル・シャット著，藤井美佐子訳，太田出版，2017
Smuts, Barbara B., *Sex and Friendship in Baboons* (Aldine Publishing Co., 1986)
Sommer, Volker and Paul F. Vasey (eds), *Homosexual Behaviour in Animals: An Evolutionary Perspective* (Cambridge University Press, 2004)
Symons, Donald, *The Evolution of Human Sexuality* (Oxford University Press, 1979)
Travis, Cheryl Brown (ed.), *Evolution, Gender, and Rape* (MIT Press, 2003)
Travis, Cheryl Brown and Jacquelyn W. White (eds), *APA Handbook of the Psychology of Women: History, Theory, and Battlegrounds* (American Psychological Association, 2018)
Tutin, Caroline, *Sexual Behaviour and Mating Patterns in a Community of Wild Chimpanzees* (University of Edinburgh, 1975)
Viloria, Hilda and Maria Nieto, *The Spectrum of Sex: The Science of Male, Female and Intersex* (Jessica Kingsley Publishers, 2020)
Wallace, Alfred Russel, *Darwinism: An Exposition of the Theory of Natural Selection with Some of its Applications* (Macmillan & Co., 1889),『ダーウィニズム：自然淘汰説の解説とその適用例』，アルフレッド・ラッセル・ウォレス著，長澤純夫，大曾根静香訳，新思索社，2008
Wasser, Samuel K., *Social Behaviour of Female Vertebrates* (Academic Press, 1983)
West-Eberhard, Mary Jane, *Developmental Plasticity and Evolution* (Oxford University Press, 2003)
Whewell, William, *The Philosophy of the Inductive Sciences: Founded Upon Their History* (J. W. Parker, 1847)
Willingham, Emily, *Phallacy: Life Lessons from the Animal Penis* (Avery, 2020),『動物のペニスから学ぶ人生の教訓』，エミリー・ウィリンガム著，的場知之訳，作品社，2022
Wilson, E. O., *Sociobiology: The New Synthesis* (Harvard University Press, 1975;

Hrdy, Sarah Blaffer, *The Woman That Never Evolved* (Harvard University Press, 1981; second edition, 1999),『女性は進化しなかったか』，サラ・ブラッファー・フルディ著，加藤泰建，松本亮三訳，思索社，1982
Hrdy, Sarah Blaffer, *Mother Nature: Maternal Instincts and How They Shape the Human Species* (Ballantine Books, 1999)
Hrdy, Sarah Blaffer, *Mothers and Others: The Evolutionary Origins of Mutual Understanding* (Harvard University Press, 2009)
Jolly, Alison, *Lemur Behaviour: A Madagascar Field Study* (University of Chicago Press, 1966)
Jolly, Alison, *Lords and Lemurs: Mad Scientists, Kings with Spears, and the Survival of Diversity in Madagascar* (Houghton Mifflin Company, 2004)
Kaiser, David and W. Patrick McCray (eds), *Groovy Science: Knowledge, Innovation, and American Counterculture* (University of Chicago Press, 2016)
Lancaster, Roger, *The Trouble with Nature: Sex in Science and Popular Culture* (University of California Press, 2003)
Leonard, Janet (ed.), *Transitions Between Sexual Systems: Understanding the Mechanisms of, and Pathways Between, Dioecy, Hermaphroditism and Other Sexual Systems* (Springer, 2018)
Margonelli, Lisa, *Underbug: An Obsessive Tale of Termites and Technology* (Scientific American, 2018)
Marzluff, John and Russell Balda, *The Pinyon Jay: Behavioral Ecology of a Colonial and Cooperative Corvid* (T. and A. D. Poyser, 1992)
Maynard Smith, John, *The Evolution of Sex* (Cambridge University Press, 1978)
Milam, Erika Lorraine, *Looking for a Few Good Males: Female Choice in Evolutionary Biology* (Johns Hopkins University Press, 2010)
Morris, Desmond, *The Naked Ape* (Jonathan Cape, 1967),『裸のサル：動物学的人間像』，デズモンド・モリス著，日高敏隆訳，角川文庫，角川書店，1999
Mundy, Rachel, *Animal Musicalities: Birds, Beasts, and Evolutionary Listening* (Wesleyan University Press, 2018)
Oldroyd, D. R. and K. Langham (eds), *The Wider Domain of Evolutionary Thought* (D. Reidel Publishing Company, 1983)
Poiani, Aldo, *Animal Homosexuality: A Biosocial Perspective* (Cambridge University Press, 2010)
Prum, Richard O., *The Evolution of Beauty: How Darwin's Forgotten Theory of Mate Choice Shapes the Animal World Around Us* (Anchor Books, 2017),『美の進化：性選択は人間と動物をどう変えたか』，リチャード・O・プラム著，黒沢令子訳，白揚社，2020
Rees, Amanda, *The Infanticide Controversy: Primatology and the Art of Field Science* (University of Chicago Press, 2009)
Rice, W. and S. Gavrilets (eds), *The Genetics and Biology of Sexual Conflict* (Cold Spring Harbor Laboratory Press, 2015)
Rosenthal, Gil G., *Mate Choice: The Evolution of Sexual Decision Making from Microbes to Humans* (Princeton University Press, 2017)

de Waal, Frans, *Bonobo: The Forgotten Ape* (University of California Press, 1997),『ヒトに最も近い類人猿ボノボ』，フランス・ドゥ・ヴァール著，藤井留美訳，TBSブリタニカ，2000
de Waal, Frans, *The Bonobo and the Atheist: In Search of Humanism among the Primates* (W. W. Norton & Co., 2013),『道徳性の起源：ボノボが教えてくれること』，フランス・ドゥ・ヴァール著，柴田裕之訳，紀伊國屋書店，2014
de Waal, Frans, *Mama's Last Hug* (Granta, 2019),『ママ，最後の抱擁：わたしたちに動物の情動がわかるのか』，フランス・ドゥ・ヴァール著，柴田裕之訳，紀伊國屋書店，2020
Dixson, Alan F., *Primate Sexuality: Comparative Studies of the Prosimians, Monkeys, Apes, and Humans* (Oxford University Press, 2012)
Drickamer, Lee and Donald Dewsbury (eds), *Leaders in Animal Behaviour* (Cambridge University Press, 2010)
Eberhard, William G., *Sexual Selection and Animal Genitalia* (Harvard University Press, 1985)
Eberhard, William G., *Female Control: Sexual Selection by Cryptic Female Choice* (Princeton University Press, 1996)
Elgar, M. A. and J. M. Schneider, 'The Evolutionary Significance of Sexual Cannibalism' in Peter Slater et al. (eds), *Advances in the Study of Behavior,* volume 34 (Academic Press, 2004)
Fausto-Sterling, Anne, *Sexing the Body: Gender Politics and the Construction of Sexuality* (Basic Books, 2000)
Fedigan, Linda Marie, *Primate Paradigms: Sex Roles and Social Bonds* (University of Chicago Press, 1982)
Fine, Cordelia, *Testosterone Rex* (W. W. Norton & Co., 2017)
Fisher, Maryanne L., Justin R. Garcia and Rosemarie Sokol Chang (eds), *Evolution's Empress: Darwinian Perspectives on the Nature of Women* (Oxford University Press, 2013)
Fuentes, Agustin, *Race, Monogamy and Other Lies They Told You: Busting Myths about Human Nature* (University of California Press, 2012)
Gould, Stephen Jay, *The Flamingo's Smile: Reflections in Natural History* (W. W. Norton & Co., 1985),『フラミンゴの微笑：進化論の現在』，スティーヴン・ジェイ・グールド著，新妻昭夫訳，ハヤカワ文庫，早川書房，2002
Gowaty, Patricia (ed.), *Feminism and Evolutionary Biology: Boundaries, Intersections and Frontiers* (Springer, 1997)
Haraway, Donna J., *Primate Visions: Gender, Race, and Nature in the World of Modern Science* (Routledge, 1989)
Hayssen, Virginia and Teri J. Orr, *Reproduction in Mammals: The Female Perspective* (Johns Hopkins University Press, 2017)
Hoquet, Thierry (ed.), *Current Perspectives on Sexual Selection: What's Left After Darwin?* (Springer, 2015)
Hrdy, Sarah Blaffer, *The Langurs of Abu: Female and Male Strategies of Reproduction* (Harvard University Press, 1980)

# 参考文献

Altmann, Jeanne, *Baboon Mothers and Infants* (Harvard University Press, 1980)
Arnqvist, Göran and Locke Rowe, *Sexual Conflict* (Princeton University Press, 2005)
Bagemihl, Bruce, *Biological Exuberance: Animal Homosexuality and Natural Diversity* (Stonewall Inn Editions, 2000)
Barlow, Nora (ed.), *The Autobiography of Charles Darwin 1809–1882* (Collins, 1958)
Birkhead, Tim, *Promiscuity: An Evolutionary History of Sperm Competition and Sexual Conflict* (Faber & Faber, 2000),『乱交の生物学：精子競争と性的葛藤の進化史』，ティム・バークヘッド著，小田亮，松本晶子訳，新思索社，2003
Blackwell, Antoinette Brown, *The Sexes Throughout Nature* (Putnam and Sons, 1875),『自然界における両性：雌雄の進化と男女の教育論』，アントワネット・ブラウン・ブラックウェル著，小川眞里子，飯島亜衣訳，法政大学出版局，2010
Bleier, Ruth (ed.), *Feminist Approaches to Science* (Pergamon Press, 1986)
Campbell, Bernard (ed.), *Sexual Selection and the Descent of Man 1871–1971* (Aldine-Atherton, 1972)
Choe, Jae, *Encyclopedia of Animal Behavior,* second edition (Elsevier, 2019)
Clutton-Brock, Tim, *Mammal Societies* (John Wiley and Sons, 2016)
Cronin, Helena, *The Ant and the Peacock* (Cambridge University Press, 1991),『性 選択と利他行動：クジャクとアリの進化論』，ヘレナ・クローニン著，長谷川真理子訳，工作舎，1994
Darwin, Charles, *Living Cirripedia: A monograph of the subclass Cirripedia, with figures of all the species. The Lepadida; or, pedunculated cirripedes* (Ray Society, 1851)
Darwin, Charles, *On the Origin of Species by Means of Natural Selection* (John Murray, 1859; Mentor Books, 1958),『種の起源』，ダーウィン著，渡辺政隆訳，光文社古典新訳文庫，光文社，2009
Darwin, Charles, *The Descent of Man, and Selection in Relation to Sex* (John Murray, 1871; second edition 1979; Penguin Classics 2004),『人間の由来』，チャールズ・ダーウィン著，長谷川眞理子訳，講談社学術文庫，講談社，2016
Davies, N. B., *Dunnock Behaviour and Social Evolution* (Oxford University Press, 1992)
Dawkins, Richard, *The Selfish Gene* (Oxford University Press, 1976; new edition 1989),『利己的な遺伝子』，リチャード・ドーキンス著，日高敏隆ほか訳，紀伊國屋書店，2018
Denworth, Lydia, *Friendship: The Evolution, Biology and Extraordinary Power of Life's Fundamental Bond* (Bloomsbury, 2020)
DeSilva, Jeremy (ed.), *A Most Interesting Problem: What Darwin's* Descent of Man *Got Right and Wrong about Human Evolution* (Princeton University Press, 2021)
de Waal, Frans, *Chimpanzee Politics: Power and Sex among Apes* (Johns Hopkins University Press, 1982),『チンパンジーの政治学：猿の権力と性』，フランス・ドゥ・ヴァール著，西田利貞訳，産経新聞出版，2006

## れ



## ろ



## わ

## も



## や



## ゆ



## よ



## ら



## り



## る

## ぬ



## ね



## の



## は



## ひ



## ふ

## そ



## た

け



こ



さ

# 索　引

著者
ルーシー・クック（Lucy Cooke）
ニューヨーク・タイムズでベストセラーとなったナマケモノの絵本『ナマケモノでいいんだよ』の著者。ナショナルジオグラフィックのエクスプローラーでTED トークにも出演している。テレグラフやハフィントンポストに寄稿しており、ドキュメンタリー映画の製作者でもある。オックスフォード大学で動物学の修士号を取得（リチャード・ドーキンスの指導を受けた）。イギリスのヘイスティングス在住。

訳者
小林玲子（こばやし・れいこ）
国際基督教大学教養学部卒業。早稲田大学院英文学修士。訳書に『メスト・エジル自伝』（東洋館出版）、『ユリシーズを燃やせ』『クリエイターになりたい！』（共に柏書房）、『世界一おもしろい国旗の本』（河出書房新社）、『子どもには聞かせられない動物のひみつ』（青土社）などがある。

ビッチな動物《どうぶつ》たち―雌《めす》の恐《おそ》るべき性戦略《せいせんりゃく》

2023 年 9 月 5 日　第 1 刷発行
著者　　ルーシー・クック
翻訳　　小林玲子

発行者　富澤凡子
発行所　柏書房株式会社
　　　　東京都文京区本郷 2-15-13（〒113-0033）
　　　　電話（03）3830-1891［営業］
　　　　　　（03）3830-1894［編集］
装丁　　加藤愛子（オフィスキントン）
DTP　　株式会社キャップス
印刷　　萩原印刷株式会社
製本　　株式会社ブックアート


ISBN978-4-7601-5527-9 C0040